農業後継者の近代的育成

技術普及と農村青年の編成

牛島史彦

日本経済評論社

目　次

はじめに

農業技術の普及は、新技術の担い手が現場で形成されることを意味する。技術は一般に有機的な体系として捉えられるが、普及の現場では体系の理解以上に器具や設備の操作法の習得が求められる。その習得は、必ずしもことばをとおした普遍的な原理や作用（機能）に関する論理的な説明と解釈によって修得されるものではなく、慣熟に向けての反復すなわち体験によって修得されることが多い。前者のような論理的で抽象的な過程によって修得されたものを技術。後者のような体験的な過程によるものを技能と区別することができる。

技能は一面で体験的に習得された技術であり、農業技術の普及は個々の農家にとって体験的習得と同義である。その習得過程は、農業経営の刷新に必要な有機的な体系の習得という意味で、後継者の形成過程でもある。技術の担い手のこのような形成過程は、本書が視野に入れる産業組合や農家小組合の制度が普及した時代において、農村青年の近代的再編成過程の一局面を示すと考えられる。

本書は、技術の普及にともなう担い手の形成過程とその特質を、近現代の社会事象も視野に入れながら解明する農業後継者育成論であり、近代化の流れに通底する「農業政策の精神史」を記述する試みである。

第一章　序　論

第一節　目的と視点

本書の目的は、農業技術の普及にともなう担い手の形成過程と担い手像について、後継者育成論の観点から記述と分析をおこなうことである。

後継者育成論の観点とは、政策的な技術普及を個々人の技能修得の過程と見なし、その過程をとおして後継者が形成されてゆくという発想である。筆者は、農業技術を歴史的に評価するためには、普及政策や社会経済的な局面からの記述・分析だけでなく、普及現場でそれを習得する個々人という正反対の局面からの視点も併用されねばならないと考えた。そして、現場では互いに密接に関係しているであろう技術の改良普及や習得の公的動因と、個人的動機との両面を解明することによって農業技術を論じるような、普及論的な技術論を目指した。

第四章以降で、技術の普及だけでなくそれにともなう農村青年の近代的形成、すなわち農村青年と農事小組合との編成や活動にも視点を広げたのは、いわゆる現場すなわち人々と農村および両者をとりまく社会環境の変化を検討して担い手の歴史的・社会的特質を解明し、こうして新時代の後継者の形成過程と後継者像を析出することによって改良技術が普及することの歴史的・社会的意味を明らかにしたかったからである。筆者は、農業技術の歴史的な評価とはこのような作業だと考え、後継者育成論の観点から技術の普及論を展開した。そのための記述と分析に際しては、当局が主導する改良普及政策に青年たちが参加し、後継者に育ってゆく過程で外部の社会や国家との関係性も変質していった具体事象を把握することを念頭においた。いわば国民の近代的形成や統合の過程までも視野に入れた記述・分析を企図したのである。

このような視点の具体的な留意点として、まずは技能を体験的に修得した担い手個人と、技術の改良・普及を目指す政策や制度との影響関係を解明し、彼らが政策や制度に参加するなかでどのように新たな自己を形成していったのかについての過程を把握すること。つぎに、こうして形成された担い手は技能的世界への埋没からどのように覚醒して技術を普及させ、あるいは新時代の後継者に育ったかについて留意することの二点が想定される。

犂耕技術は、いわゆる増産の一手段である多肥料技術の構成要素であり展開形態でもある。本書は、これを技能として習得した技術の担い手に注目した関係から、文書資料と同様に一九二〇年代から三〇年代（大正末〜昭和初期）以降の回顧談も資料とする。この回顧談については、量的には福岡県北部地方と熊本県北部地方が多く、ついで鹿児島県西部と新潟県佐渡、山形県庄内地方でも補足的な聞き書き調査を実施した。聞き書きの目的は、一九二〇年代を上限にした体験の記憶による実態の復原と、第四章・第五章で扱う日露戦争の軍事郵便や五〇年代の農事日誌の読解と理解のために、本人や親族に対しておこなった間接的な補強である。

聞き書きの資料は文書資料を補う二次的な位置づけであって、両者は第三章以降で犂耕技術の確立（第三章）・普及（第四章）・その担い手の特質（第五章）の三部を構成するように配列されている。この配列をもとにした三部構成の歴史的検討は、互いにまた各々の内部において必ずしも年代順に展開されるものではない。

第二節　本書の構成

本書は序論や結論等も含めて六章から構成される。まず、第一章の序論では前述のように研究目的と視点を説明し、第二章では技術論と普及論との二視点から農業技術の先行研究を検討する。

つぎに、犂耕技術の確立について主に歴史的な側面から検討する第三章では、第一節で技術の近代的な確立と普及史の概略を述べたあと、武谷三男の技術論（第二章第一節）で示された説明可能性の達成・確保という観点をうけて、改良犂の特許申請文書で使われている特異な用語（ことば）の問題を糸口に、体験的な技能の延長としての在来犂の改良実態を当事者の法則性の認識や対象化の過程として把握する。続く第二節では、犂耕地帯の農作業を聞き書きによって復原し、伝承されていた犂耕の技能のなかから近代的な改良犂の原型が誕生した経緯を示す。

第四章は、第三章で示された社会的背景をふまえ犂耕技術の普及について検討する。まず第一節では普及行政や技能教育の現場における代表的な手段であった競犂会を中心に、技能の修得過程や制度等の実態および担い手の形成過程を確認する。続く第二節で農村の青年層と農事小組合に言及するのは、人々と農村をとりまく社会環境の変質を検討して普及の社会的意味を明らかにし第五章の前段とするためである。

犂耕技術の担い手は、主に経営の零細性ゆえに多肥料技術に依存する小規模農家だった。その産品の集荷と肥料や生活用品の購入について農事小組合が果たした役割は大であり、技術と技能の意味づけも現場の農事小組合活動の検討ぬきに理解することは難しい。第五章では、技能を習得し農村「中堅人物」に育った担い手の特質を明らかにするために、一九二〇～五〇年代の文献と農事日誌および聞き書きの資料をもとに農事小組合による農作実態を復原する。

この作業は犂耕技術そのものから離れたものであるが、普及にともなう担い手の形成過程と担い手像について、後継者育成論の視点から記述と分析をおこなうための手段である。

第二章　研究史と本書の課題

第一節　先行研究の論点整理

ここでは技術論視点と普及論視点との二視点から農業技術の先行研究を通覧し、先行研究と本書との関連を明らかにする。

(1)　技術論視点からの論点整理

特定の目的を追求している我々が、道具によって目的を達成するためには、その使い方を修得せねばならない。使い方とは、道具固有の機能（作用）を駆使する技能であり、修得には見様身真似の個人的な体験によって修得する場合のほか、我々みずから道具の作用を自覚し万人に公開された説明（書）をとおして、ときには制度化された教育施設で客観的・抽象的に理解しつつ修得してゆく場合もあるだろう。

道具の作用において典型的に見出される技術は、ほかに用地・設備・施設や交通・通信手段およびそれらの運用法等にも遍在していると考えられるのだが、後者のような技術の固定的なとらえ方に対して、武谷三男（一九一一〜二〇〇〇）は技術の「実践」的局面に注目して技術論を展開した。

氏は、技術を「人間実践（生産的実践）における客観的法則性の意識的適用」（武谷一九四六〔一九六八　一三九〕）と規定したうえで、ヒトの意識的な行為と遺伝や本能による無意識の動物的生態とを区別する。前者の特質は「学習」にもとづく計画性や目的意識であり、法則性の適用への意志と自覚がともなう点で実践概念は技術原理に立脚する（同）。また、このような意味での「技術的実践」における「意識」は必ずしも客観的法則性を認識・理解した抽象的で高度なものに限られない点で、技術には「人間の発生にまでさかのぼることができる」（武谷一九六三

〔一九六八　一二五〕）ような体験的な技能も含まれているという。(1) 逆に、法則性への認識が体験的なものにとどまっている場合でも、およそ実践が法則性の適用において初めて保証される点で技能と技術は連続的である。ただし実践を支える技術が「組織的社会的」であるのに対して、技能は「主観的心理的個人的」な段階に停滞している点から、両者は客観性の有無で区分される（武谷一九四六〔一九六八　一三七〕）。すなわち、技術は客観性ゆえに「知識の形によって」共有され「豊富化」されるのに対して、技能が「個人的」契機に縛られる限り発展性には限界があるという。冒頭で述べた道具の使い方についての修得過程の本質的な違いがここに示されている。

技術と技能との違いがもたらす発展性をめぐる課題に関して、氏は「主観的個人的な技能を、客観的な技術に解消して行く事」（同一三九）と表現するが、それは技能の可能性を否定するものではない。修得過程での個人的（技能的）な体験が客観的（技術的）な説明可能性に発展し、新技術はより高度な技能を要求するというように、両者ともした「豊富化」、すなわちことばによる説明可能性（普遍性）に向けての実践をとおして創造され発展してゆくのであって、武谷技術論の核心は発展に際して客観性や説明可能性を指向する人間の主体性や動機の位相にあると理解することができる。

説明とは反面で学習を意味し、客観性は「ことば」をとおした説明可能性と言い換えられる。技術と技能とを「截然と分離して考えることによって初めて技術史の発展を正しく把むことができ、また現在の技術の難点に対処することもできる」（同　一三七）という指摘も、広義の「ことば」＝説明可能性の獲得が担い手に技術と技能との「分離」を可能にし、両者の「弁証法的関係」が確保されるという意味で、技術そのものの発展にとどまらず技術論においても「分離」の問題こそ本質的課題であることを示すものだろう。

第三章で草創期の特許資料の用語について検討するのもそのためであるが、本書では以上のような理解のもとに技術と技能とを区別したうえで修得過程に注目し、農業技術の担い手の形成過程と担い手像を解明したい。

ところで、技術は道具にとどまらず用地・設備・施設や交通・通信手段およびそれらの運用法にも遍在している。習得や形成の過程を最も明瞭に対象化できるのは道具をめぐる実践行為においてだと考えられるが、本書では代表的な増産技術である多肥料技術を構成し、展開の一形態ともいえる耕耘器具を端緒に論考を進める。なかでも犂という耕耘器具は、青壮年男子が主に春秋に使った特異な道具であり、手の延長として老若男女かかわらず年間とおして使われた鎌、鍬、選別・調整器具、笊（ざる）や篭（かご）の類とは道具としての消耗性や低廉性以上の違いがある。値段は米一俵ほどで耐久性もあり、家族の一員として慈しまれた歴代の牛馬に繋いで使われた点で、それらの記憶も容れた器と考えられる。また、政策面では稲作と裏作（麦、菜種）の増産を実現し、一八八〇年代（明治初期）から始まった農業技術の改良普及史を代表する歴史的な道具と位置づけられてきた。

ここでは、犂と犂耕の研究史に移って「改良」の観点から、①技術論、②普及論を提示するが、前者を農具論、後者を農法論として論じてゆきたい。

犂の語意について最も一般的と考えられる国語辞典を参照すると、一例として『広辞苑』第二版（補訂版）では犂（からすき）を「牛馬にひかせて犂（すき）先で地中を切り進み、へら（撥土板）で土塊を左方へ反転するもの」（新村一九七六　一一八三）と説明し、同　第五版（新村一九九八　五六七）では「犂先」「へら」の語句と「左方へ」という反転方向の明記を省いて末尾の「もの」を「農具」と補訂している。反転方向は、実態としては進行方向に向かって見た場合は左方が多く、地域によっては右方の在来犂もあった。前後いずれより眺めるかは後述する稲垣（一九一一）では後方から。広部（一九一三）では前方からと専門分野でも区々なので、方向の明記を避けるのも一法だろう。また、「もの」から「耕具」への変更によって耕耘器具の機能説明が補われており、新旧とも犂先による土壌の破断と「へら」による反転との二作用が分けて記されている点では、図版（**図2-1**）とあわせて各界の専門家が

図2－1　犂（からすき）

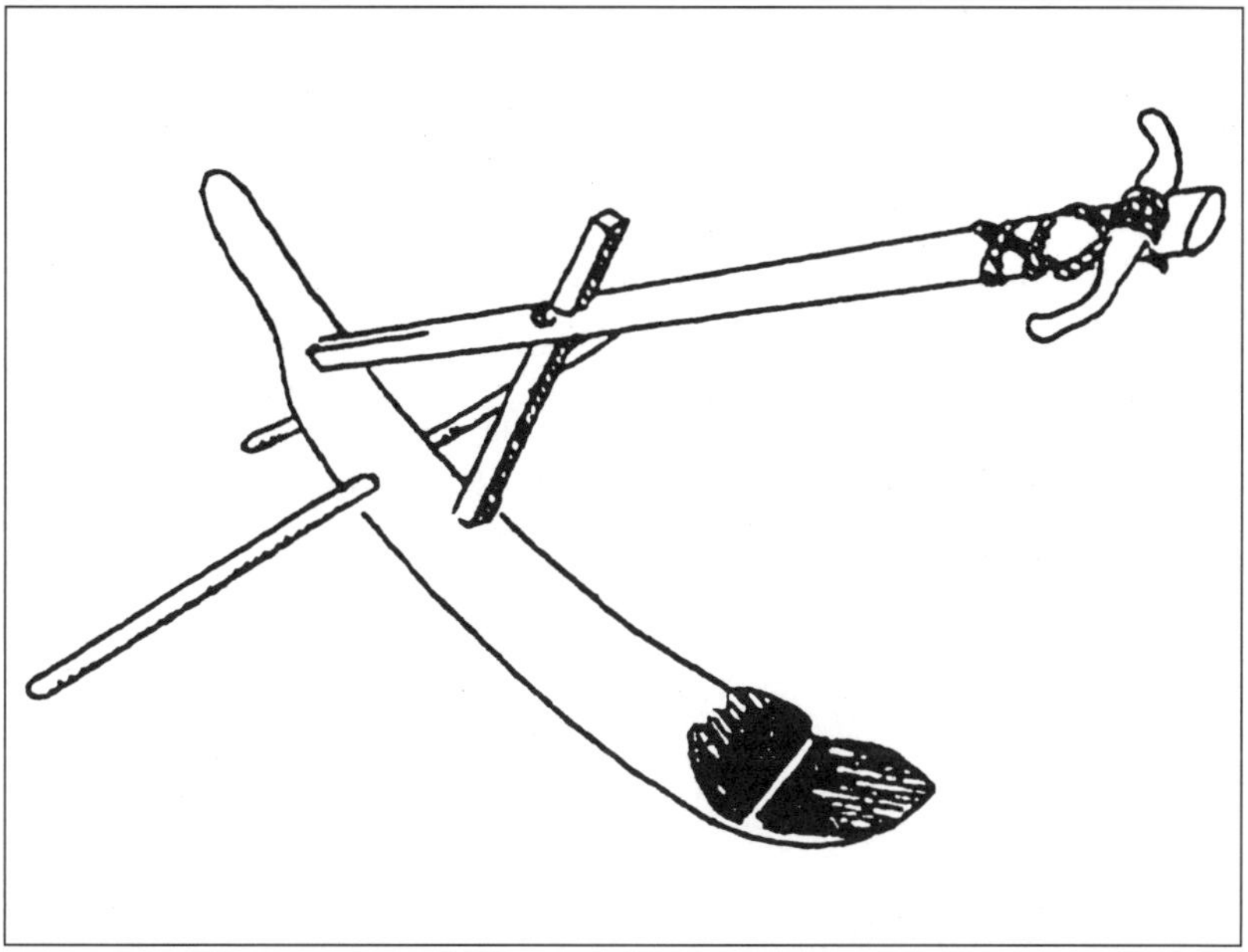

出所：広辞苑第五版（1998年）より。

分担執筆した辞典らしい適切な現状認識や説明と考えられる。

つぎに、この専門性について農業機械学の分野ではどのように法則性の認識が伸展したのか、研究初期の記述を参照したい。まず、稲垣乙丙『農芸物理　農具学』（一九一一　明治四四年）では、犂の作用について牽引力で犂先を土中に進入させ「土を切らしむるとともに其力の分力を以て其切られたる土壌を撥起反転せしむるの耕耡器」と記している。続いて氏は享和年間（一八〇一～〇三）に編纂が始まった「成形図説」の記事と図を引くが、そこでは犂を打延（ウチハエ　長床犂）、（持鍬　モチヘラ）に二分し、前者は操作が簡易ないっぽうで耕深の調節が難しく、後者は耕深の調節は優しいが操作そのものに熟練を要すと解説している。いわゆる長床犂と無床犂との耕起作業に関しては適切といえるものの、反転作用には触れていない。なお、氏はこの二者について各々現行の床犂（ドコズキ）、持立犂（モッタテリ）と、当時の分類名称と思われる用語をあてている。

また、氏は政府の「お雇い」M・フェスカが農商務省に提出し、九州北部地方の犂の改良普及の契機となった報告書“BEITRAGE ZUR KENNTNISS DER JAPANISCHEN LANDWIRTSCHAFT”(一八九〇)の邦訳版(一八九一年)の記述内容も紹介し(稲垣一九一一 一九九-二〇〇)、福岡県の在来型無床犂(「抱持立犂」。かかえもったてすき)の深耕性と小農経営に適合した軽便性の評価を継承している。和洋二書に触れた同書が公刊された当時、福岡県北部地方に伝承された持立犂の犂床を犂先から後方に延長した形式の有床犂(改良短床犂)の製造が、長野県の松山犂をはじめとして全国に広がりつつあった。

「使用者は専ら其手加減によりて其浅深を調節するを要し且其顫動を支えざる可らざるが故に使用に熟練と労力とを要す」(同 一九九)と氏が記したのは、福岡県の体験的な在来技術を技能的に全国普及させようとした草創期の苦労を認識した結果と考えられる。すなわち、抱持立犂の使い方や作用に関する法則性が認識され、他者に説明するほどに対象化されつつあったいっぽうで、発揮される作用は技能の修得程度によって大きく左右された実態を反映する記述である。

ただし、「成形図説」で軽視されていた反転作用については、破砕・攪拌も交えて英独二様の理論や実態をふまえている点が興味深い。前者は「英国及其他に於ての多数の犂」(同 二一九)に応用された犂へら(撥土板)に関する理論で、へらの曲面を犂の進行方向に沿った「螺旋道の面と同様なる曲面」形状に捻ることによって犂先で長方形に剥がし取った土壌を反転させるという法則認識に係わるものである。稲垣は、へらの設計にあたっては捻りの強さ(傾斜の緩急)と、それが前進するにつれて土壌に加えられる傾斜角の一定距離内での増加量を左右する前後長との双方について、検力器(Dynamometer)等を使った実験から土質を確認しつつ適正な形状に設計せねばならないとしている(同 二一七-二二〇)。

後者・ドイツの理論は、帯状にはぎ取られた土は元の層序を保ったまま反転されるのではなく、犂先やへらの壁面にせり上げられる過程で土壌の上層と下層とで曲率半径の差が生じ、これによって破砕された土が順次落下することによって層序が入れ替わり、結果的に撹拌作用が達成されるという法則認識に係わっている。この認識に則った傾板犂（Sturzpluge）では、へらの形状は「螺旋面的の撥土板を用ふることなく、唯傾斜的曲面の撥土板を用ひ」るために裾から頂上にかけての傾斜角の増加率が重要である。同様に反転方向への土壌の放擲性が問われる点で、側方への加速度を発生させる犂の前進速度も重要であり、稲垣はこの二点に留意した設計を提唱する（同　二二一-二三二）。この見解は、犂耕作用の法則性についての認識の当時における到達水準を示す記述でもある。

いっぽう、同じ時期の広部達三『広部　農具論　耕墾器編』（一九一三　大正二年）では、国内の在来犂に関する当時の認識をうかがうことができる。すなわち、各地の在来犂を単系的な改良（進化）の面から分類し（広部一九一三　一七九）、「第八章　各種の和式犂に就きての論評」（同　一三七-三〇二）という章で在来犂二点と改良犂四一点に挿図を添えて解説する。この四一点のうち、氏は島根県隠岐と長崎県五島列島福江島の二点だけが持立犂に属する在来犂で、いずれも耕深、反転作用、操作性を基準にして「古代の遺物」「在来型の所謂抱持立なれば熟練するに非れば其使用容易ならず」と退けているのが注目される。対して改良犂は東北地方の例まで含め北部九州の持立犂起源の改良短床犂に類するものが大半で、在来型の中床犂や長床犂に類する一〇点は鉄製の部材や部品を採用しているほかは改良点が見あたらない例が多い。ただし、これ等一〇点について操作性の点で高い評価を与えているのは「成形図説」の認識と同じである。

最後に現代の研究例であるが、坂井純の論文「歩行用トラクタ犂耕の原理と和犂の設計理論」（一九九〇）は、アジア水田地域への技術指導のために日本の在来技術を応用してきた体験[2]と見識の点で注目される。すなわち、「一ヘクタール以下の農地を持つ家族小農」主体の日本農業という実態をふまえ、速やかに機械化が達成された要因として役畜を牽引型小型耕耘機（ティラー）で置き換えた改良的な創案を評価する（坂井一九九〇　三九-四〇）。また、良好な反転性のいっぽうで大きな牽引力を要し、水漏れを防ぐ水田の耕盤まで削ってしまう西洋犂（plow）の不便さと不適合性に対する「和犂」の特長を指摘するとともに、作業中の反転作用の調節可能性に注目している。

氏によると、九州北部地方を中心に使われた「和犂」は「ハンドル回りに耕深、耕幅、耕土の反転度合い、及び反転方向の四つの完全な調節機能」（同　四二）を備え、犂を保持しながら左右への傾きを変えることで西洋犂には不可能である反転作用さえ調節することができる耕耘器具だという。そして「和犂」が常に進行方向に向かって左傾している点に着目し、耕耘済みの地面に片車輪を落として傾姿勢で進む耕耘機との「決定的な相性の良さ」（同　四二）、すなわち機械力との代替性の高さを指摘している点は、極めて単純な事項だがメーカーでティラーを設計した経験を持つ氏ならではの指摘といえる。安定性と操作の容易さで評価の確立した長床犂（唐犂　からすき）と対照させて、九州北部地方に分布した無床犂（抱持立犂）系統の改良短床犂を調節機能の面から再評価した点で注目される。もっとも、畿内―西日本に分布した長床犂への分析研究の空隙は氏に至っても未だ埋められていないことに留意せねばならない。

以上、犂耕技術に関する農業機械学での代表的な認識をまとめると、まず前近代の辞典的な「成形図説」は操作性の点で長床犂。耕深の調節機能では無床犂を評価していた。この二点は、西洋犂の分析研究の輸入に始まった明治期の学術的な認識でも同様である。犂への反転作用への分析と解説が重視された点は西洋犂の特質にひきずられた結果であり、当然のことながらこの点では現代に至るまで西洋犂が優位とされてきた。いっぽう、九州北部地方の無床犂（抱持立犂）とそれを原型にした改良短床犂は、操作の難しさと反転性能の点で劣っていたものの、長い床犂と比較しての深耕性が「お雇い」によって評価されたのを嚆矢として、近年は調節の容易さと機械化への適応性を見出した研究が登場している。なお、犂の作用の法則性の認識については、「成形図説」までさかのぼっても大きな違いは認められないが、農業機械学の輸入によって犂へらを中心に分析と説明の「ことば」が豊富になった点は、対象化の最終段階である説明可能性の達成を示すものといえるだろう。

ところで、長床犂についての研究は管見の限りでは安定性と操作の容易さ、水田の耕盤を塗り固める作用等への評価や耕深の不足を指摘するにとどまっている。ここでは、例外的なものとして近年の農業史研究の成果を一例だけ参照しておく。これは河野通明の学位論文（大阪大学大学院文学研究科。一九九一　平成三年）を補訂した『日本農耕具史の基礎的研究』（河野一九九四）で、古島敏雄『日本農業技術史』（一九四七、一九四九）、同『日本農業史』（一九五六）、鋳方貞亮『農具の歴史』（一九六五）、飯沼二郎・堀尾尚『農具』（一九七六）等で確立された通史的基礎の上に、文献資料と実地の調査・実験との両面から犂と装具を中心とする個別研究を展開し、農業技術史の再構成を目指したものである。その中でもとくに「第一〇章　長床犂の形と形態についての基礎的考察」（同　四五五-五五〇）を検討しておきたい。

この章で、氏は九州北部地方の在来無床犂が改良短床犂の普及政策によって消滅したのとは対照的に、畿内・西日本の在来長床犂が敗戦後も使われてきたことを指摘し、その理由を解明している。

現存の犂を使った測定によると、長床犂は一般に改良短床犂に比べて重心が一〇～二〇センチ低く、重量は一・五～二倍ほど重く前後方向は二～三メートルもある。重心はより後方に位置し、牽綱がつけられる牽引点と「把手」の握り部分もより前方・後方に隔てられているので、犂先から重心までの水平距離に重量をかけて動態的な前後方向（仰向け方向）のモーメント（キログラム／メートル）を算出すると、改良短床犂との比で二・五倍にもなる。法則的にこれは数一〇センチから一メートルを超える床材がもたらす固有の安定性によって貯えられ、抵抗増に応じて即時に放出され犂体の「前のめり」を打ち消す力が発生するという（同　四五五-四八一）。

次に、犂の抵抗を「牽引抵抗」と呼び換える氏は、これを「耕起抵抗」と「摩擦抵抗」との合計であると規定するが、この点に関連して従来の農業機械学、農業史ともに長床犂は「犂床長きに過ぎ為めに摩擦抵抗を大ならしめ」（広部一九一三　一三五）、無床犂は「犂床がないので長床犂にくらべれば常に牽引抵抗が少く、深耕に適し」（清水一九五三　三七七）といった、「摩擦抵抗」と「牽引抵抗」とを混同する決定的な誤謬が放置されてきた点を繰り返し指摘している（同　四八二-四九八）。

摩擦抵抗が接触面の摩擦係数を介して重量に比例することは周知の法則であって、長床犂は床材（接触面）が長いから大きな摩擦抵抗を発生させるわけではない。さらに、氏の実験でも改良短床犂との比較で目方の重い長床犂の抵抗は一・五倍ほど大きいというが（同　四九三）、実験で得られた摩擦抵抗値（キログラム）を新関三郎「役畜の装具」（一九七五　三三）で実験された馬の牽引力六〇キログラムで割ると、長床犂が一四・七％、改良短床犂は一〇・〇％となって摩擦抵抗の比率は低い。それゆえ氏は「耕起抵抗」が分析の主対象でなければならないことを強調するのである（同　四九三-四九四）。

氏は、分析の対象が混同された結果、誤った定説が農業史研究にも流れ込んで通俗化してきたことを指摘したが、現代の農業機械学研究でもこの誤謬は明確に自覚されていない感がある。例えば、前述の坂井氏も洋犂の「耕起抵抗」について「和犂より数一〇％から倍近く大きい場合が多い」（坂井一九九〇　四〇）という「当時の常識」があったと記している。斯界の代表的研究者が分担執筆した「農業機械ハンドブック」（一九五七）等を指した記述であり、理由として洋犂は「作土の下の硬い耕盤（すき床）表面を全面にわたって切削」するのに対して、和犂は犂先が接するだけだからという（同）。五〇年代「当時の常識」では「摩擦抵抗」と「耕起抵抗」とが明確に分けて記述されていなかったといえる。

洋犂の犂先が切削する土の断面はほぼ長方形で、耕盤から表土にかけて大量の土を完全に反転させるために、丸く舟底状の切削断面で洋犂ほど大量の土を反転しない和犂より耕起抵抗が大きくなるのは当然である。また、反転作用が生み出す応力は進行方向に向けて左傾した和犂では舟底状の犂床で受けるのに対して、直立した洋犂では犂体に取り付けられた平板な「地側板」が受け止め、垂直に削られた地側面（壁）との間に大きな摩擦抵抗を発生させるだろう（同　四一）。犂先が土壌を削って持ち上げ、反転させる間に発生する耕起抵抗は、耕深と耕幅の積である土壌の量（重量）に比例するが、氏は耕深増にともなう耕起抵抗の増加率は耕副増の二倍という実験値（兵庫県農業試験場一九五六）を引用している（同　五〇〇）。一九三〇年代以降、解析・設計の第一人者だった森周六が「犂床は幅が狭い程摩擦面が少く、従って抵抗を減ずる」（森一九三七　四〇）と記した点も、誤謬のもとである「摩擦面」云々の部分を訂正するとしたら、耕起抵抗は耕起量（重量）に比例するという一般法則を指摘したものと理解することができる。

評価の低い長床犂の耕深は、河野氏によると一九二六（大正一五）年の大阪府泉北郡競犂会の資料では出場者の八割が五寸以上、最も浅かった選手でも四・五寸に達していた（同　五〇八）。改良短床犂の本場である九州大会（一九三三　昭和八年）では四・五寸以上が出場資格だったので（森一九三七　二五九）、長床犂と短床犂との耕深の違いは最大で一寸程度と考えられる。耕深の差は、出来上がりの畝の高さではそれ以上の差をもたらすことが予想されるものの、長床犂の耕幅は改良短床犂より二割も大きいために（河野一九九四　五一二）総耕起量の格差は縮まるだろう。改良短床犂の操作が技能的に難しかったこととあわせて、西日本各地に根強く長床犂が残存してきた理由を説明することができる。

犂は、その前進運動によって犂先で土壌を切削耕起し犂へらで側方へ放擲—反転させる農器具である。犂先から犂へらにかけて押し上げられ、放擲される土の増量と反転性の向上が犂の改良だとしたら、耕起抵抗が増加するのは不可避の自然現象である。犂先、犂へらの形状や材質・仕上げ等の改善は、この現象の前では犂床の摩擦抵抗同様に二次的な意味しか持たない。普及にあたって耕起抵抗の次に問われる安定性と操作の容易さの改良についても、比較的耕深の浅い長床犂を視野に入れない場合は、無床犂の犂先後方に僅かな接地面を補うこと以外に選択肢はなかった。学問の輸入によって、犂耕作用の法則への客観的理解が伸展し説明可能性は確保された。しかし、普及の現場では長床犂に代表される全国多様な在来犂についての客観的・普遍的な「ことば」による理解と説明が軽視された。改良対象が九州北部地方の伝統的な無床犂や短床犂に限定されたうえに実践面でも個人的・体験的な技能修得に過重な期待がかけられることとなった点は、本書の前提として留意しておきたい。普及とは一面で教育や学習を指すが、技能と技術との「弁証法的関係」による相互発展や技術としての普遍化が滞り、武谷のいう「封建的な徒弟式訓練」（武谷一九四六〔一九六八　一三八〕）に依存する停滞的な方策が運命づけられたといえるだろう。

ただし、道具の操作法を技能的に修得する現場では体験的側面が主な過程を占めることは否定できないし、そのことが犂という比較的単純な農器具の技術改良を阻害したとは考えられない。それゆえ、本書「第三章　近代犂耕技術の確立」の第一節と第二節では、「停滞」―「発展」の尺度での判定評価ではなく民間の取り組みの実態を確認したい。そのことをとおして、近代犂耕技術として確立されていった技術の普及をめぐる担い手の形成過程を解明することがより生産的だと考えられる。

(2)　普及論視点からの論点整理

犂耕技術は、いわゆる増産の手段である多肥料技術の構成要素あるいは展開の一形態である。その普及は、裏作をともなう深耕・多肥農法という栽培技術に係わる新技能の習得過程としてより具体的に捉え直すことができる。ここでは、肥料増投の前提として犂の改良普及を加速させた耕地の深耕化という技術課題が、学問分野ではどのように認識されていたかに注目したい。

須永重光『日本農業技術論』（一九七七）に収録された幾つかの論文と、農業発達史調査会編『日本農業発達史』

第一巻（一九五三）に収録された井上晴丸、清水浩論文の技術（農法）に関する考察に普及論としての読解を試みるが、須永の論考は武谷一九四六（一九六八）の元となった特高の「調書」（一九四四、昭和一九年）とほぼ同時期の一九三七～五〇（昭和一二～二五）年にかけての論文集である。第一章に配された「日本農業における技術の意義」（初出『経済学研究』第五号　一九四九）で、氏はまず適地適作の特産地化を指向する農業経営の「一種の社会的分業」は自給自足原理から市場原理への歴史的移行にともなって生成されたものであり、この現象は食料などの生活手段だけでなく「農業技術をも購入する商品とするに至った」（須永一九七七　二〇）という一般的な認識を示す。氏によると、農業の近代化は機械化と肥料技術の改良すなわち化学肥料の普及によるものであって、両者が購入される商品である限り、その普及は機械工学や化学の発達と資本主義的生産能力の充実等を前提とする。また、化学肥料の普及は産業資本（重化学工業）に対する農業経営の「隷属」を促し、肥料の購入と多投がもたらす増収は地代の算定基準を押し上げ、こうして本来は純粋に商品であった肥料をめぐる多肥料技術も、普及現場では社会的特質を帯びた「地主的技術」に化すとした（同　一二三‐一二六）。

このような構造的な問題は、同様に多収量技術の「集中的表現」と位置づけられている品種改良の技術でも指摘されている。氏によると、遺伝学に立脚する品種改良のための人工交配の技術は「決してわが国の農業の機構を革命的に変化せしめるものではなかった」（同　三四）という。「農業の機構」とは、文脈から推すと零細農経営を取り巻く社会経済の階級的な構造を指すが、「多肥料に堪えうるように育成された稲の一品種が逆にますます多量に施肥せざれば収穫を得られなくなるごとき傾向を生ずる」（同）として、ここでも技術と社会経済との構造的関連性を指摘する。「農業の機構」は、品種改良という多収量技術の成果を「いわゆる土地の豊度の一構成成分」に帰属させ、技術を「土地改良の技術とともに地代を作出し地主的な農村の生産関係を維持せしむるための技術」、すなわち「農業の機構」それ自体の維持に奉仕する政治的意味合いを帯びた技術に転換するのである（同　三五）。

さらに氏は、指先の攪拌によって酸素を補給し稲株の分蘖を促すと科学的に説明されていた除草作業を例にあげ、科学の成果が労働の軽減をもたらすのではなく、むしろ現場の苦汗労働に依存してきた点を日本農業の技術的特質とする。科学の伸展による多肥料技術は、技能的労働に依存することによって初めて増産をもたらしたと換言できるだろうが、この点は表作の収穫と裏作の定植または播種が重なり加重な労力を強いる裏作（輪作）技術についても同じだという（同　三二-三三）。産業資本への隷属構造は、農業現場の肥料・品種技術と苦汗労働の三者を「地主的技術」に転換するという氏の解釈であるが、この論文では品種改良の技術と「技術的地盤」としての「国家的な背景をもった土地改良技術（耕地整理と乾田化技術――引用者）」（同　三六）との狭間にあり、なおかつ多肥料技術の大前提である深耕化を実現する犂耕の問題は論じられていない。

ところで、普及事業は技術的な欠如や落差が自覚され問題視されて初めて政策課題となるだろう。その意味で技術・生産両面で低位とされてきた東北地方の実態をめぐる氏の技術論は注目される。「東北農業の技術的特質」（初出『帝国農会報』三一-六号　一九四一）では、いちおう同地方の「停滞」を前提に前述のような構造的問題が論じられているが、同地方の農業統計値の幾つかに停滞ではなく技術的優位性を示すものが提示されている点が興味深い。すなわち、早寒を避けるために稲の育苗―田植の期間を繰り上げて早期に完了させる必要から、「裸手労働的技術」「技能的水稲技術」（同　四五-四六）に独自の展開がみられること。一九三九（昭和一四）年の数値では、水田の耕地整理面積率が宮城県の四九％を筆頭に山形県三三％、秋田県二九％と、新潟県の三一％と並んで全国平均二一％よりはるかに優位にあること等である（同　四八-四九）。

また、「労働の生産性を高めるものとして、日本的段階の指標となる」（同　四八）と位置づける牛馬耕は、稲や麦・菜種等との二毛作・輪作を実現するために普及した技術である。そのモデルとなった九州の牛馬耕普及率は九一％で、四国九五％、中国八五％に対して東北は七〇％。また一戸当り肥料消費額は全国平均との百分比で青森県一五五・三％、岩手県七七・二％、宮城県一〇八・七％、秋田県八五・二％、山形県一一六・六％、福島県八九・四％と、積雪で裏作が期待できない地方としては高い普及率を達成しており（同　四九-五八及び本書の表2-1）、当時の東北地方の「停滞」を数値から読み取ることはできにくい。ちなみに地方別の単収（一〇アール）は、一九三一～三五（昭和六～一〇）年の数値（波多野一九九三　二一）では北海道一三〇・五キログラム、東北二五二・〇キログラム、北陸二九八・五キログラム、関東二七三・〇キログラム、東山三一八・〇キログラム、東海三〇六・〇キログラム、近畿三三七・五キログラム、中国二九一・八キログラム、四国二九五・五キログラム、九州北部三二一・〇キログラム、九州南部二六一・〇キログラムで、東北地方は全国平均二八一・四キログラムの八九・六％を確保している。

問題の「苦汗労働」の目安となる生産性についてであるが、周知のように日中戦争（一九三七～四五）以来、過剰人口を抱えてきた農村でも漸く労働生産性が課題となった。この点について、氏は一九三八（昭和一三）年の帝国農会「米生産費調査　自作者の部」から県別の「反当」「石当」の生産額と生産費、同様に「一労働日当」の生産額と生産費について数表を掲げて東北地方の特質を説明する。数値が示す事柄は、まず前述のように単収は宮城県と秋田県以外は全国平均以上であること。反当生産額では岡山県を筆頭とする西南日本に一割前後も劣るものの（青森県を除く）、反当生産費も同程度に下回っていること。ただし青森県では種子費、肥料費、畜力費、土地改良費、農具費、建物費で前記岡山県にも勝っていることである（同　六一-六二）。

さらに「一労働日当」の生産額から生産費を差し引いた利益は、岩手の〇・八八円を除いて一・〇九～一・三九円ずつ確保されており、高知県の〇・五一円、愛知県の〇・七八円、福岡県の〇・八八円、茨城県の一・〇四円、佐賀県の一・〇五円等よりは遥かに高い。先進的とされた奈良県の一・三四円、あるいは米作に特化した新潟県の一・四三円に匹敵する利益が確保されているのであって、氏が示した数値は「労働の生産性は一般に東北は低い」（同　六四）という通俗的な認識を金額の面から覆すものである。さきに氏は、機械設備や施肥技術の面で若干の劣位を認め

表 2－1a

	1戸当り消費額			反当消費額		
	販売肥料	自給肥料	合計	販売肥料	自給肥料	合計
	円	円	円	円	円	円
青森	60.86	193.68	254.54	4.32	13.73	18.05
岩手	50.42	76.09	126.51	3.76	4.68	8.44
宮城	69.91	108.31	178.22	4.99	7.73	12.72
秋田	36.88	102.74	139.62	2.57	7.16	9.73
山形	88.11	83.11	191.22	6.68	6.30	12.98
福島	66.95	81.56	146.51	5.19	5.97	11.16
全国平均	82.78	81.15	163.93	7.41	7.26	14.67

出所：須永1977, p. 55。

表 2－1b

	反当り労働日	玄米数量	反当り生産額	反当り生産費	石当り生産費	1労働日当り生産額	1労働当り生産費
	人	石	円	円	円	円	円
青森	23.6	2.939	130.35	104.54	32.15	5.52	4.43
岩手	25.8	2.659	116.69	93.80	32.26	4.52	3.64
宮城	19.4	2.533	101.11	78.85	28.21	5.22	4.06
秋田	23.0	2.580	113.36	86.15	30.77	4.93	3.75
山形	21.3	2.753	117.52	88.88	28.74	5.51	4.17
福島	23.5	2.817	122.61	90.10	28.52	5.22	3.83
北海道	11.9	1.859	65.80	69.76	35.15	5.54	5.86
茨城	24.4	2.683	118.99	93.53	31.87	4.87	3.83
新潟	21.5	2.798	114.00	85.88	28.06	5.33	3.90
愛知	20.8	2.583	116.48	100.17	35.69	5.60	4.82
奈良	19.7	2.691	120.44	94.03	30.87	6.11	4.77
岡山	22.4	2.915	136.27	97.51	29.08	6.08	4.35
高知	22.8	2.830	129.62	118.13	37.90	5.69	5.18
佐賀	19.5	2.680	120.03	99.68	33.46	6.16	5.11
熊本	23.8	2.924	134.22	102.58	30.81	5.64	4.31
福岡	15.2	2.343	107.21	93.92	33.46	7.06	6.18

注：表中反当り生産費額は玄米のほかに副収入を加えてある。反当り労働日は家族労働のほかに雇傭労働をも加算されている。

出所：須永1977, p. 59。

ながらも、技能的な部分について東北地方の「技能的水稲技術」の存在を指摘し、これが「独自の発達をとげている」と錬成度の高さを評価した。また論文末尾では「商品経済の影響のもときわめて徐々な動きをもって進展しつつある」（同　六四）として、一九三〇年代以降における東北地方の「停滞」を事実上否定している。

いっぽう、技術の展開形態について氏は「役畜利用農耕」を指標に、代表的な利用目的である「牛馬耕」の東北地方における普及率からその「日本的段階」を説明した。さらに農業用原動機の普及を「最近における農業技術の一つの技術的水準」と位置づけて、同地方の普及率の低さと個人や農業団体（組合）ではなく営業者の所有が多い点で逆に停滞性を指摘する。そこでは技術の「段階」が犂耕や原動機の地方普及の具体例において説明され、普及を阻む「東北的社会条件」（同　四八）や「社会経済的側面」（同　五四）に注意が払われている。氏の観点は、経済構造や普及の個別動態に着目して特定地方の技術的特質を論じたものだが、これは深耕多肥農法の担い手論として読み換えることができるだろう。

第四章に配された「日本農業における機械の意義」（初出、東北帝大経済学界『農学年報・経済学』七号、一九三七）は、この読み換えの可能性を示した論文である。まず、氏は技術に関して「自然科学の意識的な応用として社会的生産過程に取り入れられたもの」（同　一六三）と規定する。労働手段の体系といった実体的側面ではなく、「意識的な応用」に着目して科学と技術との作業現場における相互作用やその過程を重視している点は、同じ頃の唯物論研究会の所説よりも武谷「意識的適用説」に近いところがある。もっとも、地方普及の問題は技術の体系論よりも一般的に適用や応用の議論と馴染みやすい点でなかば当然であって、犂耕技術の普及論を問題にする本節でも体系説と適用説との論争における須永説の位相ではなく、氏が技術と社会問題（農村問題）との関係性をめぐって普及論を展開している点に注目したい。

農村への機械力の普及は低廉な労働力が阻害し、いったん普及し始めると当面は労働力の過剰が加速されるだろう。

氏は「機械が中間農民層を分解して資本のための労働市場をつくり出す」というが（同　一六八）、ここでは産米の商品価値の維持を迫られた農家が脱穀調整機等の機械市場を形成した後の展開の説明に注目したい。すなわち、「冬の仕事とせられていた」稲の脱穀調整作業が機械力で速やかに完了することよって冬場の副業が可能となり、製縄機、藁打機、圧麦機、挽割機、搾油機等の購入が促されたことを指摘する（同　一八二―一八三）。表作の機械化が副業のための労働力の剰余を生み、別の機械が購入される循環構造が形成されるのである。こうして、農業経営の商品市場や産業資本からの独立性が失われてゆくにつれ、「社会的生産過程」として「はるかに独立的」だった農作業（技能）と農業技術との、農業現場における固有の意味が変わっていったと考えられる。

本書では、このような変化を農業技術の普及にともなう担い手を取り巻く社会環境の変化として検討課題にしたいが、担い手の形成過程を論じる第四章の、とくに第二節以降でとりあげる農家小組合や産業組合の制度は、須永氏が指摘した以上のような独立性の消滅にともなう「明治二〇年代以降の農村分解の過程」（同　一九二）の対症療法と見なすことができる。氏は代表的な資料である一九三〇年代中頃（昭和初期）の「農家小組合に関する調査」（農林省農務局）をもとに、この制度によって脱穀調整機と小型発動機が普及していった実態を示す。さらに、一八八一（明治一四）年に足踏み式の籾摺器が発明（同　一八九）されて以来の改良農器具に言及し、犂耕の普及も視野におさめているほかに「改良」が買い替えを強いて「農業機械が一つの資本主義の市場としての性質を強めるわけになる」（同　二〇〇）という過程も見落とさない。

地場産業・地域内流通的な鍬や犂の市場は、農業機械や化学肥料が形成する市場と比較して遥かに小規模であり、その他さまざまの側面においても異質な要素を視野に入れる必要があるだろう。犂と犂耕の普及は、深耕と役畜の厩堆肥による増産のほかに、労働力の節約ではなく裏作の始めと終わりの季節集中的な苦汗労働の軽減も大きな動機だった。収益の多くは役畜の購入にあてられ、並行して普及した裏作が農閑期の労働力を吸収した点で、むしろ中間層の分解圧力を緩和していたとさえ考えられる。犂の普及が農家にもたらした社会的な意味は、前述の機械化のそれと同列に論じ難いのだが、技術と担い手とを普及現場というひとつの社会環境の中で総合的に対象化する糸口を示唆している点で、氏の観点と論考は前述のように担い手論として読み換えてゆくことができる。

ここで普及論視点による整理の締めくくりとして、多肥料技術の前提となった深耕化・乾田化という技術観について、普及の歴史的な必然性に関する近代農業史研究での理解を振り返っておきたい。一九五〇（昭和二五）年一月、農林省は東畑精一を会長に次官、局長等で役員会を固めた農業発達史調査会（一九五〇～五七、昭和二五～三二年）を結成し、『日本農業発達史』（全一〇巻、一九五三～五七、昭和二八～三二年）の編纂業務を開始した。なかでも第一巻の第二章に配された井上晴丸「農業における日本的近代の形成」（井上一九五三）は、近代化の直接の原動力となった一八七〇～八〇年代（明治初期）豪農層の役割とその変化、区画整理事業と乾田化の進展といった視野の広がりをとおして、農業技術史・社会経済史の構造的理解を目指した論文である。水本忠武が指摘するように、農業技術の改良の担い手に視点を据えて明治期の農法を規定し（水本一九七七　一七六）、在地手作の「豪農層」の周辺に形成された、①有名水稲品種の選抜と普及、②金肥施用の拡大、③犂耕の普及等が有機的に関連し、時代的特質を共有するひとまとまりの技術群としての農法が確立された経緯を解明している。

井上の論考のなかで、本書に直接関係するのは「第六節　近代日本農法の形成とその推進者」であるが、これに先立って「地主の展開過程」「農民層の階級分化」という項が設けられている。この二項では一八七〇～八〇年代（明治初期）の「地主的豪農」が不耕作地主に転じる様相と零細農の没落過程が統計数値を交えて示され、新農法が形成される社会経済的背景が描かれている。「地主的豪農」とは、多数の雇人とともに自作経営にあたる農家を指す。彼らは農談会を結成して種子交換などの活動を展開していたが、草創期の有力（統一）品種である「神力」が一八七七（明治一〇）年に兵庫県揖保郡で選抜され、一八八六（同一九）年から普及が開始されたことなどが活動の代表的な成果である。

一八九四（明治二七）年の日清戦争を契機に清国産大豆粕の輸入と施用が増大すると、これと神力種との組み合わせによって多肥料技術が萌芽した。同じ年、山形県庄内地方（東田川郡）で「亀ノ尾」が選抜されているが、これらの新品種と多肥料技術との結合は深耕化への要求を生みだし、こうして犂耕技術の普及が必然化したという（同　一〇九～一一一）。福岡市西郊で在来の抱持立犂の広域普及を志した元・士族の林遠里や、駒場農学校を卒業して福岡（県）農学校に着任し自著「塩水撰種法」の普及活動を模索した横井時敬に対して、自家の耕地を試験田に提供するなど農業現場からふたりを支持し普及に協力したのはいずれも中規模以上の富農層だった。このように、井上は広範囲に資料を求め複雑な要素を技術の形成過程と担い手の面からひとつの時代的特質として普及史をまとめあげた点で、農業史の枠をこえた普遍的な歴史研究の枠組みを提供している。

なお、井上論文が指摘する犂耕普及の農業史的な意義をまとめると、①深耕効果、②耕耘作業の能率向上と二毛作の拡大、③基盤整備として重要な乾田化工事への契機醸成、④乾田化による土壌成分の活性化が要求した耐肥・耐病性品種の選抜・普及、⑤田区改正事業の拡大があげられる。これ等の諸特質に代表される「近代日本農法」は一八九〇年代（明治後期）には確立したとされているが、五味仙衛武が指摘したように諸特質の複合的成果が各地に定着するのは一九一〇年代（大正期）以降と考えられる（五味一九七三　三七七-三七八）。氏の近代農法論は、時期的にも須永論文で取り上げられた一九三〇～四〇年代（昭和戦前・戦中期）の社会的な諸事象との連続性を想定することが出来る点から、時代（発展段階）を画す複合的・実体的な技術体系を提示するとともに、体系内諸特質の萌芽過程における担い手の歴史的意義を示唆する論考としてわれわれは読み換えてゆくことができるだろう。

最後に清水浩「第四章　牛馬耕の普及と耕耘技術の発達」（一九五三）を取り上げるが、前述の多肥料技術との関連において犂耕を論じている点では、前後する近代農業史研究の諸成果に沿ったものである。とくに「深耕多肥栽培」の項から始まる普及論（「第三節　牛馬耕普及の影響」）について検討し、本書での課題を確認したい。

一八八〇年代（明治一〇年代）の深耕奨励策については、一八七八（明治一一）年に青森県令が招聘し馬耕を講習した熊本県山鹿地方の柳原敬作（「馬耕の利益」、『大日本農会報』第三四号、一八八四年所収）をはじめ、農商務省と駒場農学校に奉職した酒匂常明「改良日本米作法」（一八八七）等の報告や著作から一端をうかがうことができる。この深耕効果は、一九〇五（明治三八）年から一九二〇（大正九）年にかけて国や都府県が実施した深耕試験では明確に増収が確認されなかったものの（清水一九五三　四五一-四五二）、一九〇〇年代（明治三〇年代）になると在来持立犂の普及が進み一定の深耕化が達成されていた。氏は同じ頃に改良短床犂や「神力」種などが登場し、大豆粕の輸入も本格化して多肥料技術が模索されるようになって改めて犂の深耕機能が注目され、普及に拍車がかかったと解釈している。

前述の柳原は「馬耕の利益」の報告で、耕起された土中に大気と日光が通い「地中の含有物と抱合し植物の養料を増すこと著るし」（清水一九五三　四五〇）と的確に説いた。肥料の増投・耐肥性品種・深耕化の三項は互いに不可分の要素であり、湿田よりも乾田のほうが「地中の含有物」の肥効が増すということは老農の体験的な知識だったと考えられる。また、馬は湿田では足を取られるために乾田化が必要で、本書の第三章第一節で述べる林遠里の私塾・勧農社では、犂耕技術の指導項目として馬耕と同様に乾田化と多肥料技術の項目が用意されていた。『青森県勧業要報』で報告された記録では、抱持立犂での馬耕を試行した「試験田実施手続」や「隣地耕作手続」の例をあげて、肥料購入額が約三倍に対して単収が七割増で収入も七割近く増額したと記している（同　四五五-四五七）。このように、普及の比較的初期から多肥料技術に畜力での深耕と乾田化工事が関連づけて伝習されていたことがうかがわれるが、「乾田馬耕とその影響」の項に移って乾田化と犂耕との関連性を検討しておきたい。

湿田から水を落とすと、耕土が固まり耕耘に余計な労力が必要になる。氏はこうして鍬から犂耕への移行が促されると同時に馬と犂の制御も容易になったことを指摘する（同　四六二）。また、駒場農学校で酒匂と同じ第二期生であった横井時敬の『稲作改良法』（一八八八）では、馬耕の効用として深耕だけでなく乾田化を挙げているが、その効用として山形県庄内地方では「其結果は従来の品種は此に適せずして、稲熱病又は倒伏の被害甚しかりし」（農商務省米穀局。清水　四六七）、あるいは「湿田を乾田に改良せると共に土地過沃となり、明治三十一、二年には之れ等の種類著しく稲熱病の被害を受けしと雖も、良好なる他種を栽培するに頗る逡巡の色あり」（山形県農会。清水、同）等々と、在来種に代わって「亀の尾」などの有力品種が選抜・普及することになった契機を説明している。

井上の明治前期農業史研究では、在地手作の豪農層を改良普及の担い手と位置づけていた。彼らは湿田と在来の有芒種とで安定していたそれまでの米づくりを新技術の導入で「攪乱」し、収束のために別の新技術の導入を必然化させるという改良の流れを決定づけた。すなわち、耕作面積の制約から多肥料技術を選択せざるを得なかった小規模農家は、豪農層が九州北部地方の伝統技能である犂耕法の普及に着手して湿田の乾田化が伸展すると、品種の点でも湿田の在来品種から多肥料品種に転換せねばならなかったのである。近代農法の代名詞である「乾田馬耕」は多肥料技術の一環であり、豪農層への技術的な従属の図式が超克されなかった点においても階級的な構造と不可分の「地主的技術」(3)だった。もっとも、技術を取り巻くこのような社会構造は、東北・東日本や畿内・西南日本など犂耕技術の普及や担い手の形成過程の特質を地方毎に規定していたと考えねばならないだろう。

続く「区画整理事業との関連」「耕耘能率の向上」の項では、犂耕による作業効率の改善と裏作の進展状況との二点が解説されている。須永も指摘していたように、両者は農村が商品経済への依存度を高め農器具や化学肥料の市場となってゆく新たな段階のなかで対象化することができる。この段階について、本書では豪農―小農という階層や経営規模の違いとは別の、農村外の論理が技術の普及実態や農村内における技術の意味や在り方を変質させてゆく過程として注目したい。

注

（1）武谷の技術論は、唯物論研究会（一九三二〜三八）の技術＝「社会的人間労働のための労働手段または労働手段の体系」（相川一九三五　八三）といった技術論への不満として一九三〇年代終わりに形成されていたという（武谷一九四六〔一九六八　三八三-三九八〕）。しかし「唯研」技術論を代表した相川春喜も広範に遍在し体系として把握しにくい技術を「マルクスに従って」（同　七五）労働過程の弁証法において考察することを説いていた。「一九四一年の春ごろ、神田の喫茶店で」（中村一九七五　九〇）両者が討論し、反論として相川がまとめたという『技術論入門』（相川　一九四二）も含めて、技術をめぐる武谷の生産的実践論と「唯研」技術論との隔たりについては検討の余地がある（中村一九七七　一五二）。一連の技術論のなかで本書が武谷の主張に注目したのは、修得をめぐって喚起される技術・技能・社会の動態的な関係論への端緒がうかがわれたからであるが、この関係論のいわゆる「弁証法」的特質は本書の課題を超えている。

（2）坂井氏は、九州大学農学部農業工学科農業機械学教室を昭和三五（一九六〇）年に卒業した。指導教官は日本で初めて犂の研究で学位を取得し第一人者として活躍した森周六博士だったが、「犂の時代は終わる。君はロータリをやれ」と教示され、牽引型小型耕耘機（ティラー）のアタッチメント犂の設計理論を研究したという。母校に奉職後は、師が犂の定量的な分析・設計理論を解明したのと同様、勘に頼っていたロータリ刃の設計について曲線の法則性を解析した。

（3）周知のように、後年の地主層が米の商品市場に依存し生産過剰を警戒するとともに脱穀調整や俵装の技術と能率を小作人に強いたのに対して、この時期の地主（「豪農」）は基本的に農業生産者として土地・労働両面での生産性の向上を指向した。

第二節　本書の課題

以上、先行研究を技術論視点と普及論視点から整理したが、総括できることは次の三点である。

まず技術論については、開発・普及にあたる研究者や行政当局者にとっての技術と、これを修得し実践する農家にとっての技能とを明確に分離したうえで、技能修得の局面から技術論を展開しようとする研究視点が希薄なことである。第二点として、普及論として取り上げた須永の論考では品種改良のような生物学に立脚した技術と、土地改良技術（耕地整理と乾田化工事）のような技術との狭間にありながらも多肥料技術の大前提だった深耕化、とくに犂耕技術への論及が不充分だった点である。第三点は、技術の開発・普及の過程で、現場の担い手にとっての技能（農作業）や技術の意味がどのように変ったのかという、社会経済の変化と現場の担い手の内面・価値観の変化とを対照させて技術の普及を捉える視点が希薄だったことである。

現場の技術論・普及論が不足しているという理解であるが、本書の課題としてまずは須永が技術と社会問題（農村問題）との関連に留意して普及論を展開した点を継承し、手薄な犂耕の普及論の展開を目指す。同時に、井上が技術の形成過程と担い手という視点から、複雑な要素をひとつの時代的特質としてまとめあげた研究視点を踏まえたい。具体的には、農業技術の普及が修得過程としてどのように担い手を形成し、そのことはどのような社会的・歴史的な意味を持ち、また形成された担い手像はいかなるものであったのかという視点であり、これによって後継者育成論としての広義の農業史研究を完成させたい。

それゆえ本書では明治前期の草創期（一八九〇年頃）から後期以降・確立期の犂耕の発達史をふまえて、その最終的な展開の段階と考えられる敗戦後（一九五〇年代まで）を対象期間としているが、この永い期間のなかでの普及や担い手形成の通史は二次的なテーマとなる。主眼は農業技術の普及にともなう担い手の形成過程と担い手像の解明である。

第三章　近代犂耕技術の確立

本章では、犂耕技術の確立について主に歴史的な側面から検討する。まず第一節の(1)〜(3)で技術の近代的な確立・普及史の概略を述べたあと、(4)では在来犂の改良実態を武谷三男の技術論から引き出された説明可能性の達成・確保という観点から、当事者の法則性の認識や対象化の過程として捉えなおしてゆく。そこで参照する資料は改良犂の特許申請文書であるが、体験的な技能の延長としての改良過程と文書に散見される特異な用語との乖離について検討したい。続く第二節では、犂耕地帯の農作業を聞き書きによって復原し、技能の伝承世界から近代的な改良犂の原型が産み出された経緯を示す。

第一節　筑前農法(1)をめぐる農業政策

(1)　農事巡回教師の制

一八八一（明治一四）年四月の農商務省の新設、同年一〇月の政変による藩閥新体制のもとでの松方財政という流れを経て、品川弥二郎等による民間型の殖産興業や新たな勧農政策が展開された(2)。この展開を農業政策の面で象徴する最初の事業として、三月の第一回全国農談会をあげることができる。これは、第二回内国勧業博覧会の関連事業として各府県から三名ずつの「老農」を選抜し、計百余名を浅草寺に集めて各地の農法の報告や意見交換をおこなった催しであり、閉会後には参加者を中心に宮家を総裁に戴いて大日本農会が結成された。農商務省の外郭団体として発足した同会は、府県郡町村に支会網を巡らす全国組織だったが、農談会の活動など地方民間に芽生えていた技術改良の取り組みを民業重視の政策転換にともない当局が組織化したことを象徴する出来事である。ここではまず在来農法を基盤とする犂耕技術の、近代的な普及環境が準備されていった経緯の一端を人的契機を中心に述べてゆきたい。

いわゆる「老農」[3]とは俗称であり、農学や農政の分野では具体的な意見を徴すべき実績のある篤農家といった意味で使われた。一八八〇年代には、彼らを中心として地方ごとに農談会（集談会）が興隆しつつあったが、前記第一回全国農談会はこの流れに注目したものだった。また、一八七八（明治一一）年に「今年一月本邦農業教師トシテ群馬県下船津伝次平ヲ登用シ農学校試業教師ベグビー氏ノ農業施設ノ利害得失ヲ監査セシム」（内務省一八七八　一〇九-一一八）と報告されているように、内務省勧業頭当時の松方や大久保利通内務卿に見出された北関東の篤農家が、駒場農学校（一八七七～八六、明治一〇～一九年）の「本邦農場」（在来作物の圃場）で実習を担当する試業科（一八七八、同一一年廃止）教師に着任していることも注目される。[4]農業政策や教育制度の草創期においては泰西農法重視が基本路線であり、老農の登用も補助的な実習教科での特例として認められていたに過ぎなかった。「監査」ということばは農業教育の農場部門という極限的な用例であって、より上位の農業教育全般に渉り「本邦教師」が外人教師を「監査」することはなかった。ただし、ドイツ（プロイセン）で農政や協同組合事業を視察研究した松方の影響で農事巡回教師が制度化されると、船津のような地方老農の復権が農政現場の流れとなっていったことは事実である。[5]

船津が藩主から「郷中取締役勧農方兼勤」を拝命していたことは先に注記した。「勧農方」の類が他の諸藩でも制度化されていたか否かは別として、農事の巡回指導という公租の根幹に係わる事業の必要性は近代農政をもって初めて認識された事項とはいえないだろう。農事巡回教師の制が「近代的」である所以は、農商務省によって指導項目と指導者の考査認定が全国一率におこなわれるようになった点である。記録の上では、一八七三（明治六）年のウィーン万博に際して作成された「わぐねる氏澳國博覧会報告抄」[6]が最も早い例で、彼は「獨逸國ニ於テハ所謂漂游教員ト稱スルモノ教導アリ、而シテ其教員ハ農学校中各曉通スル所ノ學科ヲ教授スルタメ遠近ニ招待セラル、ナリ」（農林省農務局一九三九　下巻一六五六）と、欧米諸国のなかで最も本格的な農事改良と教育の制度が確立されていたドイツでの、いわゆる農事改良普及員の制について紹介している（三好一九七二　三一一-三一四）。また、農商務省大書記官の前田正名は一八八五（同一七）年に『興業意見』を提出して勧業政策の指針を示した際に「〔農学士や技師等を――引用者〕各要用ノ地方ヲ巡回セシメ、農業ノ利害得失ヲ講明シ、或ハ其質問ニ答ヘ以テ実業ノ進歩ヲ促スニアリ、是斯ノ設ヲ要スル所以ナリ」（農林省農務局一九三九　下巻一七二八）と、全国の実態調査をもとに提唱している点も注目される。

農商務省の農事巡回教師の制は、このような提言や認識のもとに一八八五（明治一八）年八月、西郷従道農商務卿の布達(7)によって設置された。指導項目は「第一条　農事巡回教師ハ普通農事及養蚕製糸製茶糖業害虫牧畜ノ業務毎ニ之ヲ設ク」とあり、教師の認定（選定）に関しては「第三条　甲部巡回教師ハ当省ヨリ派出シ農務局員ヲ以テ之ニ充ツヘシ」「第五条　乙部農事巡回教師ハ地方官ヲシテ其管内実業者中老練ニシテ名望アリ兼テ学理ニ通スルモノヲ選ハシメ当省ヨリ之ヲ命スルモノトス　但選定ノ上ハ本人履歴書ヲ添ヘ当省ヘ申出ヘシ」（農林省農務局一九三九　上巻五二九）と、教師団を甲乙二種に分けたうえで「学理」の意義も認識する地元の篤農家を地方当局が推薦することを定めていた。後者「第五条」の文面は、船津登用の前例を踏まえて文が練られたとさえ思われるほどであり、「学理」を斥けない限り地方老農に大きな期待がかけられていたと見なすことができる。泰西農法をいったん棚上げにして、水田稲作という在来技術に回帰したいっぽうでドイツ流の巡回教師制度は導入するという選択は、各地の老農に当局の管理下での現役奉仕を依頼し、これをとおして「伝統」の再編成を目指す現実的な近代化策だったといえる。

林遠里（一八三一～一九〇六）が一八八七（明治二〇）年に筑前農法の啓蒙普及のために巡回教師養成の私塾「勧農社」を設立したことは、こうした国家の要請によく合致する地方例であった。

一八七一（明治四）年一月、林遠里(8)は廃藩置県の詔書が出される半年前に官を辞し、福岡西郊の旧・重留村（一八八九～一九五五、明治二二～昭和三〇年まで入部村重留。現・早良区重留）に移り住んで種籾の「寒水浸法」という特異な手法の実験に専念する。籾を冬の寒水に漬けて丈夫な苗を採るという発想だったが、同様に種籾を地面に埋めて冬を越させる「土囲法」も創案し、近隣農家へ一八七五（同八）年に依頼した試作の結果を県当局に報告している（西日本文化協会一九九二「履歴書並成蹟」、西村一九九七　四二-四三）[9]。また「兼而存付居候廉又承り合セ候儀モ有之、彼是追々試検仕候処、殖増相違無御座見込相立候」と、自身の試行と在来の慣行をもとに目途をたてた「稲作之致方」について「試検相望候向エ伝授致候儀御許可被下度」という「願」を出し、翌年にかけて計四千部の『稲作之伝書』という刷物を筑前各村及び有志者に頒布している（西村、同）[10]。このような活動に対して、一八七七（同一〇）年には筑前地方の鞍手・嘉麻・穂波三郡の郡長が各小区ごとに農事の篤志家を集めて彼の講演会を催したことを手始めに（江上一九五四　六一〇）、県当局も翌年には「寒水浸法」と「土囲法」を試験項目に採用する。さらに、一八七九（同一二）年にかけて県では林自身が試験項目を拡大して原型を編んだ「稲作改良法試験手続書」を県下に頒布し、あわせて計九百四九ヶ所にのぼる試験結果の収集事業のなかに彼の「寒水浸法」「土囲法」二法を採用した（西村一九九七　四三-四四）[11]。

このほか当局に対する彼の影響は、一八七九（明治一二）年の県発行「手続書」「寒水浸之事」で「但、寒水浸、土囲ノ事ハ、筑前国早良郡重留村林遠里著述ノ勧農新書ニ悉シク、且同人多年ノ実験ニ係ル処ナリ」と断ってあることから、前記「稲作之伝書」を補訂して一八七七（同一〇）年に版権を取得刊行した「勧農新書」が県当局による筑前農法の近代的改良を左右していた点もあげることができる（西村一九九七　四四）[12]。県内で一定の評価と実績を得た林が福岡県推薦の老農に選ばれたのは当然だった。彼は、前述の一八八一（同一四年）に開催された第二回内国勧業博覧会に「勧農新書」と「寒水浸法」「土囲法」による稲を出品して進歩賞牌と褒状を獲得したほか、同書五百部を各府県から出張してきた勧業課員や有志に配付する。また浅草寺での全国農談会ではその農法の解説をおこなって注目を浴び、帰郷して試作した老農たち数名が彼の追従者となっている。さらに、四月に発足したばかりの農商務省宛に農法指導の「上申書」を提出する等の運動も怠らなかった結果、大日本農会の種芸科農芸委員に任命されるまでになる（江上一九五四　六一五-六一六）[13]。

九カ条で構成されたこの「上申書」は、①国が三田や内藤新宿で試行していた育種・試験機能を府県に移し中央には実地施行場を設けること。②この実施施行場では諸説を試行して有望なものは地方試験に付すことによって「席上ノ論ニ流ル、ノ愚ヲ免ル」こと。および農会等の議論では実地経験、見聞、「思付」など論拠を明確に区別して発言させること。③実地施行場では西洋と本邦との農具器械を併用して各々通常の田畑と開墾での適否を比較検討すること。この東西の比較は五穀や種苗でもおこなうこと。④政府の官吏は農事の実際に疎く府県の官吏は「施政ノ原意」に疎いので、各地方庁と農商務省との間で二~五カ年間任期で一~二名ずつの官吏を交換すること。これは県と郡の間でも実施すること。⑤各地方毎に「智識術業ヲ交換」し長短を相補うこと。ただし実施のための具体策は今後の課題とすべきこと。⑥豊凶を左右する気象予報のために、全国数カ所に「天文日記所」を設置して陰晴風雨寒暖および地温や草木類の開花結実落葉等々の観測記録を蓄積すること。⑦「農務統計表ニ依テ考フルニ」わが国の耕地は狭いので開墾者への融資策を整えること。この開墾には「本ヲ努ムル農民」よりは「成ルへく華士族及ヒ遊民等へ従事セシメ」ること。融資のために起業公債を起こす途もあること。そして⑧各地の（農談会のような）農業会議では、米麦の「問題順序ハ左ノ通リニ之アリ度」（略）。「米穀ニ付問題順序」（全五一項目）。「麦穀ニ付問題順序」（全三五項目）。⑨山林事業について（略）といった政策提言である。

なお、このうち⑧「第八条」の米穀五一項目で注目すべきは、第三項、畑苗ノ事、第一五項、苗畑鋤耕ノ事、第一六項、苗畑肥料ノ事、第一八項、種子ヲ苗畑ニ蒔事と、苗を乾地で育成する畑苗代の手法を重視していること。次に第二九項の稲刈から脱穀、調整、「食米」「貯へ米」「売米」そして第三九項の「俵拵」まで計一〇項目を、作物としての「稲」ではなく商品としての「米」の向上＝産米改善にあてていることである。もっとも、一八八〇年代（明治一〇年代）に中央と地方とで俵装など産米改善関係の遣り取りがあったことは『農務顛末』（一八八八、明治二一年）

収録文書にもうかがうことが出来るので、一九一〇～三〇年代（大正・昭和期）の産米改良運動の先駆例とすることは出来ない。二点目の留意点は、分量的に「上申書」のなかば以上は第九条、山林経営での国と民間の収益試算に割かれており、この時期の林の関心がのちに名を馳せる勧農社による牛馬耕法の普及だけではなかったことであり、三点目はこれ等九カ条を通覧するに彼は実地の農作業や営農体験をもとに意見を上申する老農というよりも、農家の技術や経営の改善および農山村地帯の振興政策などを追究する官僚型の旧士族だった点である。

(2) 林遠里と勧農社

官を辞した林遠里が、農政当局をとおしてふたたび世の脚光を浴びてゆく経緯を述べたが、彼は一八八七（明治二〇）年に「勧農社」を創設した（西村一九九七　五五-八二）[14]。この私塾には遠くは石川、富山県の青壮年が彼の実績や名声を慕って集まり、「勧農新書」に代表される農法と在来農器具である「抱持立犂」による耕耘・畝立法とが伝習された。技能を習得した彼らは、林の石川県での演説筆記を彼の前で暗唱し試問に答えて合格すると「認定証」「派遣教師心得」「嘱託書」を手に帰郷した。各府県各郡からの要請に応えて出張する修了生（派遣教師）の多くは、農夫として異例の額の謝礼金を手にすることができた。

勧農社の運営費は、彼らの謝礼金の一部（「納入金」）や農場で収穫された米麦の売り上げで賄われ、さらに再興を期して拡張が試みられた一八九二（同二五）年以降は農商務大臣の井上馨、次官の金子堅太郎、あるいは松方正義、品川弥二郎、榎本武揚、陸奥宗光、後藤象二郎、大隈重信、大山巌といった名誉社員九三名および卒業生である一般社員（六百余名）[15]からの「社費」で賄われた（西村一九八八　一-七）。勧農社は、泰西農法から水田稲作という伝統回帰のなかでドイツ流の農事巡回教師の制だけは採用した当局が、普及・指導の展開にあたって九州北部地方の耕耘器具の偏重を決定的にする大きな要因となったのである。

犂耕の普及に着手する前の彼は、林業振興に意を注いでいたことが前記「上申書」で確認される。林は一八七九(明治一二)年に社員三〇名で興産社という団体をつくり、近隣数カ村に種苗場を設けて一八八一～一八八三(西村一九八八　一四-一六)年にかけて計二百五〇万本の苗木を販売する(西日本文化協会一九九二「履歴書並成蹟」[16])。その過程で、たとえば一八八二～八三(同一五～一六)年に長崎県庁で販売と支社の設立を交渉し、同県勧業課から福岡県の勧業課に一一万六千本余の苗木が発注されたことから分かるように、交渉の相手は役所であって農家や地元有力者といった民間人が記録には登場しない点からみても、彼は勧業政策の一翼を担う自負心を持つ旧士族だったといえる。「山林愛護ノ主義ヲ以テ長崎県内ニ興産ノ支社設立ノタメ」という本人の記述がこのことを傍証している(同　一九九七　四七-四八)。

ただし、犂の本体は山の急斜面に生える根本の曲がった間伐材が最も都合の良い材料であることから、彼は材木の加工にあたる村大工と犂先を作る鋳物商と農家の三者を巻き込んだ地域的な勧業の面から犂耕普及の私塾活動に思い至ったのではないかと想像することもできる。これを裏付けるかのように、近隣の旧・脇山村での聞き書きによると犂本体の製造が疲弊した村の復興事業として始められたと伝えられている。この村では、明治末期には主力を犂の製造販売に転換していた博多の磯野七平鋳造所に月産二〇〇〇台にのぼる犂本体を加工組み立て出荷したという。また、勧農社設立に先立つ一八八六(明治一九)年には石川県から教師派遣の依頼を受けたことを契機として、県内の農器具商と鍛冶屋とが博多の聖福寺で連合総代会をひらき、材料の鉄の一括購入をはじめ品質の統一と維持そして販路の確保を目指す大日本農具改良組合が結成されている(西村一九九七　一二一-一二六)。

こうして県当局が各地の派遣教師たちの注文を組合に取り次ぎ、組合では適宜各製造業者に発注する経路が出来上がったが、林の活躍は草創期の農業政策である巡回教師制を支援・継承するものと位置づけられるだろう。私塾・勧農社では、凋落が認識された一八九二(明治二五)年以降は、政財界の有力者に混じってこの組合の代表格である磯野七平という博多の鋳物製造業者を名誉社員に仰いでいた。犂の製造業者と同社とが密接な経済的関係、すなわち犂の売り上げに直結する馬耕の普及にあたって、利益を勧農社に一部還元するという協力関係が成立していた点にも留意せねばならない。福岡県では、こうして林遠里と当局と業者の速やかな共同のもとに窓口が準備され、改良と供給の円滑化が確保された点でも先駆的だったが、それは林の活躍に負うところが大きかった[17]。

ところで、石川県が福岡県当局に実業教師の派遣を仰いだことは、むしろ同県が福岡県同様の先進県であったことを示すものである。たとえば、府県立の農事関係施設は早い例から京都府が一八六九～一八七二（明治二～五）年にかけて勧業方や勧業場および牧畜場を設置し、ついで石川県では一八七二～一八七七（同五～一〇）年に開拓所、勧業試験場、金沢勧業場、石川県勧業場ならびに農事講習所、一八八六（同一九）年には県立農学校が開校されている。福岡県で対応する事項は、一八七六（同九）年の勧業課設置、一八七九（同一二）年の勧業試験場と翌年の福岡（県）農学校への改編（太田一九五三　五四七-五五一）等で京都、石川両県に比べてとくに目立つものではなく、福岡県の名声は実業教師の派遣にともなって筑前農法が農政の一規範とされてゆくなかで確立したものだった。最も早い派遣例は、一八八三（明治一六）年に福岡県夜須郡旧・三並村の長沼幸七が県当局を通して石川県から招聘され、初めて犂を持参したほか林の説を承けて「土囲法」「寒水浸法」などの実施をとおして大きな成果を収めた例がある。そして、翌一八八四（同一七）年には林も招聘され講演をおこなっているが、石川県ではすでに一八八一（同一四）年には「明治三老農」と呼ばれた奈良県の中村直三と農商務省巡回教師の船津伝次平を巡回させていたのである。

一八八六（明治一九）年、同県では前述のように長沼と林の実績を評価して再び福岡県勧業課に派遣継続と教師の人選を依頼し、県内の郡役所が人選などの具体的な作業を開始した。派遣教師の選定に際しては、一例として夜須郡では応募者自身の履歴書と「派遣願書」に長沼が「上申書」を添えて県に提出する形をとっている（西村一九九七　九七）。各郡から応募書類を集めた福岡県では、長沼の派遣によって評価を高め石川県勧業課から「御聘用」という肩書きを受けていた林遠里が最終選考にあたった。村々の戸長が添えた「推薦願」等には、林家文書を調査した西村氏によると、選定された暁には「其名誉タル両氏而已ニ非ス、上ハ県令下ハ小生ノ如キ戸長ニ迄一県一国一郡一村一家ノ名誉ト相成ル」（早良郡脇山村）といった記事があり、日常的な農作業を県の肩書きを負って他地方に教授することが「名誉」と考えられていたことを伺わせる（同九八）。山口県で実業教師の牛馬耕法を見たある静岡県議会議員は、その足で福岡県庁に出向いて福岡県勧業試験場に教師派遣を要請した。同場では三名を派遣することにして募集したところ六八名が応募したという（同　九六-一〇五）。

応募者のなかで、林遠里が人選に関与した実業教師二九名は二〇歳代が一名、三〇代七名、四〇代九名、五〇代一一名、六〇代一名で平均四六歳。出身地は牛耕が多かった粕屋郡より西の、馬耕が卓越した筑前西部地域で経営規模は一～四町歩の自作中上層であり、老農や篤農家に相当する階層である（西村一九九七　一〇五-一一二）。年齢的にはすでに後継者を確保した世代が中心であるほか、これらの地域は菜種や麦の裏作が盛んだったことにも留意すべきだろう。菜種と麦の裏作は、稲刈り後の脱穀調整と植え付けや種蒔きのための耕起作業が並行するために繁忙を極め、後には筑豊北九州地区の炭坑や製鉄所への労働力の流出もあって手間賃が上がり、省力化のためにも牛馬耕を導入せざるを得ない事情が加わった。このような流れのなかで、菜種は地力を消耗する作物で地力を回復するためには干鰯や鰊粕、大豆粕といった購入肥料[18]を多投せねばならなかったが、それを上回る収入があがったという回顧談を理解することができるのである。各地に実業教師を派遣したいっぽうで、筑前地方の稲の反収が良くなかったのも、第五章第二節でも述べるように主穀の収入より菜種の収入を優先したためと考えることもできるだろう。

ただし、同じ新技術でも例えば近世初期の人手不足が生んだという千把扱きとこのような実業教師の時代の犂耕とは、担い手の形成過程の点で大きな相違点がある。前述のように、犂を使う人と技能は老農や町村の団体・組織などの編成をとおして当局が管掌しつつあり、勧農社の隆盛は農器具の操作技能を修得させる教育施設への社会的需要が形成されつつあったことを示していた。いっぽう、修得された技能を謝礼金や表彰のかたちで当局が公的に評価することは、担い手にとっての農作業の意味に大きな変化をもたらしたと考えられる。すなわち、勧農社はこのような状況を追い風にして、体験的な技能の無意識の反復（農作業）を国家から下賜される名誉の途に変える教育施設だったといえるだろう。こうして、農夫としての成長過程で無意識裡に修得していた体験的技能が、「意識的」技能として普遍的な技術の側に第一歩をしるし始めたのである。担い手の享受する教育機会が日常の体験的なものにまで広がることによって、ひろく農業技術の改良の契機が増大していったとも考えられる点では、改良普及の社会環境の画期的変化と見なすこともできるのである。

最後に勧農社の具体相について言及しておくが、これは犂耕技術にとどまらず「寒水浸」「土囲法」といった林遠里の特異な自然解釈を加えた筑前地方の在来農法を教え込む私塾だった。前述のように一八八七（明治二〇）年の設立で、翌年の『福岡日日新聞』では「早良郡重留村居住の老農林遠里氏は、先般石川、京都、山口、鳥取、新潟等の府県巡回の節、各知事より恵贈されたる金員を以て、同村内に此程勧農社なるものを新設したる由」（四月八日付。西村一九九七　五七）とある。設立の動機は、自身の特異な解釈を加味した在来農法についての地方講演の体験を通して、長沼幸七が実地講習していた犂耕の益に目覚めた結果と考えられる[19]。運営は、附属農場での塾生と林の補佐をする義理の息子と教師、事務員、農場の作男作女と賄いの雇女によっていたものの各々の実数は不明である。教習生の服装は正式には白線の入った学生帽、白シャツ、チョッキ、洋風の股引、紺の手甲脚絆に草履という極めて象徴的な格好で、近在の村人の間では「重留の東の果ての勧農社。あまたの書生さんが鍬かつぐ」という唄まではやったという（伊藤、越知一九三四　一五）。林家文書の『実業教手派遣人名一覧』（西日本文化協会一九九二　一七四–一九一）では、のべ四六四名の派遣が記録されているが、このような「書生」の服装でモッタテを操作した彼らは、動く広告塔として強力な宣伝力を発揮したものと思われる。

運営の実態については、一八九二(明治二五)年の拡張時[20]に設置された「第三農場」(怡土郡長糸村大字飯原。現・前原市飯原)の業務日誌『明治弐拾七歳十月吉祥日　毎月日記簿　第三農場』ならびに『明治二十七年十月二十三日　諸日誌　怡土郡長糸村大字飯原　勧農社第三農場』(林家文書、西日本文化協会一九九二　五五一)が今のところ唯一の資料である。[21]前者『日記簿』には、一〇月一四日から翌年一月七日にかけて一八カ所の耕地を男八名、女六名(発病による各二名の交代も含む)で耕作した実態がごく簡潔に記されており、稲刈から裏作の麦播と菜種の植付および追肥の期日のほかに稲の品種として「万作坊主」、他の作物としては大根と大豆、小豆のことが記されている。もっとも、農場の耕地は村内の「瀬戸口」「寺ノ前(寺前)」と「片中前」「片山崎」「井前」「長野」「荒木」「小作田」の八カ所。そして小作地を借りていたのが「有富兵七分」「井上分(川付—荒毛)」「青木分(有富分屋根上)」「門口(屋敷ノ下青木分)」「門口久作分」「兼松分」「稲場下(兼松分)」「久保分」「瀬戸分」「古川儀兵衛」の一〇カ所だが、相互の重複については実地調査でも判明しなかったために計一八カ所とすることは出来ない。[22]

のべ一四名の人員および役割分担についても、幹部二名、事務専業者一名、農婦の監督担当一名(事務と農作業も兼任)、農夫一名という分担を伺うことが出来るだけで、肝心の「生徒」の数は記されていない。年齢についても記事はなく、飲酒・宴会を催して作業に支障をきたした青年と、農婦を叱って逆に翌朝「失敬ノ言」を返された農夫の記事があるほかは一切不明である。後者の一件は、藁を外に出したままで雨にあててしまった「つる」に注意した「筒井氏」に対して、彼女が翌朝「失敬ノ言」を吐いたあと「午前ヨリ十二時迄はらたて、休業」(『諸日誌』)してしまった件で、幹部と監督担当は「つるヲ呼ビ、大体雇女並ニ居込ミ女区別ヲ諭シ、以後之事ヲ訓諭」している。翌日、本社に日誌と帳簿を携行したこの監督役は一件を報告したが、彼女の処分問題(「引換之相談」)について林の代理役から「女取締之儀ニ付手苛フ忠告」されている。また、彼が農場に戻る際に代理役から「十銭ヲ受取リ、女へ其帰路万寿五十ヲ与ヘタリ」という記事も、農場内での正規職員である男たちと「雇女」「居込女」たちとの微妙な緊張関係をうかがわせる。農場の「日記簿」では、「儀之上、戸ヲ立テ女室ト男室トヲ塞キ〆ルコトヲ決行シタリ」という記事でこの一件には幕が引かれている。

ところで、稲刈り後の株起こしと畝立作業の効率を高くするために普及していった犂耕について、馬だけではなく牛も使われている点は「馬耕教師」の聖地であった勧農社の実態として興味深いが、東方の粕屋郡では牛耕も多かった点で農村の実態により近いものがある。また、犂については「早良スキ」という記事が一カ所だけある。改良前の在来無床犂（いわゆる「抱持立犂」）については、残存する福岡市西郊の犂は犂へらの部分の幅が粕屋郡のものより幅広の事例が実見されるだけであり、この「早良スキ」の実態は明らかではない。ただし、明治初めから近隣の脇山村で「源吉持立」が製造され勧農社にも納められていたという伝承があるので、「早良スキ」を抱持立犂とみなすこともできるだろう。なお、脇山村の犂づくりは第四章第一節で新時代の農村青年たちがその普及に人生をかけたような改良短床犂の時代にかけて発展し、一九三〇年代（昭和戦前期）には月産五〇〇〇台も製造されていた。

以上のように、勧農社は石川県での演説筆記を林の前で暗唱し、質問に答えることを修了の目安とする以外に体系的な教育課程（カリキュラム）を定めない実習第一の私塾であった（伊藤・越智一九三四　一四－一八、三六）。林の考えを普及させる媒体が書かれた物から彼の分身としての修了生に代わり、技能教育のための施設や組織の運営資金を供給する体勢も整ったことは、技能の担い手の形成に全く新しい過程が産み出されたことを語っている。勧農社の終期には、官府の農事巡回教師制度と前後して実施された福岡県の農事教師派遣にならって、修了生への「卒業証書」と実業教師として地方へ赴任するにあたっての「派遣教師心得」や「嘱託書」が制式化されたのだが、こうして技能の担い手が形成され当局がその技能を金銭的に評価することを継続したことは、当時の人々に無意識の体験的技能にとどまっていた農作業を意識的に学び教える実践行為として再認識させる端緒となった。

それは、前述のように担い手にとっての農作業の意味に大きな変化をもたらすことをとおして、農業技術の改良普及への動機を与える勝れて社会的な出来事だった。農業技術が普及定着してゆくことの歴史的・社会的意味の一端として注目したい。

(3) 近代農政と官府の取り組み

技術のあり方や担い手にとっての日常的な技能の意味の変化について考察したが、ここでは「改良」の技術目標を当局が確定してゆく過程をたどる。

いわゆる近代農政は、一八八一(明治一四)年に全国の老農を召集して開催された第一回全国農談会。全国の実態調査をもとに勧業政策を提言した一八八四(同一七)年の前田正名による『興業意見』。翌年の農事巡回教師の制などによって地方民間の実態から再出発するという方向性が定まった。全国農談会は当局による在来農法の全国的な把握。『興業意見』は把握をもとにした基本方針の提言。巡回教師制度は改良技術の地方普及制度であり、林遠里の勧農社は巡回教師の組織的な養成を民間で試みた最も早い例だった。背景には県当局から派遣された篤農家・長沼幸七の石川県での活躍があったことを指摘したが、当局の技術目標が確定するにあたっても長沼ら地元の篤農家の存在は大きかった。

当時の福岡県当局は、前述のように一八七九(明治一二)年に林の創案を反映した『稲作改良法試験手続書』の配布を開始して近代農政を展開しつつあった。この『手続書』では籾の選種と貯蔵法および種籾交換に力点がおかれ、選種法の選択肢としては在来の穂先三分選と林遠里の寒水浸法と土囲法、そして雪囲法や種池装置の得失について諮問されていた(須々田一九八三 三四八-三四九)。「明治三老農」のひとりに数えられていた林遠里の「寒水浸法」「土囲法」の主旨は、寒気は陰の極、陽の元として万物発生の「気」を含むので、冬こそ種蒔きの季節であって屋内に貯蔵すべきではない。稲の籾も「四季ノ気候ヲ知ラシメ」るために「水ニ浸シ又ハ土中ニ囲ヒ寒気ニ触シメテ後蒔付クベキナリ」(『勧農新書』増補版、一八八一年)[23]という解釈的なものである。寒水浸の方法は、「寒国ハ始テ雪ノ降ルヲ目途トシ、暖国ハ小寒ヨリ大寒ヲ目途」として一斗乃至一斗五升を一包みに清浄な池や川に漬ける。ただし「種子ヲ浸シ置クニハ最モ流水ヲ善シトスルナリ、水ノ替ルガ故ニ種子ノ気滞ラズシテ季節ニ至リ芽ザシ速カナリ」(同)と説いていた。

さて、駒場農学校を卒えた横井時敬が教頭として福岡(県)農学校に着任した一八八二(明治一五)年は、のちに林遠里の「土囲法」「寒水浸法」が人気を失い、勧農社農法を過去のものとした点で象徴的な意義をもつ横井の「塩水選種法」[24]の通信が「大日本農会報告」(一四号)に掲載された年である。ただし、着任当初の彼は農業の実態について体験的にも知識の面でも白紙に近い状態であって、講義内容も細密な日本の作付方式や中心的な耕耘器具である鍬に対する認識が浅いことが指摘されている(飯沼一九八五 七四一-七四二)。それは「お雇い」主体の当時の駒場農学校の教育課程の結果であるとともに熊本藩の旧士族としては林遠里と同様に当然のことだった。福岡県推薦の「老農」に選ばれ、一八八一(明治一四)年の第二回内国勧業博覧会には『勧農新書』および「寒水浸法」「土囲法」による稲を出品して進歩賞牌と褒状を獲得し大日本農会の専門委員にも任命されていた林の実績に対抗して、着任早々の農学士が現場に向けて自己の独自性を訴えることは困難なことだった。

横井は、おりから勃興していた雄弁会や農談会へ積極的に顔を出して塩水選法の優位性を説いたが(大田一九五三)、有志篤農家との交流とくに夜須郡の長沼幸七との交流は大きな力となった点でも林と同様である。未経験の農業現場で孤軍奮闘する横井は、駒場で身につけた「学理」を塩水選種法をとおして官民に提起するほかにすべがなく、農談会や講演会でも専らこの法を売り込んでゆかねばならなかった。ただし着任の前後に種子籾の塩水選については農学校で試験を繰り返しており、在来技能の実態把握のうえに近代的な技術を確立してゆく端緒を拓いていた。

「近年本県ヨリ農事教師トシテ他府県ニ聘用セラル、モノ皆此ノ犂ヲ携フ是レ此ノ犂ノ効用ヲ見ルニ足ル此ノ犂ヲ携ヘ他府県ニ聘セラル、ハ明治十六年筑前国夜須郡三並村長沼幸七ナル人本県ノ選ヲ以テ石川県能登国玖珠郡ニ聘セラル、ヲ初トス」（明治二三年『福岡農事協会雑誌』、須々田一九七五　五五）。

「馬耕熟練にて来県の際県地より携へる犂を専ら使用せり該犂は簡便にして又使用に容易く之を西洋形犂に比するに至らすと雖とも価は僅に六十銭内外にして運搬又自在なれは麦畑の畦間に土を寄せ或は施肥の為め畦溝を造るに人力を以て牽くときは太た便益の器具なり而して該犂を以て馬耕する歩数通常一日熟練者にして畠地三反歩より四反歩を耕耡す」（同一七年『石川県勧業月報』七五、須々田、同）。

「種子の精撰法は寒水浸にして耕耘肥料分量都て林遠里の演述に従ふ其他耕耡術は玖珠郡へ聘用の現業教師長沼幸七に従ひ実施」（鹿島郡報『米作改良』、同一八年『石川県勧業月報』八七所収、同二八）。

以上三資料から、長沼が福岡県北部の在来農法と牛馬耕を地方へ普及させる先駆けとなったことが分かる。とくに三番目の石川県鹿島郡からの報告は、選種法は林、犂耕は長沼が伝えたことを語っている。二番目の資料も人力の作溝器としての在来持立犂の多様な用途を語っており、犂の耕耘作用に主眼をおいた近代農業史研究がほとんど顧みなかった細かな使用実態を語る事例といえる。林遠里と横井時敬と長沼幸七は、一八八〇年代後半（明治一〇年代末）から地方進出を開始した筑前農法とそれぞれの立場で係わり犂耕を普及させたが、横井と長沼を結びつけた別の要因は福岡（県）農学校の廃校問題だった。

一八八〇（明治一三）年に創設された同校は、農学校という名を冠した県立の施設として全国初のものであったが、横井が着任した年には県議会で廃校が議論されていた。これは松方財政下の地方財政の緊縮状況を背景とするもので、主な論拠は「本邦ハ既ニ農事ノ実業ニ富メリ本校ハ教科不完全其効其費ヲ償フニ足ラス農学ヲ普及セシムルトキハ農民ノ体力文弱ニ流ル」というものだった。横井は、一八八五（明治一八）年にかけて年々強まる廃校論に対抗して、県の勧業課とはかって上京し文部省と交渉した。しかし実学優先の圧力を実業学校的な「一種」の奨励によってかわそうとする文部省に対して、横井等は学理指向の「二種」としての存続に固執したため「交渉数十日」という苦戦を強いられている（三好一九八二　三八〇-三八二）[25]。

ところで、存続派の県会議員で夜須郡の多田作兵衛と親交のあった農学校長は、東京での横井教頭の活動と並行して同郡内を奔走して多田を中心に農談会を起こしていた。

「余〔校長〕は講師として幾度も臨んで講話をなし、漸く郡民との間に親和を加ふることとなれり、蓋し多田氏等は其政党の旗下に尽く郡民を糾合せんと図りたれども、一部は遂に氏等と相和せざるものありしが、農談会の開設には何人も意存なくして、来会者頗る多く、是に於て農学校の信用始めて夜須、上座、下座〔明治二九年に三郡合併して朝倉郡〕の間に起れり」（須々田一九七五　五四-五五[26]。〔　〕内、引用者）。

一八九四～一九〇八（明治二七～四一）の一四年間、農政通として衆議院で活躍した多田は、地方の老農・篤農家の常として一八七八（同一一）年に県議会議員の初当選以来、自由民権の立場に拠って県政改革にあたっていた（須々田、同）。この資料から間接的にうかがわれる農談会をめぐる多田の動きについては、いわゆる在地手作地主が民権運動や農事改良の母体になった当時の典型を指摘することができるだろう。横井は農事の実際を修得する意味でも同地域に足繁く通ったというが、その際の彼の言動を、同じ須々田論文からの引用に見ておきたい。

「此時に当って余の少壮なる、事の難易を弁せず只正々堂々、理論一点張にて世の中を推し通さんと期せり、今更思へば、無謀極りたる此の如き言行が如何にして、一般に歓ばるゝの道理あらんや〔中略〕余の講演は肥料問題などを得意としたれども、曽て話柄の必ず塩水選法に及はざるなく、否、先づ以て幾分の信用を博することとなしたり」(須々田、同)。

この回想からは、有名なリービッヒの弟子であるO・ケルネル譲りの農芸化学の知識を動員した肥料論の講話が予想されるいっぽうで、彼のことばを借りると「好武器」「最良武器」として英国系の学理に根ざした塩水選種法の創案が頼りだったことが分かる。前記『福岡県勧業年報』には廃校論への彼の反論も掲載されているが、彼は「本県ハ幸ニ此ノ校ノ設ケ有リ農学ヲ講シ生徒ヲ多々養育シ良士ヲ培養シテ農産ヲ多々ナラシメ永ク国家ノ富源ヲ立ツルヲ以テ目的トス」と主張している。富国論としての人材育成が説かれており、その論理に沿って農学の必要性が強調されている。横井は「農家ノ師弟ハ、教育ヲ受ケタルトキハ、則チ文弱ニ流レ易ク、机上ノ動作ヲ喜ビテ圃場ノ労働ヲ嫌忌シ」(『農学会会報』第五号、一八八九年九月)と、一般的な教養と農夫としての日常との両立は難しいと考えていた。廃校派の主張と一見同様の発想だが、学理的な「二種」農学校に固執した彼は文人的な教養ではなく実学としての農学上の学理を指向していたのである。

陰陽に一貫した「気」という、伝統的な教養による解釈から種籾の予措法を講じた林遠里との最大の違いは、横井は自然の観察と体系的な分析法をとおして獲得した法則性の西洋的理解を、モンスーン地帯の水稲作に適用するという宿命的な課題を背負っていたことである。また、勧農社の修了試験で石川県での「演説筆記」による口演が課された例のように、林は技術の普及教育を筑前農法(勧農社農法)[27]の一方的な注入と同一視して技能修得の私塾を運営したのに対して、藩立の熊本洋学校で米国人教師から英語で教育をうけた横井は、地方にも学理重視の「二種」農学校を設置して近代的な技術改良の担い手を養成すべきことを主張した。一人ひとりの農夫を体験的な技能の受容体に留めおくのか、または「学理」をもって技術と対話する主体的な担い手と認めたうえで、各員みずから形成すべき農業技術の普及環境を具体的に構想し得たのか否かという点で、「習得」をめぐる両者の違いは最も大きかったといえるだろう。つづいて本項では、農家や製造業者との交流をとおして犂自体の分析と改良法の研究で時代を画した森周六（一九〇八～一九六一）に言及したい。

氏は、犂の機械工学的分析と改良の方途を確立し、農業機械の研究で初めて学位を取得した大学人である。母校の東京帝大農学部講師を二年間務め、一九二四（大正一三）年に助教授として九州帝大農学部農業工学科に赴任するが、後世「忠犬ハチ公」の飼い主として知られた恩師の上野英三郎から九州北部地方に顕著な牛馬耕法の大系化と改良を指示されたという。一九一六（同五）年に北海道帝大から学位（農学博士）を授与されていた彼は、一九四一（昭和一六）年に九州帝大で日本初の農業機械学講座が開設されると初代教授に就任する。[28]一九一九（大正八）年に福岡（県）農学校を出て農学部の助手となっていた古賀茂男氏（同六年生）は、一九二五（同一四）年に講座開設の見通しを得た森助教授のもとに配置され、以来四〇年間余も同講座に奉職された。一九二七（昭和二）年一二月一二日付で講座開設が官制公布されると、氏は翌日の朝刊記事を神棚に上げ「森教授のもとで河岸の捨て石」たるべく忠勤を祈念したという。

森が参照した主な先行研究[29]と比較しての学位論文「本邦在来犂に関する研究」の特徴は、農家で実際に使われていた商品としての犂を附属農場の圃場で牛馬に牽かせ、西洋犂（プラウ）用から軽い在来犂（和犂）用に改造したドイツ製の測定器（記録紙内蔵の「牽引力測定器：ダイナモメーター」）等を使って犂が産み出す抵抗を測定したことである。同論文によると、「在来犂を牽引するに要する力」は、①犂の重量より生ずる犂床と土壌との「滑摩擦」に打勝つ可き力（P１）。②耕進中犂へら上に滑り上がってゆく土壌の重さのために生ずる、犂床と土壌との滑摩擦に打ち勝つ可き力（P２）。③土壌を耕起反転するに要する力（P３）。④犂先が土壌を切削するに要する力（P４）。⑤犂をV米秒の速度で牽引する場合に犂へらが上がってくる土壌に加へる水平動圧力（P５）の五力で構成され、犂先、犂へら並に犂床と土壌との摩擦係数は「P１-４」の力に関係する。よって犂の「製作上並に使用すべき諸点」としては、①各接触面を「滑面に製作」するとともに「其の係数の少い様な時期」、すなわち係数を左右する土壌水分の含有状態に配慮して犂耕に着手すべきこと。「此の事に心掛けのある実際家は各土質につき牛馬の土中へ挿入する深さを見て犂耕の難易を推測して居るのである」。②犂の重量を軽くし、重心位置も考慮すべきこと。③犂先や犂へらの起き上がりや捻りの角度に留意すること。④また犂先の刃の形状に留意すること等である。

西洋犂の犂先と犂へらが土壌を耕起反転する際に発生する摩擦は、犂の重量と犂床の「動摩擦係数」との積に等しいという。ところが、モッタテという民俗語彙あるいは「抱持立犂」という公用語、そしてモッタテを「抱く」という慣用的な用語法等から分かるように、氏が主な測定資料とした福岡県北部地方の在来犂では、両手で軽く保持することによって犂先の食いつき（「吸い込み」と呼ぶ）を調整することが主たる操作技能だった。これは固有安定性に勝れた関西・西日本のいわゆる長床犂（カラスキ）[30]には不要の技能であって、不安定性を積極的に活用する地方的な特殊技能である。それゆえ、他地方への普及に際しては長沼や勧農社修了生のような実業教師による指導が求められたのだが、実験の特徴はこの操作法によって作業中の犂の重量が可変であることに留意し、動態的な測定手法を確立したことである。それは附属農場や製造業者の圃場に通い詰めて観察と聞き取りを重ね測定器具などを改造した成果であり、測定法の独自性の点でも画期的だった。

地方的な伝統技能を「科学的に」分析し、西洋学理の普遍的な「ことば」で説明することによって、モッタテという一地方の民具を近代農政の技術的標準として生まれ替わらせることの正統性が補強されたのである。氏を耕耘機部門の権威者とする農業機械学の分野では、この形態の犂が「在来犂」「和犂」と標記され、いっぽうで全国各地で使われてきた「在来犂」が分析対象としては顧みられることが少なかった点から、同地方の無床犂および短床犂[31]が「和犂」を代表する既成事実が蓄積されていったといえるだろう。いうまでもなく、この現象は長沼・林・横井等の関係者や当局の取り組みによって彼らが慣れ親しんだ在来犂やその改良型が農政の技術的標準とされ、その分析と改良の学問に対して学位が授与されることによって学術的にも標準化が確定した流れを承けたものである。

ただし、一地方の民具が官府の普及と研究両面でこのように破格の位置づけを獲得する端緒には、研究者としての氏の業績のほかに「お雇い」教師の評価があった。ここで、近代農政が一応の確立期を迎えた一八八七（明治二〇）年代の資料に遡ってみたい。

“Den besten Japanicshen Pflug traf ich im Fukuoka-Ken (Kiushiu) in den Provinzen Chikuzen und Chikugo an ; ich habe den Pflug, welcher mit dem Namen Dakimochitate bezeichnet wird, abgebildet (Tafel I).：筑前・筑後国の福岡県（九州）で私は最良の日本犂に出会った。図Ｉは私が描いたこの〝ダキモチタテ〟という名で呼ばれる犂である〔引用者訳〕”（BEITRAGE ZUR KENNTNISS DER JAPANISCHEN LANDWIRTSCHAFT, 1890）

『日本地産論　特編』の邦題で原著の翌年に農商務省地質調査所から訳出公刊されたこの報告書[32]は、M・フェスカ自身が全国を旅して書き上げたものであり、農商務局長・前田正名の『興業意見』（同一七年）の際の全国調査と並ぶ貴重な実態報告である。同じ部分の邦訳は「日本ノ犂ニシテ実用ニ適セルモノハ福岡県（筑前・筑後）ニ於テ用フル抱持立犂是レナリ」とされていて、「抱持立犂」（第二章第二節の図2-1）は原著のダキモチタテではなくカカエモチタテスキあるいはカカエモッタテリ等と呼ばれることになった点が興味深い。また、この種の犂の特徴として、

①一尺以上の深耕が可能で価は五〇銭と小農向きである。②土壌の反転性が悪い。③土質が軽く分解作用が激烈な日本の風土には好適である。④もっとも、このような構造の犂は日本では多くは見かけないこと等を指摘している。調査の目的は、各地方に最適な作物や肥料の指針を立てるために土質を調査することであって、概ね砂壌土で水はけの良い田畠に恵まれた筑前北部地方の軽い土質と、耕深は深いが未だ反転性が改善されていないダキモチタテによる小農経営の特質を地誌的にうまく捉えている。

「日本ノ犂ニシテ実用ニ適セル犂」という地質調査所の邦訳は、若干踏み込んだ解釈であるが、日本の風土と小農経営に好適な「最良の日本犂」というドイツ人の評価は、前述した官民三名が普及に関与した同地方の在来犂の政策的な普及と改良の方向だけでなく森が参照した「先行研究」の焦点が絞り込まれてゆく際に決定的な影響を及ぼしたと考えられる。

(4) 特許制度と民間の取り組み

ここでは、一八八七～一九二一（明治二〇～大正一〇）年の特許資料[33]をもとに、生活文化の一端だった技能が「技術」に生まれ変わる過程について考察したい。

地方在来の犂は、まず地方から始まった官民共同の普及活動や中央の「お雇い」による評価、そして大学での研究をとおして改良されていった。日常・無意識の生活文化が「改良」の対象となり、理論的な解析が伸展することは、犂をめぐる無意識の技能が対象化や理論化をとおして自らを説明する「ことば」を持つ技術に生まれ変わる過程として捉え直すことができる。本項の特許資料で使われた用語は、その特異性において生活文化の技能的な要素に個的な権益が認められた草創期的状況を物語っている。

特許の制度[34]は、一般的には独創的な技術や発明に対して、その先行性がもたらす個人または法人の権益を保証するためのものである。この時期の犂の特許資料からは、現場での試用の実績を欠いた創案が積極的に出願され、実用面での検証が不充分なまま認定されていた草創期ならではの混乱状況が伺われる点で興味深い。さて、犂（図2-1）にまつわることばであるが、各々の構成部材について福岡県内ではおのおの次のような呼称を民俗語彙として聞くことができる。

①オイタテ、リタイ、リシン、リショウ、タタリ、タタリガタ。②トリクビ、サオ、ネリ、ネリギ、エン、リエン。③タタリ、タツリ、セン、トメギ、リゼン、リシン、リチュウ。④トコ、カネドコ、イザリ、ドロスリ、スラセ、ショウ、リショウ、リテイ、カツドバン。⑤ハ、サキ、スキサキ、ザン。⑥ヘラ、スキヘラ、クレカエシ、ツチカエシ、ヘキ、リヘキ、ハツドバン。⑦カジトリ、ニギリ、オオトリツク、ハシュ。⑧ツカミ、カセギ、ツク、コドリツク、トリテ、トッテ。⑨エ、スキエ、ニギリ、ヤマ、トリテ、トッテ、ハシュ(35)。

このような部材の呼称は、全国的な視野で採集すると数十個に達することが予想される。また、ひとつの物に対して複数の呼称が併用されることが日常会話では普通であるために、ひとつの犂を構成する各部材の呼称の組み合わせ方は、頻度の高いものだけでも数種類を想定することができる。公的な「ことば」で固定される以前の生活文化としての犂は、例えばスキ、タスキ、モッタテという複数の呼称と同様に、各部材の複数の呼称の選択と組み合わせの流動性、すなわち担い手との対話が確保され本来の意味での技能の場で使われた道具だった。無意識の技能から「ことば」を持つ技術への変化は、このような意味での流動性や道具と技能が立脚する担い手との対話的な環境の消滅過程を意味していた。

ここで扱う特許資料に記された犂とその部材の呼称は（**表3-1**）にまとめたとおりでしかない。この三三年の間、

表3－1

特許番号	申請名称	犂身(りしん)	練木(ねりき)	犂柱(りちゅう)	犂床(りしょう)	犂先(すきさき)	へら	大(おお)とりつく	小(こ)とりつく	柄(え)
第　八二〇號	犂	犂体	犂轅	犂柱	—	犂先	犂壁	把柄	短桿	—
第一五六二號	犂	柱	犂轅	犂柱	鍬床	鍬刃	土返シ	—	柄	—
第二〇六九號	犂	梶	曲木	前堅木	臺木	篦	篦先	—	—	—
第四〇〇三號	犂	—	曲木	堅木	臺木	犂篦	犂鑱	梶	梶	—
第四九七五號	単鑱　雙用犂	犂身	犂轅	犂箭	犂床	犂鑱	犂壁	横柄	—	丁字形柄
同　改訂	単鑱　雙用犂	犂身	犂轅	犂箭	犂床	犂鑱	犂壁	横柄	—	丁字形柄
第五一九一號	便利犂	犂臺	—	—	—	梨鑱	犂篦	—	—	—
第五三一七號	鋤	鋤身	練木	鋤柱	—	鋤先	撥土板	—	—	—
第五三九八號	改良鋤	犂柄	犂轅	支挺	犂臺	犂鑱	撥土板	—	—	—
第五四〇三號	犂	—	轅	轅	轅	—	—	—	—	—
第五四七一號	万年犂鑱	—	—	—	犂床	—	犂壁	—	—	—
第六三二五號	改良犂	—	犂轅	—	—	犂鑱	—	—	—	—
第七三〇九號*1	軽便犂	犂身	犂轅	犂箭	犂床	犂鑱	犂壁	横柄	—	—
第五五一九號	速耕器	—	—	—	—	鋤	—	—	—	把手
第七四一五號	改良犂	—	轅木	連柱	犂臺　—	—	撥土板	—	—	—
第七九六三號	改良犂	—	轅木	支柱	—	鑱	—	—	—	—
同　分割ノ一	犂	—	轅木	木柱	—	—	—	—	—	—
同　分割ノ二	鑱	—	—	—	—	鑱	—	—	—	—
第八三八二號	犂	犂臺	犂轅	螺旋桿	—	犂鑱	撥土板	大取付	小取付	—
第九四〇五號	犂	犂身	練木	鋤柱	—	犂先	撥土板	—	—	—
第一一七三〇號	馬耕犂	犂身	犂轅	犂柱	犂身底	犂頭	犂篦	犂柄	添柄	—
第一二八八五號	稲田自在犂	犂柱	犂轅	—	—	犂鑱	撥土板	把手	把手	把手
第一三四四九號	便利犂	—	引手	—	—	—	—	—	—	—
第一三八一七號	改良牛鍬	柄	梁	柱	犂盤	歯先金	刎板	—	—	柄
第一三八八九號*2	犂回転ノ改良	犂身	—	—	—	犂鑱	犂壁	横木	—	—
第一三九七八號*3	便利犂	體	引手	—	—	—	—	—	—	—
第一四〇三號	北川犂	—	犂幹	—	—	犂鑱	犂壁	—	—	—
第一四三五八號	鋼鉄製鋤先	—	—	—	—	鋤先	—	—	—	—
第一四四二一號	犂鍬	—	—	—	—	犂	鍬	—	—	把柄
第一四七八五號*4	第二犂回転ノ改良	犂身	—	—	—	犂鑱	犂壁	—	—	—
第一四八八四號	高田犂	犂身	—	—	—	犂頭	傾斜板	—	—	—
第一五二九〇號	坂本式万能犂	小杆	大杆	—	花弁状の木片	犂頭	反撥板	把柄	把柄	把柄
第一六一四七號	鋳鋼製鑱	—	—	—	犂床	—	—	—	—	—

特許番号	申請名称	犂身(りしん)	練木(ねりき)	犂柱(りちゅう)	犂床(りしょう)	犂先(すきさき)	へら	大(おお)とりつく	小(こ)とりつく	柄(え)
第一六一四八號*5	第三犂回転改良	犂身	犂轅	犂箭	—	犂鑁	犂壁	—	—	—
第一六一四九號*6	第四犂回転改良	犂身	犂轅	—	—	—	犂壁	—	握柄	握
第一六七二九號	岡部式塊割犂	—	—	箆板	犂底	犂金	箆金	管(金)	犂台(木)	—
第一六七六〇號	改良犂	犂身・犂体	—	移動杆	摺擦盤	犂鑱	箆・犂床	副柄	—	—
第一八四三〇號	二段鋤先	—	—	—	—	犂鑱	—	—	—	—
第一八四四七號	自由回転犂*8	犂身	犂轅	支柱	犂床		鑱	—	—	—
第一八六五〇號	犂	犂床	—	支杆	犂床	犂頭	犂頭	把柄	把柄	—
第一九八七六號	改良犂先鍬	—	—	—	犂床	鍬刃	—	—	—	—
第一九八九〇號	M式載耕器	—	—	—	鋤床	—	—	—	—	—
第二〇三二二號	陰陽犂	建木	引木	—	—	犂先	添木	梶棒	把杆	把子
第二〇四三九號*9	中山廻転犂	犂身	犂轅	—	—	犂鑱	—	楫手	—	—
第二一九六六號	桜井犂	犂身	犂轅	犂箭	—	犂鑱	反土板	把手	—	—
第二二〇五四號	藤井式改良犂	器身	—	—	—	犂頭	鍜	笄	—	—
第二三一四九號	河井式犂用撥土板	—	—	犂柱	犂床	鑱	撥土板	—	—	犂柄
第二三六二三號	磯野式両用犂	犂身	犂轅	犂箭	犂床	犂鑱	犂壁	横柄	—	犂柄
第二四〇七八號*10	福田中耕器	—	—	—	—	鍬鑱	—	—	—	—
第二五五一三號*11	井岡式中耕兼用改良犂	犂身	挽棒	犂箭	—	犂先	犂壁	横柄	—	—
第二五八三五號	高低兼用改良上田犂*12	犂身	—	—	—	—	犂壁	—	—	—
第二五九〇一號	星式改良犂	犂桿	—	—	—	犂鑱	—	把桿	把桿	—
第二六〇六〇號*13	福田犂	犂身	—	—	—	鑱	—	横柄	横柄	—
第二七〇八二號*14	自由廻轉犂ノ改良	犂身	轅木	斜軸	犂床	犂尖	撥土板	—	—	—
第二七六九〇號*15	改良犂	—	—	—	—	—	—	—	—	—
第二八一七四號	大正犂	犂身	長柄	支柱	—	犂刃	土除金	—	—	—
第二八二一一號	深耕犂	犂柄	轅木	—	滑金	犂先	撥土板	—	把杆	—
第二八三八五號	宮尾式鋤	犂體	—	—	鋤臺	土切	撥土板	—	—	鋤柄
第二九四八九號	橘式片刃両用犂	犂柱	—	—	—	犂鑱	—	—	—	—
第三〇五三二號	大正鋤	犂柄	—	—	犂床	犂先	—	—	—	犂柄
第三〇七一六號*16	安田式端鑁？双用村井犂	犂身	—	—	—	犂鑱	犂鐴	横柄	—	—
第三二七七六號*17	高低兼用上田犂第二号	犂身	—	—	—	犂鑱	犂壁	—	—	—
第三八八一六號	長谷川鍬	犂身	—	—	犂床	先金	撥土板	把杆	—	—
第三八九七八號	畝立犂の改良	—	—	—	—	犂體	鍜	—	—	—
第三九六八六號*18	坂本犂	下柄	上柄	螺子杆	—	犂刀	反撥板	左右柄	—	—
第四三九二五號*19	両用犂	犂身	轅	箭	床	鑱	鍜	—	—	柄
第四四六二三號	馬耕犂	犂身	引棒	支ヒ金	—	—	反撥板	梶棒	—	—

＊1　特許4975号改訂の利用。犂先・ヘラ転動機構における，軸まわりの改作。犂床に座金の初出。
＊2　特許4975号改訂の改良。犂先・ヘラ転動のための転動柄にリンク機構を付加。
＊3　特許13449号追加発明。鉄製犂柱の長短加変による耕深の可変。福岡，糸島郡。
＊4　特許4975号改訂の改良。生産性と軽量化。
＊5　特許4975号改訂の改良。転動柄の改良によって，同．犂先・ヘラの固定位置を任意に。
＊6　特許4975号改訂の改良。犂先・ヘラ転動のための，柄の仕様変更。
＊7　特許4975号改訂の改良。犂先・ヘラ転動機構における，軸まわりの強化。
＊8　特許4975号改訂の改良。犂床の振動抑制と反転性の改良。松山原造とは全く無関係の業者とも思われ，大正期には「改良松山」と称して「模造品」を製造し松山の販売に打撃を与えていた可能性がある（岸田1954，p. 79）。
＊9　特許4975号改訂の改良。犂先・ヘラ転動機構における，軸まわり強化と円滑化。
＊10　特許21722号実用新案でのヘラの工夫を応用追加。
＊11　犂先・ヘラ転動軸の構造は特許4975号を無断転用。
＊12　特許16148号（転動柄）応用。ボルトによる犂先の前後調整と耕深の可変。
＊13　犂先・ヘラ転動軸の構造に特許24078号を応用。
＊14　「特許第一八四四七號ノ追加」。特許18447号の同．転動機構における，軸まわりの円滑化。
＊15　発動機の振動による砕土と，犂先・ヘラに付着した土壌の排気熱による脱落。
＊16　特許4975号改訂を踏襲し，転動軸と柄に歯車を使用。
＊17　「特許第四九七五號ノ改訂」の応用。「特許第二五八三五號」犂先・ヘラ転動のための柄を仕様変更。
＊18　特許15290号に，転動柄の操作による犂先・ヘラ転動機構を追加。
＊19　特許23623号での双用機能に，ヘラの転動機構を追加。

公的な制度のうえでの申請書類であるにもかかわらず、統一名称＝用語は確立されないままであって、必ずしも現場の対話的な環境で日常的に使われてきた呼称とはいえない、いわゆる漢語が代用されていることが分かる。すなわち、①リタイ、リシン、リショウ。②エン、リエン。③セン、リゼン、リチュウ。④リテイ、カツドバン。⑤ザン。⑥ヘキ、リヘキ、ハツドバン。⑦ハシュなどである。この種のことばの「標準」として、享和年間（一八〇一〜〇三）以降三〇年を費やして和漢洋の農政経済・木草・博物の書を集大成したという『成形図説』を参照すると、①ヰサリの柄。②トリクビ。③タタリカタ。④ヰサリ。⑤サキ。⑥ヘラ。⑧ツク。⑨オイタテと記しており、①をオイタテとすべきところをヰサリの柄としているほかは、すべて福岡県での民俗語彙と同じである。

音声を前提とする民俗語彙の量的な消滅と、選択や組み合わせ方の流動性の消滅は、文字や統一的で固定的な用語と不可分である公的制度の普及と並行した現象である。ただし、ことば自体の混乱と欠如の点では公的書類としても失格であって、一九二〇年代（大正末期）の段階でも、①犂身。②犂轅。⑤犂鑱。⑥犂壁といった、おぼつかない漢語が定着しはじめただけである。前述の森に対する学位の授与はこのような状況の延長上にあったといえるのだが、それだけにこれから検討する申請書類での用語は技術の近代的確立をめぐる好個の資料といえるだろう。

収穫を増すためにより多くの肥料を施し、そのためにより深く耕す。このテーゼは増産法の主柱である多肥料技術として不動の範型であったが、「深耕」ということばで代表され公的規範となってゆくこの耕起法のためには犂の改良が最も近道だった。改良の要点は、より多量の土を掘り起こして反転させることであり、犂を牽く牛馬の強化改良[36]が徹底しない段階ではいわゆる抵抗の軽減に集約されざるを得なかった。後年の森に代表される農業機械学の分野では解析の対象として「摩擦」ということばが使われ、それは学術用語としては用法が曖昧だったことも第二章第一節で確認したが、当時の特許の「摩擦」に関する新機軸の発明や追加は逆に道具としての実用性を損なう「改良」例が多い。

その「摩擦」ということばの使用頻度の最も高いのが、一九〇〇（明治三三）年に出願され一九〇二（同三五）年に第五四〇三號「犂」として特許が認められた創案の「明細書」であって、そこでは「抵抗」「摩擦」「摩擦抵抗」の語句が一行四九字で七四行にわたる本文に一三回も使われている。申請事由は、（図3―1）にみるように土を反転させるヘラを自由回転のキャタピラー式にして土との「摩擦抵抗」を軽減する発想であり、さらにキャタピラー（「輪被」）を支える三本の支柱（「鉄條」）にも回転する筒（「鐶」）が被せられ、加えて後部にも一個の車輪を装着し、これら各部材の自由回転によって土と犂との「摩擦」の抵抗を軽減しようとするものである。少し引用すると、

「鋤先」が「切り上ケタル土壌ハ長方形ヲナシテ犁体ノ進行ニ依リ漸次犁ノ後部ニ向ヒ来タリテ輪被ノ上部ニ上

図3−1　犂

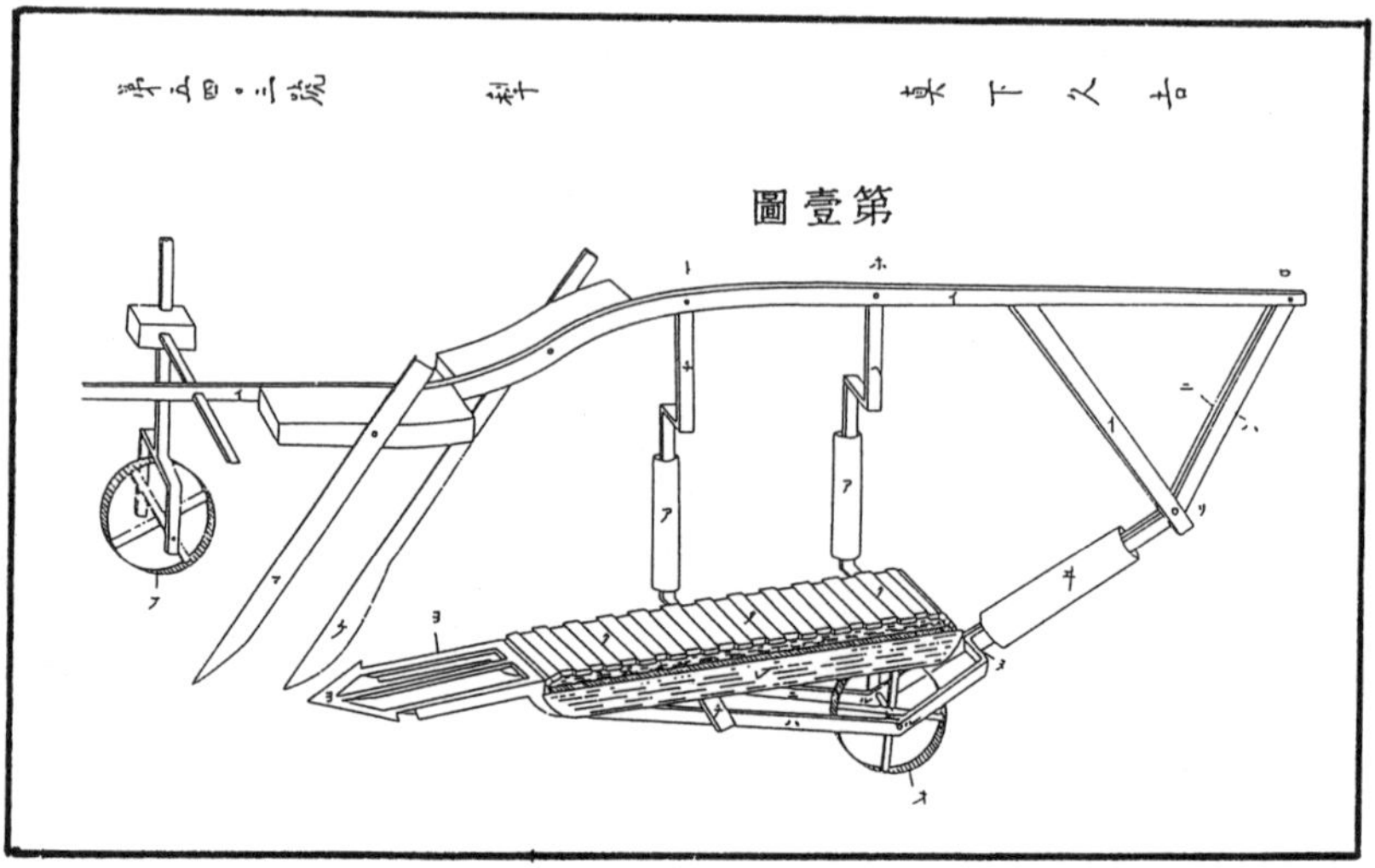

リ来ル茲ニ於テ土壌ノ接触スルト同時ニ輪被ハ輪ト共ニ直チニ回転スルヲ以テ土壌ハ其摩擦抵抗ヲ感スルコトナク輪被ノ上ヲ通過シテ其後方ニ落下スルモノトス而シテ其間鐶ノ回転ニヨリ耕土ト鉄條及鉄條等ト接触摩擦スルコト無キモノトス」。

三三年分の特許資料のなかで、この第五四〇三號「犂」ほど「摩擦」の軽減に執着した創案は類例がない。先の引用に重ねて「左ニ掲クル本機使用説明」で確認すると、最初の往路で犂先の前方に取り付けた左右二本の「犂刀」が地面を切り、間の土壌が「鋤先」によって剥がし起こされ「輪被」に載って持ち上げられて左側に反転落下する。「犂」が通過した跡には、芝生を剝ぎ取ったような帯状の溝が出来てゆく理屈であり、続く復路以降は左側の「犂刀」をはね上げて右側の「犂刀」だけで切り進み、土は同様に左側へ反転されるという。土と密着しながら掘り上げてゆく各部材の「摩擦抵抗」が、各部の転がり抵抗に置きかえられることによって激減することを力説しているのだが、「輪被」まわりの細かな部品には泥が詰って「自由回転」など望めないことが一見して明らかである。

実際の犂耕法（図3-2）には、畑や裏作をしない田の耕起などのように、あらかじめ幅三～六間の平畝を頭に描いてその中心線に牛馬を追い入れ、左回りに渦巻きを描きながら耕土を内側（左側）に反転させ耕起の輪を広げてゆくだけの平面耕（内返し法）と、区画内の各々の畝山の中心線にあたる二列の稲株の外側から内側に向けて右回りの往復で中心線を大きく掘り分け（犂割り）、次に平面耕と同様の行程で中心の二列の稲株跡の線から始め、犂割りの溝を埋め戻す形（犂寄せ）で徐々に畝を盛り上げてゆく畝立耕があった。この畝立耕は、現在の福岡県内での聞き書き（一九二五～四五、大正末期～昭和戦前期頃）によると、畝幅が稲株の六株幅に仕立てる一般的な場合で高一尺余、幅四・五尺ほどの高畝を渦巻き状に通常一三往復の行程で盛り上げる犂耕法であるが、九州北部の犂を改良した短床犂を使い、裏作用の高畝を作るという地元の古老たちの語るこのような農法は、ここで取り扱う一連の特許資料の時期には国の農業政策での指導や教育での標準技術となりつつあった。

このような作業現場に第五四〇三號「犂」を戻してみると、たとえば土壌を左方に反転させるため犂本体を左に傾けると、内部に詰まった泥に持ち上げられて「輪皮」が脱落してしまうといった欠陥さえ本質的な事柄ではないことが想像される。致命的な問題点は、犂先と同一平面の「輪被」では泥を片方に反転して畝を立てることが難しいという、体験的な現場の常識が設計に反映されていないことである。耕すということは、土を砕いて通気性を良くするだけではなく、各々の土片を裏返しにすることによって深浅を入れ替え土壌成分をむらなく分解させるための作業である。

犂耕は、この掘り起こし反転させるというふたつの作用を犂先とヘラの水平移動によって連続して完了させる作業であり、機能的には切れ味良く磨耗しにくい犂先の材質と反転性の良いヘラの形状設計が要求される。そのため犂先には鋳鉄か鋼鉄板が採用され、ヘラは犂先の面に対してそそり立ち後半部は反転した土を落とす向きに捻られていなければならない。この申請書での「摩擦」ということばは、犂耕の体験的常識をふまえることなく実験も欠いたまま

図3－2　畝の断面

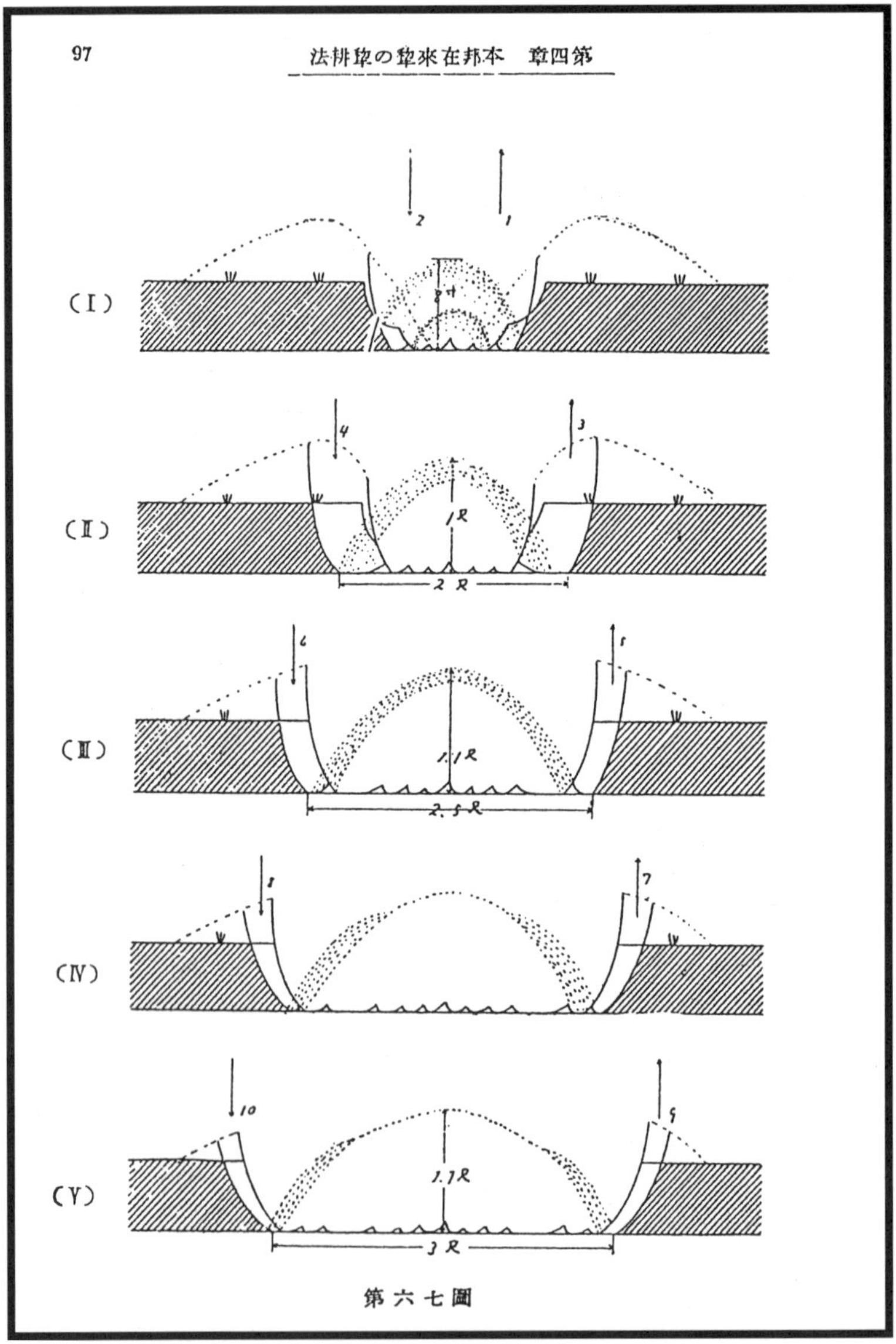

出所：森 1948，p. 97。

記されたものと思われる。担い手の技能が所定の技術作用を発揮する様相を説明した実践的なことばではなく、犂耕にあたって申請者が試みた自然法則の理解と自己の創案の説明のために動員された解釈的なことばという点では、勧農社農法の林遠里と同じような観念的限界性を含んでいたといえるだろう。

前述のように、実際の犂耕法では反転の向きは全国ほとんどの犂が進行方向左手である。また、図2-1のとおり九州北部地方の在来犂のヘラは、正面を向いた二枚の犂先を各々の底辺で角度を持たせ中折れ形に継いだだけのものであって、土を連続して左に落とすためには犂全体を左側に傾けて保持せねばならなかった。犂の「改良」の要点がヘラを左向きにひねり、さらに下部から上端に向けて勾配を増す三次元曲面に仕上げる方向に絞り込まれてゆくのは当然である。土との摩擦は耕起の過程では避けようがなく、その改良に際してももっぱら土の円滑なせり上がりと反転および左方への放擲の工夫に努力が集中し、最終的にはプロペラやスクリューの流体力学を想わせる理論に収斂してゆくことはごく自然な成り行きだった。

図3-3の特許第三八九七八号「畝立犂ノ改良」などがその典型だが、「輪被」の創案が公認されて一九年後に、安藤広太郎農商務省農事試験場長、[37]および広部達三・正村慎三郎技師によって申請された研究成果である。申請書の図中「第八圖」「第九圖」はヘラの後方から、「第七圖」は下方からの図であり、前二者は一二本の「横断線」で画されている。「横断線」とは、犂の進行方向に対して「各切断線ノ間隔ハ一吋」間隔で切断した場合にできる断面の曲線で、曲線の曲がり具合が正面から見たへこみを示し、曲線の起点と終点を結ぶ直線の傾きは左後方への逃げ、すなわち反転方向への捻り具合を、そして両者の間隔が丸い外側先端部に近づくほど疎になっている点は、前方から後方先端にゆくほど反り返っていることを示している。

「第八圖」は軽くばらけやすい軽土用で、「第九圖」は粘り気が多く粉砕されにくい重土用のヘラである。一見して後者の方が幅も長さも大きいことが分かるが、とくに先端部で「横断線」や直線が左に九〇度を超して倒れているこ

図3－3　畝立犂ノ改良

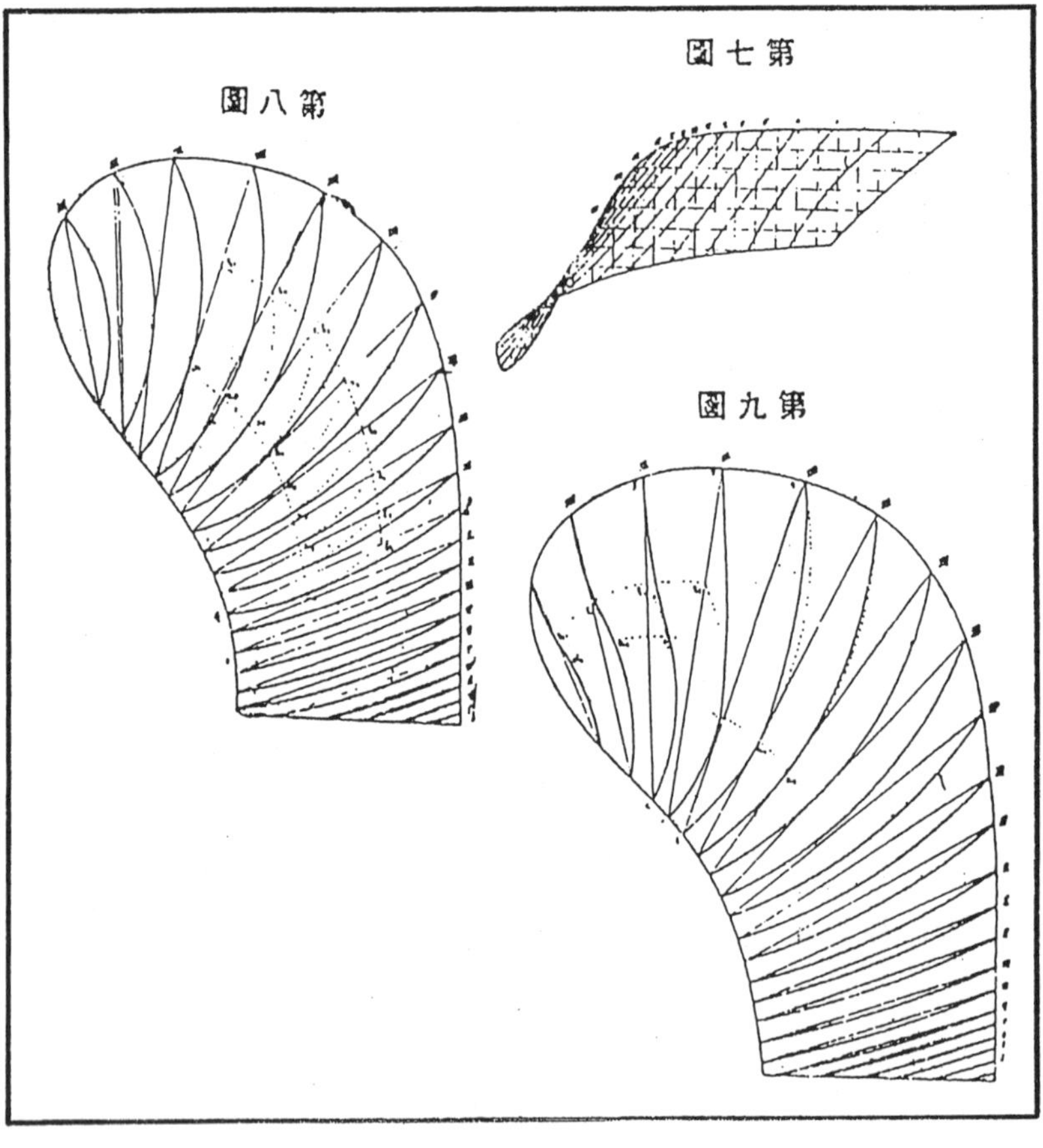

とは、捻り具合の関係ではなく粘着した土を円滑に離脱させるために先端部がうつ伏せに巻き込まれていることを示すものである。これは接触摩擦の大きい粘りのある土を反転離脱させる特徴的な工夫であり、同様に長さを大きく設計したのも左後方への捻りの角度を大きくせねばならない重土用のヘラにおいて、「一吋」ごとの捻りの角度の増加をなるべく小さくし抵抗を全行程にわたって平均化し、摩擦の総量を少なくするための工夫である。幅が広いことについては申請書では言及されていないが、粘着

度が高く粉砕される際にも抵抗を発生しやすい泥を、全面に薄く広げて抵抗を平均的に分散させる同様の工夫と考えられ、大馬力の飛行機のプロペラが長く幅広であることと同じ発想に則ったものといえるだろう。

なお、軽土用のヘラのへこみが比較的大きいのは、せり上がっていく土が途中で左右に逸れて反転されぬままこぼれ落ちてしまうことを防ぐ工夫であり、重土用が先端部で下膨れの複雑な凹曲面に変わり最後でS字状の波をうっているのは、積極的に左方への離脱放擲をはかる工夫だと説明している。このような曲線は、半径の異なる円弧の組み合わせで設計されているが、半径を決めるにあたって採られた手法がヘラ面への土の圧力分布の解析といった科学的手法なのか、あるいは現場の雇員や農夫などの体験的判断なのかについては解説が及んでいない。

さきに「流体力学」ということばを使ったが、申請に先だってこの異分野に対する検討や研究がどの程度なされたかは不明である。[38] また各地の製造業者たちにどれだけの影響を与えたかは疑問も多く、そのような科学的解析法によって開発された地方の例はないものと思われる。しかし、敗戦後に製造された犂の作業中のあり様を観察すると、水面を走る船の舳先をみるように滑らかに土をかき分け左側に畝を盛り上げてゆく。さらにヘラから放り出される土は意外なほど力強く放擲されるのも事実であり、せり上がった土が左に捻られる過程で粉砕作用が十分に働くという申請書の解説は納得できる。福岡県北部地方での体験談では、このように捻られた曲面ヘラの犂が一九一〇年代（大正期）に入って普及したお陰で、いったんは反転されて畝盛りされた土が再び畝の谷間に転げ落ちるのを浚って廻る「くれ（塊）拾い」の仕上げ作業が不要になったという。

この時期は、さきの「輪被」のような文字どおり用語（ことば）だけの犂の改良創案が淘汰されて「近代（改良）短床犂」という公的な用語のもとに商品化された時期だった。以下に例示する特許第一八六五〇號「犂」図3-4は、犂耕の本場である福岡県北部・粕屋郡の長末吉（ちょうすえきち　一八七九〜一九三五）という犂耕技能の名人が一九〇〇（明治三三）年に取得し、のちの「長式改良犂」の原型となった特許だが、一九一〇年代（大正期）に入ると

図3－4　犂

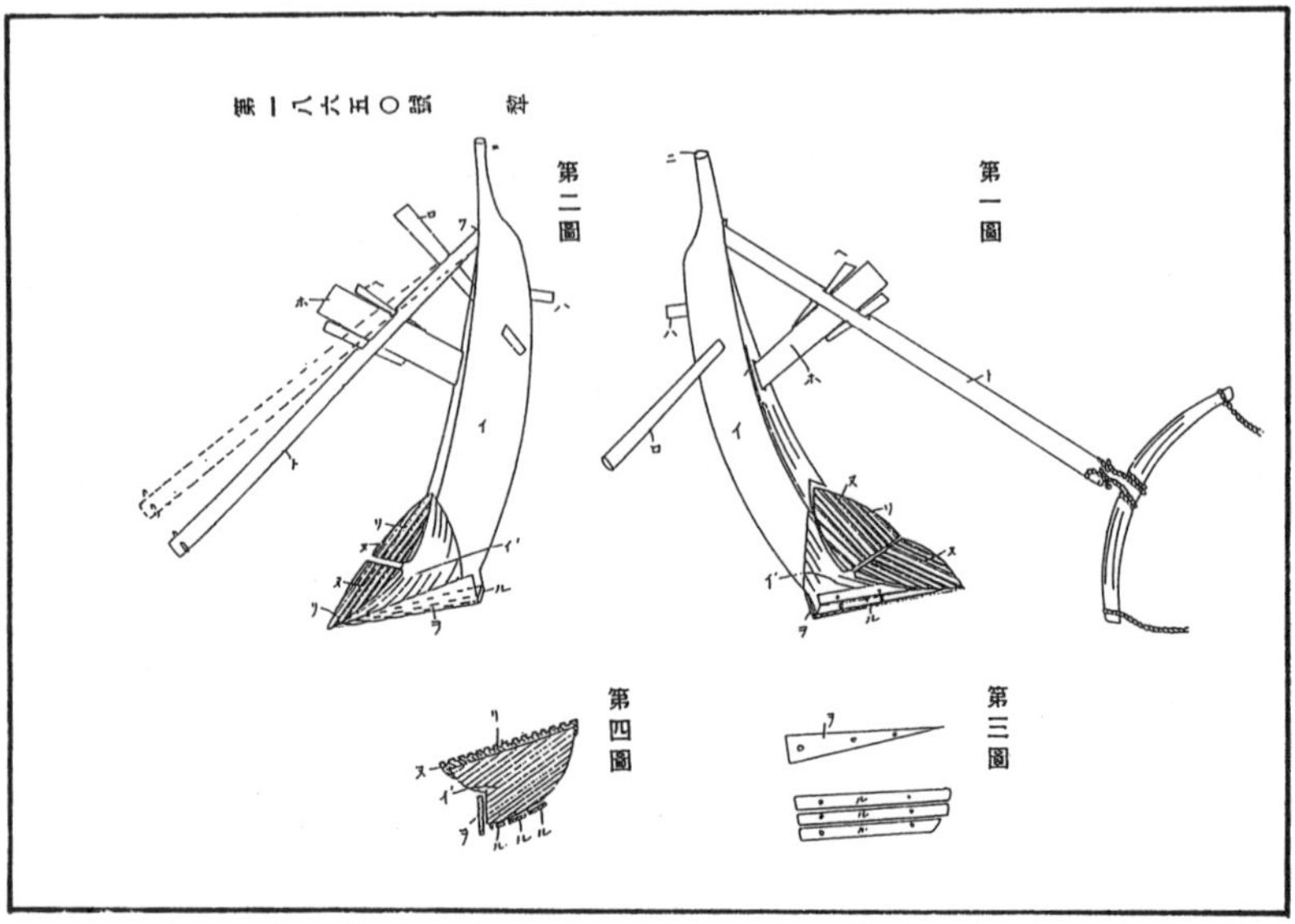

ヘラを曲面にした「長式深耕犂」に発展して全国に販路を拡げた点で、改良の時代を代表する事例のひとつである。農器具の商品化の流れは、脱穀・調整機具の動力化のそれと同じように、機械工業が一応充実した一九一〇～二〇年前後（明治末～大正期）に形成された。一九三〇年代以降（昭和期）の米穀増産時代に犂耕指導が本格化すると、このような産業動向を背景として博多の「礒野式」「深見式」、熊本の「日の本式」。あるいは長野県上田の「松山式」、三重県名張の「高北式」という全国的な技術商標が成立し、敗戦後にかけての大量生産時代が到来する。

農器具によらず、商品化のためには需要が形成されねばならず、業者間の競争は需要を維持・開拓する条件となるだろう。ただし、犂の普及にあたっては耕耘作業に専ら鍬を使っていた地方にも当局の指導が後ろ盾となって、政策的に販路が形成されてゆくという人為性が強かったという点が、他の農器具の普及条件とは少し異なっている。また、自社の売り上げを伸ばすには「販売指導員」の技能実演がものをいったのであり、彼らが看取し地元の農夫たちからも聞き取った各地の土質や作付慣行などの話に合わせて地域的な改良修正が施されていた点も注目される。指導員による実演販売は、農会の啓蒙行事などの際におこなわれることが多かったが、さきにあげたような有力メーカーの指導員たちは互いに農学校の同窓生や日頃の顔馴染みだったために、会社間としては共存共栄の姿勢であり現場では個人技能の競い合いが関心事だったという。

このような軽便な農器具では、設計と同じように担い手の技能が問題であって、農家は優秀な犂というより頼りになる指導員に師事するなかで、結果的に購入する商品が決まったのである。犂の製造は、木工職が集まり材木の手配が出来さえすれば創業できる家内工業的なものである。肝心の犂先とヘラは自身や専属「指導員」の技能体験から形状を決め、町の鋳物屋に発注すればよい。犂身本体の形状も同様で、こわに犂先やヘラを取り付けた完成品を近辺の田畑で体験しながら細部を改善してゆくことができる。犂の「改良」は体験の範囲で達成可能であり、また米の増産が叫ばれ続けたこの時代において需要に限りはなく、地元で創業した業者も経験を頼りに全国メーカーの隙間を狙うことができたという事情があった。前述の長末吉は、規模は比較的小さくとも、このような技能指導の世界で草分け的な名人として名が通っていた。加えて「白足袋で鋤いても足袋を汚さない」「ネリキやエ（柄）に盃を置いて鋤いても酒をこぼさない」といった抜群の技能が各地の農会や贔屓筋の伝説的な語り草であり、現場の実演がさらに伝説を増幅するという過程で犂が「斡旋」された点は、他の業者の専属指導員を圧倒していた。

彼の特許第一八六五〇號「犂」申請書は、農夫の得物としての農器具が大量生産の商品に変じてゆく流れのなかでの個人的契機という、犂の世界に固有の特徴を最もよく語っている。「本改良」とも称され「長式改良犂」の商標で商品化されたこの特許は、先述のように国立機関によってヘラの曲面形状の作用が解析される一一年前のものである。改良の要点は、まず在来の犂先とヘラが真正面を向いていたのを左側に傾けて取り着け、さらに表面には「耕起シタル土塊ヲ上昇セシメテ之ヲ意ノ如ク轉回セシメ得ル爲メ施シタル凹凸ノ線（リ）ヲ設ケ土塊ハ正シク（リ）ニ導カレテ昇上シ轉回ノ位置ニ至レハ正シク落下スルモノナリ」と、同様に反転性を追求したものである。

凹凸の線刻は、長の店の番頭格であった後藤丈作氏が後の覚えとして描いた水彩のスケッチには見られず、効果が認められなかったために商品化に際し略されたのかと思われる。また、図からも分かるように「犂底版ヲ錬鐵トシ側面切断部ニ装附シアル鋼鐵版（ヲ）ハ金属具（ル）ヨリ稍隆起セシメタル故即チ舟ノ舵ノ如キ用ヲ爲シ土ニ沈入シ直進スルモノナレハ挽馬右或ハ左へ避クルトモ直進ヲ保チ容易ニ變位ノ憂ナク」、その結果として「且ツ操手ハ只犂ノ倒レサル程度ニ支フルノミニテ普通犂ノ如ク押引シテ掘起ノ程度ヲ加減スル等ノ勞ヲ省キ従来ノ犂ト同シカラス」と前後左右の安定を追求している。

この「長式改良犂」は、県外も販路にした商品化の面では福岡県博多の「礒野式」や長野県の「松山式」、そして熊本県鹿本郡山鹿町の「㋙（マルコ）犂」といった犂に先行するものではなかった。先行者の特許は、長野県小県郡から上田に移った「松山式」が改訂や改良も含めて八件、熊本県山鹿町の大津末次郎という農具金物商の「㋙犂」が一件、そして「礒野式」が二件を取得している。このうち、「松山式」は鋳鉄に替えて木挽き鋸の鋼板を曲げた曲面ヘラの採用で画期的な改良だったが、特許申請の大筋はヘラと犂先の左右転動と固定法に集中し改良の本質は見逃されている。「㋙犂」の特許も「改良短床犂」の原型といってもよい形態だったにもかかわらず、②練木（犂轅）の可動と固定に関する金具の使用が主で、同様にヘラの形状や④床（犂底）の材質への言及はない。「礒野式」も②練木（犂轅）の可動と固定にヘラの左右転動と固定法を追加して「松山式」と同じ機能を持たせたものであって、前者二点と同じように「改良」の本質を認識しているとはいえない。

近代における「改良短床犂」の「改良」は、従来は舟の碇のように尖った犂先が正面を向いているだけだった接地点の後ろを伸ばし、細長い面にしたことに発する。現在、カカエズキという民俗語彙が細々と伝わっているが、このような接地面の形状は繰り返し述べてきたように犂耕の際の固有安定とは無縁であり、文字どおり抱え支えることによって耕起する深さを一定に保つ技能を前提としていた。畑での浅耕・作条作業とは違って水田で畝立てをおこなう道具として根本的な欠陥を持つ犂の「改良」とは、関西・西日本に分布した長床犂に④床（犂底）の形状を近づけることだった点に、九州北部地方の在来犂の改良に固執することの根本的な限界があった。

ともあれ、この申請書からは、犂耕一筋に生きた自己の技能を近代的な制度の側から改めて対象化し、犂を操る農夫たちの要求に向けて開放しようとする技術改良の意志が読み取られる。農作業という体験的技能のなかで融通無碍に駆使されてきたことばが、耕耘器具の改良をとおして近代の公的なことばとして本格的に翻訳され固定された事例と見なすことができる。「改良短床犂」での「改良」の目的を、申請書のことばで技能の実践者みずからが初めて把握・表現し得た事例であり、技術の普及と担い手の近代的確立を象徴する事例でもあった。

注

（1）換金作物を重視した西南地方の農法のひとつで、とくに麦や菜種の裏作と省力化の手段である牛馬耕とで特徴づけられる。これを「福岡農法」と呼ぶ立場（飯沼一九八五）もあるが、本書では福岡県の筑前地方を中心とする手法が近代農政の展開に沿って各地に普及した点から、筑前農法と呼ぶ。

（2）いわゆる泰西農法を全国一律に導入することが断念され、農政の主眼が水田稲作を主とする在来農法の改良に転換された時期でもあって、地方農村の実態把握と対策が本格化した。その対策は最終的には旧来の小農経営の維持策に落ちついたが、維持ではなく階層分化を容認して最低二町歩以上の「中農養成策」を主張する柳田国男（一九〇四）と、強兵論を理由に小農層を存続させようとした横井時敬との論争を派生させた。なお、明治一〇年『内務省職員録抄』によると、品川は大久保利通内務卿のもとで内務大書記官。松方は勧農局長。同一五年の『職員録抄』では松方が大蔵卿に転じ品川は西郷従道農商務卿のもと大書記官の上の小輔。いっぽう松方と同じ薩摩閥の前田正名は、小書記官の下の一等属より遥か下った十等属の下の「御用掛八十圓」から、品川のもとで大書記官に抜擢されている（農林省農務局一九三九　下巻一九一一－一九一四）。のちに前田は、地方産業の実態把握と対策をまとめた『興業意見』（同一七年）を提出したことで知られる。

（3）「老農」という語は近世農書に散見されるものの日常的なことばではなかった。むしろ、これらの農書を著すだけの体験と教養を有す篤実な富農として明治初期の農政当局者が各地に見出し、人格的評価も加味した権威づけの過程のなかで定着した、ある意味では政治的・近代的な俗称と考えられる。「十四年ハ各開会ノ数一層多キヲ加ヘ大阪府外二十五県ニ於テ八十一回ニ及ヘリ内山口ハ十五回東京、大阪、兵庫、滋賀、三重石川、広島、長崎、新潟、和歌山ノ二府八県ハ三回乃至八回トス此年第二回内国勧業博覧会開設アルニ際シ各府県ノ老農百二十名ヲ召集シ」（農林省農務局一九三九　上巻四四〇-四四九）という地方農談会から全国農談会への展開を語る記事がそのことを示しているが、これは「老農」の語の比較的古い用例である。なお、この「老農百二十名」という数字は明治二一年に編まれた『農務顛末』（農商務省一八八八）では「百余名」となっている。本項で取り上げる福岡県の林遠里はこれに含まれていた。

（4）船津は、三七歳で前橋藩勢多郡原之郷他三五ヶ村の大総代、その後郷中取締役勧農方兼勤、頭取組頭役などを藩主より拝命した篤農家だが、青年時代に和算や暦術を学んだ彼は一八七九（明治一二）年に大久保に請われて勧農局事務取扱として上京するまでに『桑苗簀伏法』『太陽暦耕作一覧』『納税早見』等を著していた（石井一九五四　六七九-七三五）。いっぽう、一八七五（明治八）年三月、内務省は各府県知事に「各管内於テ現業錬熟且老実ナル農学家精撰ノ上樹藝養蚕本草三科ノ内ニテ別紙雛形ノ通特秀ノ者一両名取調至急可申立此旨相達候事」と布達した。船津が見出された端緒であり、各地の老農に目が向けられたことを語る最も古い文書のひとつである。彼が外人教師と肩を並べる役に就いたのは、大久保がのちに富岡製糸場長もつとめた元・前橋藩士速水堅曹から推薦を受けていたという前段がある。これと県知事推薦との前後関係は不明だが、つぎに同年一〇月に勧業頭の松方が面談し、最終的に同場を視察した大久保が農事振興上の所見を船津に試問したのち仕官を渋る彼に上京を要請したものという（石井、同　六九六-六九七）。熊谷県令が彼を推した推薦書には前記『桑苗簀伏法』『太陽暦耕作一覧』の二書が添えられたが、生糸は大久保等が重視していた第一の輸出品だった点、また先述の『太陽暦』と前記『納税早見』に新政府が有益性を認めた点なども登用の要因として考慮すべきだろう。

（5）一八八二（明治一五）年度の『農商務省職員抄録』によると、船津は農務局御用掛准判任で月俸三五円（農林省農務局　一九三九　下巻一八一四-一八一六）。ベグビー（在任、一八七六年一一月三〇日～一八七八年一〇月三〇日）は月給三〇〇円（三好一九七二　三〇六）である。両者の俸と給とは同列に論じられないだろうが、すでに一定の実績を積んで認められていた時点の船津が局内最下位の「御用掛」だった点は無視できない。ただし、ベグビーが「生徒教授スル現業ノ成跡報告諸調整」という農務局長の官命を実行しなかったという表向きの理由で解任された点について、三好氏は船津が指導する「本邦農場」の設置が関係していた可能性を示唆している（同　三二〇-三二一）。

（6）Wagener, G.（一八三一～九二）。一八七〇（明治三）年から肥前藩で有田焼の染付顔料（呉須）の分析に従事したことで知られる化学者。「外人教師」というにとどまらず産業政策全般に影響を及ぼし、なかでも内国勧業博覧会開催や勧業払下げの建議等はよく知られている。

（7）第三三号布達「農事巡回教師設置条項」。これは一八九三（明治二六）年「農商務大臣訓令」第一八号によって廃止されたが、理由は農事試験場の体裁が整い本場および支場の「技術官」を「農事講話」や「共進会」等に巡回派遣する見通しが立ったためである。この頃には外人教師も順次解任されており、近代農政や技術の一応の確立期と理解することが出来るだろう。なお、一八九一（同二四）年には旅費日当を国ではなく招聘者側（地方当局および大日本農会地方支部等）が負担することが告示されている（農林省農務局一九三九　上巻五二九）。

（8）金子堅太郎の回顧によると、福岡藩銃術師範の次男に生まれた林は、出入りする藩の少年たちのなかでは最上の名手で、次が金子だったという（伊藤、越知一九三四）。後年、私塾「勧農社」が再興を期して募った社員名簿に農商務次官の金子は名誉社員として名を連ねているが、有形無形の便宜が期待されていたことはいうまでもない。

（9）林みずから鍬をとることはなかったようである。子孫に対する江上利雄氏の聞き書きでは、移入当初は村民の頼母子講に依って草屋を建てて貰い、三町歩ほどの田を買い入れたが家族も含めて農作業には従事せず、稲の試作も作男や農家に指図をするだけだったという（江上一九五四　六〇八）。

（10）『伝書』の大意は、西村氏の引くところによるとまず旧暦一二月八日から八十八夜前後まで一〇〇日余にわたる長期の浸種を経て、四分の一近くの種子が「悪種自ラ腐ル故ニ」選別される。これは、五～六月まで浸けておいても「稔リ殆ト同シ、刈取少シ後ル、」だけで同様の結果だという。この浸種に際しては、発芽を抑えるために「二重或ハ三重ニ包浸ヘシ」。播種後は、苗床での生育は遅いが田植え後の生育は「勢イ他ニ勝ル者也」。「植試」するとしたら、新旧両用を比較するために一畝を半ばに分けること。施肥とその他の「手間」は旧来通り。この「作法」によると、年々二

〜五割の増収となるが、「追々試テ知事有時ハ、三五年ノ内迫白スヘシ」（西村一九九七　七九）とある。

(11) 一八七六（明治九）年の勧業課設置、一八七九（同一二）年の勧業試験場の設立と一三年の福岡（県）農学校への改組という草創期にあって、林遠里の創案が早々に採用されたことに留意したい。もっとも、この素早い対応は勧業課と同年に設置された大区（郡）勧業係との連携も想定すべきだろう。事業経費の県予算に対する比率は、一八七九（同一二）年度でも三％を下回る程度に過ぎない（太田一九五三　五四八）。なお、林の啓蒙家としての特質について、江上氏は「第二章」に「遠里の農会進出」（江上一九五四　六一五-六一六）という項を設けて博覧会と農談会を略述している。

(12) 『新書』の改訂にあたって「第一章　総論」では「夫寒気ハ隠ノ極、陽ノ元ニシテ」と、いわゆる陰陽説に沿って加筆されている。西村氏も指摘するように、自説の合理性を補強し地方的なものから普遍的な学説に格上げしようとする意図（西村一九九七　四五）を伺うことが出来る。

(13) 『農事ニ関スル意見林遠里上申書』一八八一（明治一四）年八月二九日（農林省農務局一九三九　下巻一七〇八-一七一一）。林が福岡県勧業課に農商務省農務局宛「宜敷御取計相成度」照会を依頼したものである。委員職は、旧・東京大学（一八七七〜一八八六、明治一〇〜一九年）卒の農学士と同格で専門性の高い役目だった。彼はこの役を活用して『農業新書』の販売を同会に依頼するとともに機関誌『大日本農会報』にその旨の広告を掲載させ一〇〇〇部を頒布するが、この手法は福岡県で採った自説の普及法を全国的に拡大したものといえる。一般的に、老農が地元地域を離れて広く知られるということは、船津伝次平のように内務卿大久保利通直々の要請は例外として、当局の地方民間への期待がもたらした副次的な現象である。少なくとも、当局と出版という機構制度や媒体を積極的に活用した林遠里のやり方は、いわゆる篤農家としての老農には浮かび難い発想であって、老農の活躍の場としては中央ではなく地方民間が想定されていたことはいうまでもない。

(14) 勧農社の設立時期は、彼が派遣先の府県当局に提出した「履歴書」等により一八八三（明治一六）年とされていたが、本書では西村説に従う。

(15) 勧農社の「社員名簿」については『福岡県史』（西日本文化協会一九九二）を参照。林自身は、元士族であるだけに金銭には無頓着で、集まる社費はすべて施設や組織の運営に還元され、自身が地方講演等で受け取った謝礼も常にその地で使い果たし自宅へは持ち帰らなかったという(伊藤、越知一九三四　四〇)。

(16)「履歴書」で彼は「山林の荒廃モ亦意ヲ用ヒヘキヲ興起シ、同士ト討議シ、則チ一社ヲ設置シ」と記している。

(17)林に好意的だった井上馨農商務大臣の配慮で、林が一八八九(同二二)年から翌年にかけて渡欧した際の帰朝報告や演説の筆記録をみると、欧州の農業が土質と水利の面で恵まれておらず、人造肥料に頼る大規模粗放農業を指向せざるを得ないという特質を見抜き、対して生産力の高い日本の小規模集約農業を国造りの根幹と位置づけている。また、一八九一(同二四)年の栃木県での演説で「実ニ農家ハ天下盛衰ノ境ニ立ツモノナレバ、自分ヲ日本ト心得、日本ノ土地ハ日本人ノ命ヲ繋グ共有物ニテ御互ノ所有ユヘ外国へ取ラレテハ堪ラズ、充分ニ奮発シ、国ヲ富マサネバナラズ」と、明治の指導者らしいナショナリズムを提起している。ただし、この点は博多を中心とする福岡県内の農器具業界が再編される契機を作ったという彼への評価を損なうものではないだろう。

(18)大正末から昭和初期についての聞き書きでも、化学肥料だけでなく千葉、北海道、旧・満州の魚肥や大豆粕が併用されていたことを聞くことが出来る。

(19)林の著書『勧農新書』が一八八一(明治一四)年に改訂された時点でも牛馬耕の記述は無い。須々田(一九七五)によると、林が牛馬耕に言及した初の例は一八八五(同一八)年『石川県勧業月報』八七号の「馬耕は大に人力を省きて深く鋤起し(中略、牛島)漸次馬耕を盛ならしむることを努むへし」という記事である。この三~四年間の間に林の認識が改まった一因に、須々田氏は、一八八四(同一七)年に石川県玖珠郡で成果を上げた長沼幸七の活躍を指摘している。さらに、一八八二(明治一五)年に福岡(県)農学校に着任した横井時敬は、当時の泰西農法はともかく水田稲作の実態には疎く、農家の教えを乞わねばならなかった。御笠郡の長沼との交流が始まった所以だが、長沼は一八八三(同一六)年に石川県を皮切りに地方へ派遣される際に犂を携えて実地指導にあたっていた(大田一九五三　五五九-五六〇)。

(20)勧農社の拡張は、近代農学の成果が農家にも認められるにつれて派遣教師数と社費や納入金収入が減少してゆくなかでの起死回生策だった。福岡県における近代農学の推進者は、農学校から勧業試験場に転じた横井時敬だったが、両者の競合関係については次節で述べる。

(21)解説を西村氏が担当しているが、ほかに西村(一九八八)も参照した。

(22) 人員数についても、「勤怠表」に登場するのは全一一人であり、「日記簿」本文だけで耕地と人員の実態とすることは不完全である。

(23) 須々田(一九八三)所収。林は、この増補版でものちに勧農社の代名詞となる馬耕について触れていない。

(24) 彼は一八九一(明治二四)年の著書「塩水選種法」の自序で、塩水を選種に応用する法は小麦の選種に関する研究論文の転用であることを断っている。論文の著者チャーチは駒場農学校で教鞭を執ったキンチの恩師であり、飯沼氏はキンチをとおしてこの方法を知っていた可能性を指摘する(飯沼一九八五 七四九)。また、M・フェスカに見出され福岡県勧業試験場長から農商務省技師に転じたあと、横井は一八九一(同二四)年に農務局第一課長として渡良瀬川流域に赴き、足尾鉱毒の被害を実証して報告した。これは田中正造代議士の国会質問の契機となり、横井は一九〇一(同三四)年に控訴院から被害地の鑑定証人に任ぜられている。しかし、商務省は農林を犠牲にして商工寄りの判断を下したので、一九〇五(同三八)年には『第壱農業時論』(農文協、一九七六)で農林独立論を展開した(竹村一九九六 二八一-二九三)。駒場農学校二期生の彼は、この意味でも永く農政界の重鎮と認められるようになった。なお、フェスカは一八九八(明治三一)年の『農業改良按』で横井を次のように賞賛・紹介している。「該県ニハ駒場農学校卒業生農学士横井時敬氏アリテ該県試験場ニ長タル事茲ニ七年其間氏ノ学識ヲ以テ農業改良ニ実行ヲ奏シタル事著シ」(農林省農務局一九三九 下巻一七五八)。

(25) 明治一八八三(明治一六)年四月に布達された「農学校通則」に象徴されるように、明治一五年から翌年にかけて農学校の管轄は農商務省から文部省に移り、予算も地方税の勧業費から教育費へ費目が変更された(同 二八一-二八二)。三好氏は「福岡県勧業年報 第六回 自明治一六年一月 至同年一二月」(第一三丁、福岡県勧業課)によって背景や論争を詳細に跡づけるなかで、実業的な「一種」農学校として存続した石川県立農学校の例を対照させている。なお、福岡(県)農学校は文部省学務局長の配慮で県知事に廃校不認可が指示され存続が決まったのち、地方税支出の学校を限定する勅令第一六号(一八八六、明治一九年四月)によって遂に廃止され、勧業試験場として改組再編されることとなる。

(26) 横井がかつて教頭として赴任した福岡(県)農学校長の一九一〇(明治四三)年当時の回想だが、横井は一八八七(明治二〇)年四月から一八八九(明治二二)年二月まで勧業試験場長をつとめた。

(27)　藩の兵制顧問として招聘された米陸軍の退役士官L・L・ジェーンズ（一八三七〜一九〇九）が指導した熊本洋学校の設立と運営に際しては、横井の縁戚にあたる横井小楠とジェーンズを支えた在地の豪農層が関与していたことが知られている。茶と生糸のような畑作の特産物を重視したジェーンズの勧業論に小楠の影響を伺うこともできるが、九州には珍しい養蚕地帯であった熊本県北部と小楠、ジェーンズの勧業論との関係については、畑作の農村誌として将来を期したい。

(28)　農業機械学の学位審査は前例がなく、母校の代わりに北海道帝国大学農学部が審査を引き受けることになったという。博士論文「本邦在来犂に関する研究」は同じ年の『農業土木研究』誌で三回に分けて掲載されたほか、一九三七（昭和一二）年には単行本「犂と犂耕法」として編まれ日本評論社から刊行された。

(29)　西村栄十郎『農用器具学』（博文館、一九〇〇）。廣部達三『廣部農具論　耕墾器編』（成美堂出版、一九一三）。同『農用機具作業機具編Ⅰ、Ⅱ』（目黒書店、一九三〇）など。

(30)　カラスキは、古くから文献に登場する筆記上の和語＝文語とでもいうべきことばであるが、近畿地方では民俗語彙としても慣用されてきた。

(31)　錨の先端のように接地の平面がない犂を無床犂。前後方向に接地面を設けた犂を短床犂と呼んだ。在来犂で後者にあたる犂は、第三章で述べる熊本県北部の菊鹿盆地で比較的早くから使われていた。

(32)　九州大学図書館盛永文庫蔵。盛永俊太郎は稲、菜種の遺伝と稲の種生態学が専門。同大教授を経て農林省農事試験場長、同、農業技術研究所長を歴任したが、後述する柳田國男、安藤広太郎とともに稲作史研究会で成果をあげた。

(33)　特許庁の資料は、旧いものは通産省分室に収蔵されており、今回の検討に際してはその最も旧い一括資料を閲覧した。これは申請書類のうち特許が認定されたものだけを版行・製本したもので「明細書」と題されている。そのなかから拾い出した六三件の犂の特許は、出願年度でいうと一八八七（明治二〇）年六月から一九二一（大正一〇）年まで。取得年度では一八九〇（明治二三）年から一九二三（大正一二）年までで、法的には「改正専売特許条例」から「改正特許法」に則った事例である。一九二一（大正一〇）年の出願で切ったのは、製本資料の一括という調査上の都合とともに、在来犂の近代的改良の要素がこの時点で出尽くしていること等による。

(34)　わが国の特許制度は、一八八五（明治一八）年に公布施行された先発明主義の「専売特許条例」に始まる。特許の要件は「新規」で「有益」なものとされ、最長一五年間の存続期間が認められた。次に、一八八七（同二〇）年四月の改正を経て同二一年に公布施行された特許条例では、特許権の認定手続きとして審査制が設定され、一八九九（同三二）年には特許法が公布施行された。政府はこの年にパリ条約（工業所有権保護同盟条約）を批准し、外国人にも権利能力を認めたことが注目される。そして、一九〇九（同四二）年の改正に続き一九二二（大正一一）年に公布された「特許法」では、先発明主義に代わって先出主義が採られ、実用新案との区別の明確化をはじめさまざまの改善が施された本格的なものとなった。ここで取り上げた特許の内容は、現代の感覚では独創性と農器具としての有効性の点で特許の資格に値しないものが多いのだが、それは「特許法」以前の法制上の不備以上に特許制度の意義や必要な要件への認識不足が原因であったと考えられる。

(35) ここに並べた福岡県の民俗語彙は、ことばとしての採集だけでも八〇歳代以上の話者でないと難しくなっている。これは、犂の近代化の途上過程が大正期まで続き、昭和に入ると標準的な製品が確立して、犂が狭義の「民具」ではなくなっていったことと関係するだろう。

(36) 日本で西洋式の犂（プラウ）が使われた最も早い例としてジェーンズが熊本洋学校で試みた記録があるが（熊本日々新聞社一九七八　七一‐七六）、プラウは長方形の耕起断面で大量の土壌をはぎ取り反転させるために、小柄な在来馬には牽けなかった。しかし、犂は世界的に眺めてもおおむね牛に牽かせる耕耘器具で、とくに日本の犂は牽き方が一頭牽きで小型軽量であり、傾斜地や細分された耕地にも適合するものとなっている。なお、福岡北部地方は稲刈り後の田を利用した菜種の名産地であり、筑豊・北九州地域への農業労働人口の流出による雇人賃金の上昇のなかで、裏作への転換を迅速におこなうためにも犂耕法が盛んであった経済的側面がある。このような経済構造の展開は全国的にも同様で、一八八〇～一九二〇年代（明治後期～大正期）にかけて犂耕が普及してゆく大きな要因となったと考えられる。

(37) 柳田が一九〇〇（明治三三）年に初の法学士として農務局農政課に入省したことは知られているが、主流派の農学士であった安藤は一八九五（同二八）年に同場の技師試補として採用され、以来四六年間ものあいだ第一線の技術官僚としてこの施設に精勤した。席を得た当初の技術者室は船津伝次平が筆頭だったという。当時は、未だメンデルの遺伝法則説すら十分に定着していない時期であり、安藤は独自に米麦の育種と品種改良や東北地方の凶作を克服する栽培法改良を開拓主導し、船津に代表される「老農」の時代に幕をひき近代農学を確立した。広部も同様に『広部農具論　耕墾器編』（成美堂出版、一九一三年）。『農用機具　作業機具篇』（西ヶ原刊行会、一九三〇年）などで農業機械学を体系化した技術官僚である。なお、退官後の安藤は『日本古代稲作史雑考』（地球出版社、一九五一年）に代表される著作や、柳田との対談（一九五二年）で知られる稲作史研究会（一九五二～六二年）で活躍し、稲の江南起源と朝鮮半島南部・北部九州の同時期受容の二説を唱えたが、前者は一九五八（昭和三三）年の岡正雄『日本文化の基礎構造』（『日本民俗学体系二』平凡社所収）での稲作民の江南起源説とともに今日では最も有力な学説のひとつとなっている。また、柳田最晩年の『海上の道』（一九六一年）のもとになった九学会での講演「海上生活の話」も同じ一九五二（昭和二七）年であり、両者の晩年における研究交流の成果は日本民族学協会の「東南アジア稲作民族　文化総合調査」団の派遣（一九五八～五九年）へと発展した点で、大きな影響を及ぼしたといえる。

(38)　岸田一九五四によると、一九〇八（明治四一）年に岐阜県農事試験場で農事講習会が開催された際に、「広部先生を中心にした関係権威者が日本に適した理想的な犂を造るという目的で研究し、プラウを改良したもの」が参考品として出品されていたという。岸田は「東京の赤羽飛行機製作所に試作させた」と記しているが（同　七九-八〇）、これは港区の旧・赤羽町にあった造兵廠跡の工場を指すものと思われる。ここで「流体力学」を検討した確証はないものの、鋼板を剪って曲げる程度の工作は、農事試験場の地元である北豊島郡西ヶ原村の農鍛冶でこと足りる点から、筆者（牛島）は広部らが飛行機部品の工作技術に着目したものかと想像している。

第二節　技術的背景

熊本県北部の菊鹿盆地の畑では、敗戦後も在来犂が使われていた。たとえば後ろすざりに牽いて種子の播き溝を作条するアト鋤は、畑から男手が払底した銃後の農村女性に有り難がられた農器具だという。また、夫婦交代で牽いていた畑のヒキ鋤（人力犂）が一九七〇年前後（昭和四〇年代）まで現役だったのは、働き手の首座を譲り渡した年寄りの手軽な道具として重宝だったためであって、現場では当局の「改良」以外の観点から在来の技能的な道具が使われ続けてきたことを示す一例といえる。ここでは、在来の道具と技能をめぐる伝承の担い手レベルでの意味づけの面から、改良短床犂という新技術の背景を述べてゆきたい。

(1) 菊鹿盆地の在来農法

菊鹿盆地は、菊池川中流域の菊池市から山鹿市までの東西一二キロメートル、南北三~四キロメートル、面積四〇平方キロメートルほどの盆地である。菊池郡全体の畑地率は一九〇〇(明治四三)年で六九・一%と高く(武藤一九七八 一三五)、阿蘇山系の火砕流台地[1]と県境の筑肥山地とに囲まれたこの盆地の農家は、中央部の集落でさえ四キロ近くも離れた台地上の畑地を耕作するのが普通だったという。台地から麦や粟あるいは桑のような自給食料や換金性の作物そして刈敷が供給され、稲作同様の労力が投下されていた点は、筑後平野や佐賀平野のような広大な米麦の穀倉地帯[2]とはさまざまの面で異なっている。もちろん、菊鹿盆地も優れた米作地帯として「菊池米」を産し、大坂の堂島米相場を左右する肥後米の名産地だった点は近世史研究の語るところである。ただし、平均で田畑各一町歩を上回る経営規模の農家が少なく、大多数の小規模農家は小作米(ヨマイ、トクマイ)を出した後は畑の麦作に生活の糧を求め、一九〇〇年以降(明治末期)から本格化する台地上の養蚕に現金収入の途を見出していた点で筑後、佐賀平野の場合と異なっている。

特徴的な生業として藩政期から奨励されていた養蚕は春蚕が五月初めであり、秋蚕は八月初め、晩秋蚕が九月初め、養蚕業が終わり始めた一九七〇年前後(昭和四〇年代)にようやく導入された夏蚕は七月五日頃からで、五回目に晩々秋蚕を九月中頃にとる農家もあったという。また、有明海への河口部を持つ筑後、佐賀平野への農耕馬の供給地でもあった点は、全国に先駆けて改良短床犂が創案された背景として留意したい。このような複合的な特質の農法を

「肥後農法」と呼ぶこともあるが、これは後述するように一八世紀後半以降の低湿地の乾田化による耕地拡大がもたらした人手不足を補完するために導入された馬耕。飼料用の大豆作と排出される厩肥および裏作の緑肥大豆による地力再生産の連環性。これらのなかで創案された改良型の犂などで特色づけられる菊鹿盆地の在来農法をさす用語である（山田一九七一　三五、武藤一九七八　一三四）。一帯は福岡県北部の筑前地方同様に馬耕教師を各地に派遣した地域で、とくに暗渠による水田の乾田化技術が低湿地の村で創案された点は、主に花崗岩質の砂壌土層の上に展開した「筑前農法」に対する独自性といえる。

現場の基本的な農作実態は、水田は裏作麦と条間に播かれる大豆または小豆。畑では麦、大豆、粟や甘藷という輪作が主軸だった。水田の大豆は麦の収納を終えて鋤き込む緑肥大豆で家畜の飼料にも使い、畑作の大豆は販売・換金するというように田畑両方で大豆を播くことが多かった。このような作付け慣行のために幾種類かの在来犂が盛んに使われ、一九〇〇年以降（明治末期）には改良短床犂が創案され鹿児島県に普及していった。もっとも、改良短床犂は水田に裏作麦の高畝を盛る作業に最適の耕耘器具であって、畑作による現金収入と食糧増産が追求された一九三〇～五〇年代のこの地域では、むしろ耕深が浅くとも繊細な技能を要しない軽便な畑作用在来犂が重宝がられたのは前述のとおりである。

菊鹿盆地で展開されてきた農作は、田の緑肥・飼料と畑の販売用との両面で大豆を播き一年三作の輪作をおこなうのが特色である。背景には農耕馬が他地方と比べて多く飼われていることがあり、理由として約四〇平方キロメートルという狭い地域で四本の河川が合流する一帯の開発で田が広がり、馬耕を必要とする人手不足が発生した点が指摘されている。その開発の歴史は、一八世紀中頃までは台地上の畑地開発が主で、熊本藩の奉行間の序列も治水を管轄する「塘方」の役が淹排水路の「井樋方」より上位であり、後者が開発すべき流域低地は「永荒」「水損地」と呼ぶ貢租外の区分だったという（本田一九七〇　一八～二六、久武一九七四　三二～三九七）[3]。これが後半の宝暦改革以降、貢租に取り込むために文化期（一七五四〜一八〇六）にかけて本格的な開発が始まって両奉行の主務も地元の惣庄屋に移管統合され、排水工事に際して「出夫」を村々に割り当てる権限（徴発権）が強化されることとなる。ただし、当時は主に下層農民の流出に起因する「手余り地」（主無高）という耕作放棄田畑が問題視され（前田一九七九一一‐二六）、一七五七（宝暦七）年時点で全石高の一六％を超えていたこの「手余り地」の対策が課題だった（久武一九九三　五九四‐五九六）[4]。久武氏の論考によると、県央部の馬産地である甲佐手永から転任してきた惣庄屋新野尾清左衛門（在任一七七三〜一七七九）は、このような村々の「救い立て」のために役馬を導入して低地水田への客土で土壌を改良するとともに「水抜き井出」（排水溝）の開削工事を実施している。これらの対策によって後作が伸展したのは注目すべきであり（同、五九七‐六〇六）、「救い立て」の事業に始発した「肥後農法」の確立に際して排水事業の展開が不可欠だったと考えられる。

こうして耕地が広がり後作可能の水田も増すにつれて労力の不足が顕在化した。清左衛門が客土や排水工事などの役馬として前任地から馬を導入したことは先述したが、父の跡を継いだ伊平（在任一七七九〜一八〇八）は新たに農耕馬の増殖に着手する。彼は、同様に甲佐手永から「馬の子仕立」の専業者を雇い入れ、父の着任の年（一七七三年）には一世帯（「竈」）あたり〇・二八頭に過ぎなかった馬が退任後の一八一四（文化一一）年には三倍増の〇・八一頭にまで増加している（花岡一九六〇　四‐五、六‐七）。この点は深川手永に一層顕著であり、同じ年の「深川手永鑑」[5]では四倍増の一・一一頭という数字があがっているが（熊本女子大一九五六　一〇三‐一四三）、ここは「第四章第二節　普及の社会的意味」で述べる冨田甚平の生地である点に留意したい。

労力不足の対策として導入された農耕馬が増えると、今度は馬草と雑穀の確保が課題になった。この関係では、「明治十四年農談会日誌」（大日本農会編）で熊本県の「老農」として中富手永の旧・分田村（〜一八八九、明治二二年。鹿本町分田地区）から選ばれた酒井定が「併シ飼料敢へて麁悪ナルニアラス豆モ一日七八合ツ、ヲ與ヘ農時ハ豆壱升裸麦一升七合殊ニ田耕作ノ節ハ之ニ糠等ヲ増シテ與フルナリ」と答えている点が注目される（農商務省農務局一八八一「明治十四年農談会日誌」、農業発達史調査会一九五三　七〇八）[6]。この点について再び久武（一九九三）に戻ると、中富手永のなかでも平地の中央部にある旧・袋田村（天保期より上中富村。明治八年、鹿本町袋田地区）一帯では「野山遠ク馬草、薪、かしき等難渋仕候」（「中富手永風土記」平野家文書）という記事があげられている。ここで「野山」とは、遊水池で公租外とされていた「永荒」「水損地」と南北の台地を指す。低地の開発が一七〇〇年代後半以降に着手されたことは前述したが、台地の野山に関しても一八八二（明治一五）年の『肥後土性図説明書』で緑肥を唯一の肥料としたうえで「連年ノ採集既ニ甚タシク山林原野ノ地味既ニ漸ク痩壊ニ化シ雑草ノ生育モ昔日ノ如ク成ラズ」と報じている。久武氏は、馬の飼育頭数の増加が馬草不足をまねき、飼料として裏作の豆、雑穀類への依存度を高めたことが二毛作を促進させたとしており（久武一九九三　六一二-六一三）、農談会での酒井定の答弁はその流れを反映したものと理解できる。

さきの第一回「農談会」では、「草肥」の諮問に一八名の老農が答えている（同、「明治十四年農談会日誌」七六六-七六七）。熊本県からは肥料として「かしき」（緑肥）が報告されていたが、当時の農談会でレンゲ（フウゾバナ、フウゾグサ）をあげた老農は三重県安濃郡、滋賀県蒲生郡、長野県東筑摩郡の三名だけである[7]。野草のほかは海草、水草が大多数で、野草に対する肥料と飼料の需要が競合していたことはいうまでもない。ただし、埼玉県中葛飾郡、兵庫県津名郡（淡路島）、佐賀県佐賀郡の三名がエンドウとソラマメを緑肥につけ加えている点は注目される。同様に熊本藩では菊池川河口部の干拓地など、野山を持たない地域に緑肥大豆（田大豆）が導入されていた（渡辺一九五八　四一五）。これは後作の麦間に播いて田植え前に鋤き込んでしまうもので、同じ中富手永旧・小柳村（～一八八九、明治二二年。鹿本町小柳地区）の老農・柳原敬作（一八一三～一八八六）は惣庄屋服部篤右衛門が在任中（一八四一～一八五〇）に反当り五升の「田大豆」を支給して作付けを指導したと報告している（大日本農会一八八四　五七-五九)。これも同地域の潜在的な可能性のひとつに数えることができるだろう。

(2) 菊鹿盆地の在来犂

菊鹿盆地では一八世紀後半から地元惣庄屋によって乾田化と「後作」が伸展し、それにつれて馬耕と大豆作も普及していったことを概観したが、このような一年三作の輪作で使われる主な道具は、刈り取った後の株を起こし除草や土寄せに使う犂。麦の溝を作る押鋤か後鋤(アトズキ)。溝に堆肥を振るため腰に構えるショーケ(馬蹄形の笊)。土を被せる金網鋤簾。収穫時の鎌。籾や実を広げて乾かすネコブク。脱穀のブリコ(唐棹)。風選の唐箕とオロシ(竹網の角篩)。麦の籾を容れる俵とその他の作物に使うカマス等である。ネコブク、カマスは俵と同じように農閑をみて藁で自製し、ブリコも自家の野山から採ってきた木竹で自製したが他はすべて購入した。現在の話者は、長犂(ナガズキ。長柄犂)やネコ犂(カタ犂)、ヒキ犂(人力犂)などといった在来犂の体験は少なく、主に改良型の犂を使ってきた。

盆地西端の山鹿の町から豊前街道(小倉街道)を南に六キロ余。鹿本郡(旧・山鹿郡)鹿央町上広の立岡強氏は、ゲートボール用品を製造する木工所をご夫妻で悠々自営しているが、もとは農具の木部や馬車の車を作る店だった。山鹿界隈には何軒かの犂づくりがあって、山鹿の町で修行した先代が街道筋の在町だったここに開店したという。鹿央台地の土は、軽い菊池郡の台地の土と違って「真土」(マツチ)で重く、菊池郡特有の後鋤では畑に溝が開かないために押鋤かネコ犂、人力犂を使わねばならなかった。菊池郡の畑で使われた長犂は、軽い土を浅く耕すのに向いた犂のため一帯では見かけなかった。

在来犂のなかでも、長犂は熊本県東部から宮崎県西北部および大分県北部から内陸部にかけて使われた畑作用の犂である。全長は二メートル程で、菊池郡内の聞き書きで複数の話者から「長さ七尺」と定型的な答えが得られた。木製の犂床板を取り付ける犂身の根元は厚く広く削り残してあるが、この地方の土は阿蘇山のいわゆる火山灰土壌で粘着性が低い軽い土であり、土との摩擦を減らすことよりも自重による食い込みや安定性が考慮された犂のようである。立岡氏は一九三〇年代、昭和に入って改良短床犂と代替されたことを「アガリになって世の中が開けて」と表現する。しかし、現在でも郡内各所の納屋の天井などに下げられているのが散見され、敗戦後も使い続ける高齢者がおり、現在五〇歳代の後継者も使ったという回顧談を聞くことができる。ここから南に約四キロの合志町竹迫（たかば）にも製造者が居て、地元では長犂を竹迫（タカバ）犂と呼んでいる。また近隣の大津町の同業者の坂本氏も作っていたようで、そこでは坂本犂と呼ばれていた。

菊鹿盆地から泗水町にかけての田圃を持つ村では、「合志の臑グロ」こちらは「オギャーと生まれても五位の位」等と自慢していたという。熊本市のベッドタウンになっている合志町、西合志町は台地の畑作地帯で条件が悪く、畑に終日出っぱなしの忙しさで風呂も不便だった実態がある。米は陸稲だけで畑作物にしても「菊池（菊池郡。菊鹿盆地）の大根は旨い、皮は剝かんでもよい」等と羨やんでおり、三食とも米飯が定着したのも敗戦後のことだったという。この形態の犂では、九州についで馬耕が盛んだった栃木県のオンガ（大鍬）犂が知られており、赤城山の火山灰地帯から荒川筋の砂質壌土の地域で使われたこと等から、軽い土質に適合した形態の犂といえるだろう。なお、火砕流と火山灰が堆積したこのような台地の畑では、長犂のほかに「竹迫鍬」という幅広の肥後鍬も使われた。「竹迫犂」が合志町で聞かれたのと違って、この呼称は菊鹿盆地の中央部の水田作の村で聞かれたものであり、竹迫地区には犂屋のほかに切れ味の良い鍬を打つ鍛冶屋がいたことが知られている。

ネコ犂、またはカタ犂は、清水浩氏の聞き書きによると「明治前大凡一〇〇年に帰農した武士の家の作男が考案したもの」という（清水一九五四　二三七）。立岡氏は「作を取った後の荒起こし用」に使ったと回顧するが、練木に土落としの竹篦が付いている点は水田で使う機会が多かったことを思わせる。カタ犂というもうひとつの呼称も、片方に土を寄せ上げて畝を盛り上げる用途を思わせる。畑の麦作では犂へラが正面を向いている方が都合が良く、反転機能を捨てて畑の麦作専用に正面を向けた改良短床犂さえ各社で商品化されている。段上（一九八五）によると、ネコ犂という名称と形態が同じ犂は大分県北部から内陸部にも分布しており、畑作主体の火山灰地帯では長犂と同じコガラ犂と呼ばれる長大な犂が分布しているという（同、六三―六五）。また、敗戦前後の九州大学農学部の調査(8)でも筑後地方の朝倉郡、浮羽（生葉）郡のほかに山口県大津郡の三カ所から報告されている。

この「日本在来農具（地方特殊農具）調査原票」によると、山口県大津郡日置村（現・日置町）の報告例（**図3―5**）の「特長・沿革・その他」の欄には調査地が「棚田ナル故ニ用水乏シク主トシテ雨水ニ依存スルタメ、保水ノ必要上、コノ盤（耕盤――引用者）ヲ損ズルコトヲ非常ニ嫌ヒ、浅耕ヲ好ム」とある。また、「明治時代ヨリ既ニ使用サレテ居タガソレハ「旧」スキ」ト称シテ樫床更ニ長大デ」長さ三尺、練木は長さ七尺程、犂身も湾曲したものだった報じている。図示したような小型で犂柱もボルト・ナット式の「所謂改良犂」と交代する一九二〇年代（大正末期）には、これは旧犂（フルズキ）と呼ばれたが「現在デモカカル「旧スキ」が軟土ノ所ニ使用サレテヰル物質文化モアル」と、耕地の特質によっては現役であることが記してある。同様に、旧・朝倉郡宮野村比良松の報告例の「構造、使用法」でも「主ニ牛馬ニ牽カセテ水田土壌ノ反転、耕起作業ヲ行ツテヰタガ、最近ハ改良犂ノ出現ニヨリ程ド見ナクナツタ。尚地方ニヨリ麦ノメタテ（目立）用トシテ畦切リノ代用ニ使ツテヰル所モアル」とあり、「特長、沿革、其ノ他」の「能率ハ現在ノ犂ニ比シ相当劣ルガ軽量ニシテ安定性良好ニシテ非常ニ使用シ易イ利点ヲ有スル」と特長を認めている。これは「竹重犂」と呼ばれ、旧生葉郡富永村竹重（明治九～。二二年より福富村竹重。現・吉井町富永）で製造されていたという。

筑後地方の久留米市から吉井町にかけては裏作麦の産地であり、畑作犂としての効用が求められ深さを必要としない稲株起こしや麦の溝切りに敗戦後も使われていたことが分かる。また、西合志町立資料館で地元資料として展示さ

図3－5　山口県大津郡日置村の中床犂

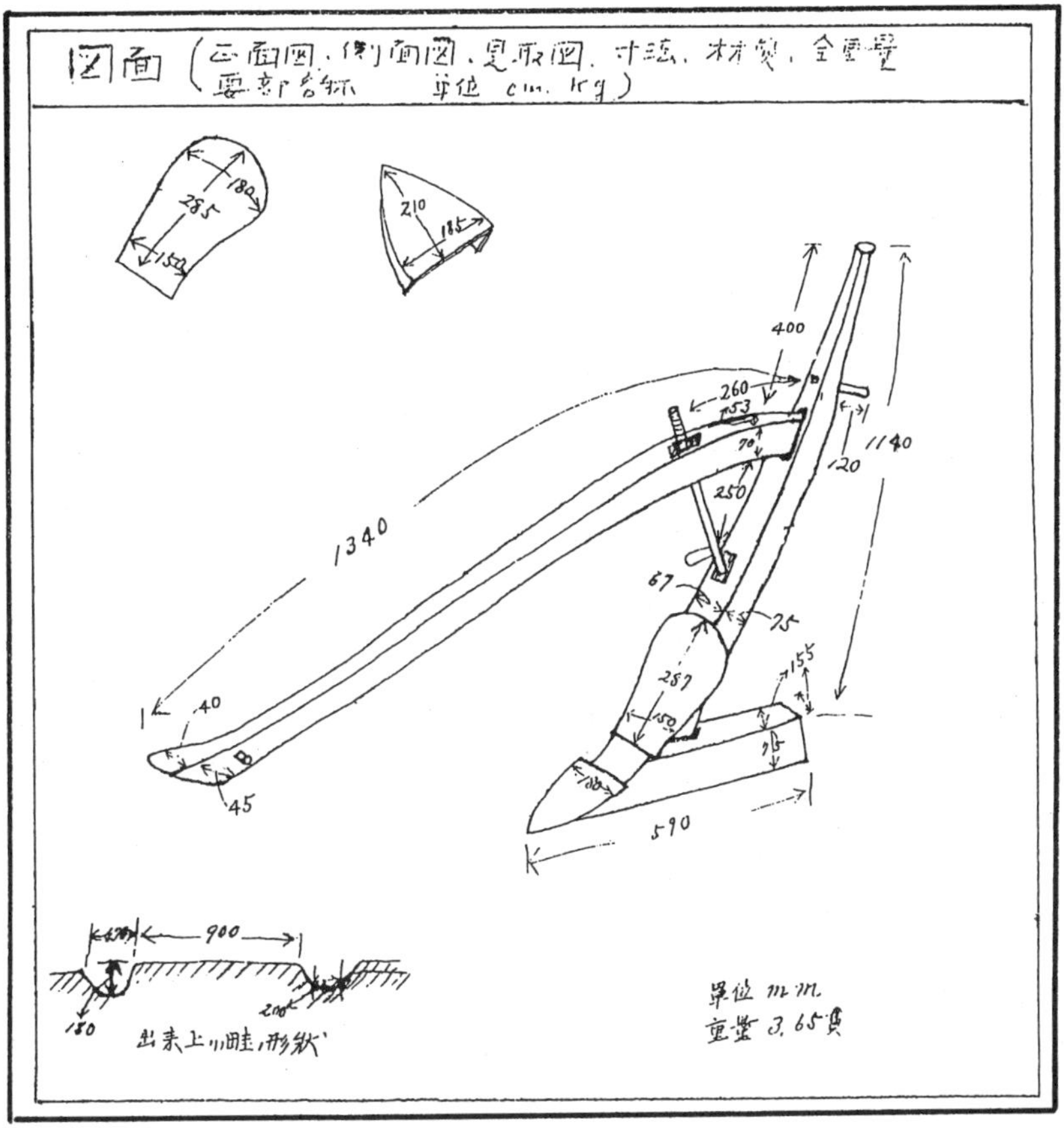

注：「日本在来農具（地方特殊農具）調査原票」より

れている犂は反転用のへらが発達しているものの、同じような犂床の形状から土質や用途に共通性があったことをうかがわせる。これらはいわゆる中床犂であって、深く耕すことは出来ないが安定性が良いために、在来の短床犂に改良が施された後も永く使われた。水田の底土（バン、耕盤）は、完備した用水を前提に一定の透水性を容認する現在と違って、以前は水を漏らさないようにと念入りに塗り込めていた。後作の株を耕起した後の代かき作業に時間をかけるのは、砕土効果とともに犂の床でバンを摺って廻り、漏水しないよう固める意図があると説明されることが多い。「アガリになって世の中が開けて」も、「旧スキ」が残っていた山間部や茂田家のように用水が不足する田は多く、代かき作業でのこのような犂床の機能が重視された点も、「所謂改良犂」の三倍近く重い「旧スキ」の特色を示している。

いっぽう、火砕流と火山灰が層になった菊鹿盆地周辺の台地の畑作では、耕耘器具としての犂ばかりではなく作溝器も必要だった。男性と馬が徴用された戦時下の女性用として、後鋤が普及したと製造元の上田氏も指摘する。菊鹿盆地の土質は、排水工事が充実した水田では水はけは良く、麦を後作する場合もそれほど高い畝を盛り上げる必要はなかった。畝立て機能を競った改良短床犂以前のこの地方の犂の用途をよく物語る犂といえる。なお、ネコ犂は清水（一九五四）などの文献では「猫犂」と表記されるが、呼称の理由や由来は不明である。

ヒキ犂にも、ジンリキ（人力）犂あるいはニンゲン犂などと説明的な呼称があって、ネコ犂同様に農事に占める重要性が薄れていることが伺われる。夫婦交替で牽いた犂で、同様に麦を播く際の畝立てや作溝に使ったという。畝立てといっても、麦畑は先述のように高さ二〜三寸で日が経つにつれ平らになってしまうような畝の作り方が多く、水気を避けて一尺以上の高畝に盛る水田の後作とは異なる。息子に馬を任せた年寄りが、孫に牽かせて近場の麦畑を作るような比較的軽作業の道具として重宝がられた面もある。現在の五〇歳前後の後継者たちに聞いても、子どもの頃「爺さんに言われて牽かされた」という話が聞かれることがあり、一九六〇年代（昭和三〇年代後半）の耕耘機の時代に入っても補助的・副次的な作溝器具として残っていたようである。

改良短床犂は水田裏作の高畝に最適の耕耘器具であり、畑作からの現金収入が重視されるにつれて逆に耕深が浅く軽量で、あるいは安定性の良い畑作用在来犂の意義が高まっていったと考えられる。また、畜耕導入以前の犂の「原初形態」とさえ誤認されかねないヒキ犂が敗戦後も使われ続けたのも、働き手の首座を譲り渡した年寄りの手軽な道具として重宝だったためである。このことは、農家の労働力は複数の働き手によって複合的な体系を構成し、その体系にあっては改良技術と伝統的な技能とは選択肢として共存し得ることを示している。

(3) 農法普及と犂の改良

菊池川からは良質の砂鉄が採れた。現在でも、菊池川の砂鉄が「菊池千本槍」や肥後の剛刀「胴田貫」を産んだという故事来歴が語られている。さきの藤井村とともに大道村（一八八九〜一九五四、明治二二〜昭和二九年）を構成した山鹿市中（なか）地区と、菊池川を挟んで対岸の南島地区には鋳物の「ふき場」があり、ほかに山鹿の町にも二軒あったという。『肥後国郡誌抄　明治八年調』（圭室一九五九）から旧・山鹿郡（一八七九〜九六、明治一二〜二九年）の鋳物の生産高を拾ってみると、鍋が山鹿四万、中二万。釜は中だけで二万個。犂先も山鹿と中で各々五万と一万枚。鍬は南島、中、来民で計一三〇本。鋸は下分田三〇〇、来民二〇〇、山鹿一三〇枚。釘が来民だけで五〇貫目。また、鍛冶職の鎌は山鹿二〇〇〇、来民七〇〇、南島と中で三〇〇本。いっぽう、業者数は山鹿だけで鋳物師二軒、金具師八軒、鍛冶職一四軒とあり、鍛冶職はほかに来民七、中と南島で各一、下分田一軒など現市域一四カ町村で計三七軒を数える。かつての山鹿町九〇九戸、人口四六〇〇を中心に菊鹿盆地西部は鋳物と鍛冶職が盛んだったといえるが、まず来民地区の千歯扱の店について触れておきたい。

山鹿町（一八八九〜一九五四、明治二二〜昭和二九年）の世帯数は、一八七五（明治八）年からわずか一六年間で六割増の一四三二戸に膨張しているが、一八九一（同二四）年に来民町（一八九一〜一九五五、同〜昭和三〇年）も五〇二戸と、九二八戸の隈府町（一九五六、昭和三一年に菊池町）につぐ町だった。山崎千鶴氏（一九〇九、明治四二年生）は、尋常三年の歳（一九一七、大正六年）に父親に連れられて島根県西部、千歯扱で知られた倉吉から来民に移ってきた。国元は牛ばかりで馬は居らず、馬に犂を牽かせる菊鹿盆地に来て初めて馬を見た。一帯の方言は抑揚がないので、学校では朗読の時など「千鶴さんのは芝居の役者のごたる」といわれて困ったという。想い出の倉吉は釘打ち、荷造り、台作りなど分業の町で、表通りが店で裏は職人の長屋だった。祖父の代に独立して「ヤマ屋」という店を構えたが、職人頭のほかに住み込みの弟子を五～六人も抱え祖父は店主と営業をひとりで兼ねていた。息子たちが成長すると手伝うようになり、次男だった山崎氏の父親は九州地区を担当していたのが移住の契機である。

当初は職人二人を連れてきてフイゴを作って自家製品の修理を受け付ける店であり、冬には父と職人とで倉吉に帰り春の麦刈りに間に合うように製品を梱包し山鹿へ持って帰る繰り返しだった。販路は筑後平野の久留米や佐賀方面までと広域で、豊後街道のいわゆる一の宿である大津町（一八九八、明治二九年から菊池郡）の菊池農機も父と同じ頃に倉吉から来て同様の商いをしていたという。砂鉄に支えられた鋳物業の充実度が伺われるが、新品を国元から取り寄せるほかに山鹿はもちろん、熊本市（一八八九～、明治二二年～）から薩摩街道を二里ほど南下した川尻町（一九四〇、昭和一五年から熊本市）の高橋鋳物店等との取引もあった。熊本城下の舟運で栄えた川尻は打刃物と桶の町で、鍛治屋の製品を取り次いでもらったものである。材は桧で、稲の歯の隙間は一銭銅貨。麦は二銭銅貨の厚さだったという。昭和に入って数を売った頃の焼き入れの仕方は、北九州の八幡製鉄所から鉄材を仕入れ、青酸カリに米糠を入れたものを塗って水に浸けるという処理だった。千歯扱についで足踏み脱穀機も扱うようになった。一九三〇年頃（昭和初期）、女学校を出る頃には神奈川の細王社ミノル式脱穀機を扱っていた。東日本では有名な商標だが、九州でも扱われるようになったことは、全国的に普及するような農器具の有名銘柄が誕生するのが一九二〇年代、大正から昭和にかけての時期だったことを物語る。ただし、同地方では麦扱きは後まで千歯だったという。

店が軌道に乗った当初から山崎氏の店では犂も扱っていた。脱穀機と耕耘器具は最も基本的な農器具であり、農器具店として扱わないわけにはいかなかったという。菊池市出田地区の茂田巌氏によると、鋳物の犂先は二日も耕すと稲株がうまく切れなくなり、株に当たって進路がずれたり引っかかって犂がのめったりするようになる。農家は自転車屋のグラインダーで研ぎ直したりしてもらうほかに、耕す時期には何枚も買い貯めておくものだった。店では本体を売るほか仕入れた犂先を軒先にぶら下げて売っていた。一般に、一九二〇年代後半（大正末～昭和初）の時期は全国に犂耕が普及し、地方に本体を出荷する業者は犂先の季節的な大量消費に応じることを求められていた。博多の磯野や深見という二大メーカーは、次章で述べるように島原の乱の「軍需」で店を大きくしたという鋳物の老舗だったが、来民から山鹿にかけては鍛冶と鋳物が盛んで山崎氏の店でも南島の鋳物屋から犂先を仕入れていた。

犂本体は、おおむね博多の深見犂を扱い少数ながら礒野式も扱っていた。仕入れの円滑さと農家に操作法を教える指導員を派遣してくれる点で大メーカーは安心して取り扱うことができた。しかし、販売に慣れてくるにつれて川尻町の大和犂も扱うようになったという。毎年稲刈り麦播きが終わる農閑期になると、このメーカーの専属指導員が二名回ってきた。大和犂には創業当初から材料の桧材の手配や発注時の前払い等の点で助力していた。敗戦後は熊本の日の本犂から代理店になるよう圧力をかけられ、対抗するために博多南郊の多々良村の長式深耕犂も扱うようになった。一九三〇年頃から大きくなった日の本犂は農協（全購連）と特約して全国市場をおさえており、「日の本を売らんと店が潰れる」とまで威圧された。その反感もあって長末吉の代理店の依頼をうけたのだという。ほかに県南部球磨郡人吉町（一九四二、昭和一七年から市制）の三日月犂も扱ったことがある。犂はメーカーによって操作のコツが微妙に違う。また指導員も全く違う風に教える。彼らの中でも「長式深耕犂」の長末吉は別格の名人で「センセイ」と呼ばれ、威勢の良かった日の本犂の指導員も譲らざるを得なかった。メーカーは農閑期に代理店を巡回し店では農家を集めて講習会を開催したが、この指導員たちは店に泊まり夜も牽綱の綯い方など装具の作り方を教えていた。稲刈りと裏作の植え付けが済んだ農閑期、同じ犂を使う農家にとっては楽しみな催しであり、とくに大和犂は「大和会」という正月の親睦会が耕耘機の時代まで続いたという。

さて、㋙（マルコ）犂の大津末次郎（一八五八～一九二一）は山鹿の中町に「大津金物店」を構え、山崎氏らは「中町の麴屋」と呼び慣わしていた。菊鹿盆地で近世後期から低地の排水工事が始まり、耕地拡大と馬耕が伸展し飼料と肥料の不足が問題化したことはすでに説明した。この矛盾は、やがて排泄物とこれを厩堆肥に活用する一年三作の輪作体系とを結びつけていったことも極く簡単に述べた。西洋に比べて水と日照に恵まれた日本で増収を図るにあたり、犂による深耕と厩肥をもとにした多肥料農法は最も現実的なモデルのひとつである。さきに中富手永の惣庄屋が「田大豆」の作付けを奨励したことにも触れたが、これを一八八四（明治一七）年に「馬耕の利益」（『大日本農会報告』）で報告した旧・小柳村の老農・柳原敬作は、一八七八（同一一年）に農事改良教師として熊本藩士出身の青森県令に招聘され、近在の農夫数名とともに毎年数百名の「馬耕修熟者」を育成した（大日本農会一八八二）[9]。

これは、東日本で九州の牛馬耕が制度的に「伝習」された最も早い例であり、鹿児島県でも彼に従って青森県に赴任した「耕夫二名」を一八八九（明治二二）年から「農業教師」として招聘している。この間の経緯について、『九州日々新聞』の記事では

「過般青森県に赴き居りし耕夫二名を、農業教師として雇に込み、同県の耕作慣行法と右二名の耕作法とを実地試験せしに、二名の耕作法は田地一反の前にて、少きは三斗多きは九斗余の増収穫を見たりしかば、大に之を信認し、今度毎郡役所轄へ一名宛の農業教師を配置すること、なり、更に本県に向ひ七名の精農を雇入れ度照会し来りしかば、山鹿菊池の両郡より選抜して派遣する由」（一八八九、明治二二年一月二三日付）。

と報じている。普及を急いでいた鹿児島県では、はやくも一八八六（同一九）年に五〇名余の「教師」を山鹿周辺から呼び寄せていたが、一八九〇（明治二三）年から旧・水島村（〜一八七六、明治九年）出身の冨田甚平（一八四八〜一九二七）を招聘したのは柳原亡きあとの統括を任せるためだった。彼らの出身地は六四名が熊本県で（須々田一九八五　六二）、江上利雄氏が山鹿の街周辺と富田の次男良成氏から得た聞き書きでは、近隣から五〇人ほど出向い

ていたということであり（江上一九五四　六六七-六六九）、人数的にも先述の記事とほぼ合致している。また、この論文末尾には冨田自筆の「農業教授派遣地及原籍（明治二十七年調）」が掲載され、それには三〇名の鹿本郡（一八九六、明治二九年～）出身者が挙げられていることから、一八八〇年代（明治前期）の鹿児島県では同地方の農法（肥後農法）が技術目標だったと理解することができる。

清水浩氏の聞き書き[10]によると、金物のほかに骨董品も扱っていた大津末次郎は、菊鹿盆地の農法のこのような進出に応じて、山鹿町周辺の犂づくりが作ったネコ犂を地方向けに「肥後犂」の名で販売していたという。そして、一八八七（明治二〇）年に鹿児島県に赴いた「農業教授人」たちからネコ犂の好評を聞き、みずから製造を思い立つ。彼は大工二名と指物師一名を雇い入れて試作品を作り、自家の畑で実験して改善を施し[11]、指物師が寸法を記録するといった繰り返しによって「㋙犂」と銘うった改良短床犂を完成させ、一九〇二（同三五）年に特許を取得した（清水一九五四　二三九）。ただし、ネコ犂は三角構造の在来犂に数一〇センチの床材を作りつけたいわゆる中床犂であり、福岡県と大分県に犂身と床が一体になった類例があることを前述した。大津が改良した在来のネコ犂は、犂身の接地部を平面にしたいわゆる短床犂であって、筆者（牛島）は未だ菊鹿盆地でネコ犂と呼ばれた短床犂を確認していない。また、ネコ犂、カタ犂という呼称はこの地方の在来犂の総称であり、畑作専用のナガ犂に対して短床、中床さまざまの水田用の犂、あるいは畝立て用の犂があった可能性を否定することができない。

さきに注記した大津年晴氏からの書簡によると、山鹿中町の大津金物店は住居を兼ねた店の裏に工場と製材所があったという。数名の大工が電動鋸で木取りされた杉材にニスを塗ったあと鑿（のみ）を入れ、据えつけの簡単な機械で鍛冶屋から仕入れた鉄板を裁断したり曲げたりして金具を作って組み付ける。これに鋳物屋から仕入れた犂先をはめて終わりである。改良短床犂が普及する一九三〇年代（昭和初）に入っても、材は山の斜面で育った根曲がりの杉を山の区画ごと買い上げていた。このことを「山を買う」と云ったが、後年それが困難になると別材を継ぎ足して湾曲した犂身の下部（床）を確保するようになった。氏の記憶では、練木を左右に偏位させて耕幅を変える鋳物の金具は、短く切ったボルトに小さなハンドルを溶接した形式に変わっていたという。一九三七（昭和一二）年には先述の旧・米田村（昭和二九年から山鹿市）南島に店を移した。菊池川に架かる豊前（小倉）街道の橋のそばで、鹿央台地の立岡木工所から街道を降りてきたところである。創案の当初は鹿児島県、静岡県、三重県などが取引先であり、改良短床犂が普及してからも新潟県、三重県には出荷していたことを憶えている。ただし、この年に店を移転した時点で本格的な㊂犂の製造は終わり、出入りしていた大工職の斉藤一馬氏が山鹿市西郊の旧川辺村（一九五四、昭和二九年から山鹿市）麻生野（あざの）の自宅で作った犂を売るばかりだったという。現在では、これも麻野犂という呼称だけがわずかに記憶されているだけだが、犂が産地名で呼ばれることは在来の畑作犂の慣行と同じである。

柳原敬作の出身地である鹿本町小柳地区の佐菅（さすが）登氏（一九〇八、明治四一年生）は、鹿本農業高校で犂耕の講師をつとめていた。前身の鹿本農学校で長末吉が講習会に招かれていた後を継いだものだが、㊂犂が改良短床犂の草分けだったにもかかわらず博多の犂に押されたのは、さきの練木を偏位させて耕幅を変える特許と一環だった耕深の調節機構が、特許の期限切れによって独占できなくなったためと説明する。㊂犂の特許の要点は、ボルトやナッ、あるいは鋳鉄製のさし込み金具などによって耕深と耕幅の調節ができるようにしたことである。ほかに土の反転と畝立てを促すために犂ヘラが曲面の鋳鉄板に代えられており、また犂床にも鋳鉄の床材が取り付けられ、いわゆる改良短床犂の条件のすべてを備えていたが、特許が切れれば他の業者にも類似品を作るなど容易な手仕事だった。

衰退の今ひとつの理由は、博多の磯野や深見のようにほかの業者にも季節商品である犂先を提供するほどの生産規模や、長末吉のような傑出した操作技能を持つ指導員層に恵まれなかった点もあったという。深見とともに福岡藩の御用鋳物商に指定されていた磯野は、一九〇〇年代（明治末期）に入って八幡製鉄所の指導で銑鉄の溶鉱炉を建造し、戦時下の一九四二（昭和一七）年からは協力工場として新銑用のキューポラを増設したほどの大きな会社である（西

写真1（浦山氏提供）

日本文化協会一九八七　六三一－六三六）。また、一九一〇（明治四三）年に特許を取って犂づくりが好きな一農夫から犂の専業者に転換した長末吉のもとには、稲刈り後の農閑期に自家で催す講習会に際して遠く新潟県佐渡島から若者が集まるほどで、操作法の指導が販売に直結する近代的な改良短床犂の操業形態においては申し分がなかった。前記佐菅氏も「長の家には農学校の卒業生同士で正月休みに四～五日泊まり込みで出かけたことがある」という。ただし、長末吉が独りで切り盛りする個人経営で待遇も賃金制ではなく、指導員を磯野に引き抜かれて下火になっていった点は、時代の流れを別の側面から物語っている。いっぽう、熊本の日の本犂は一九二〇年代（大正末～昭和初期）に長床犂から短床犂に転換したばかりだったが、それ以降の農器具共進会や展覧会での受賞歴は目覚ましく、朝鮮総督府と満州国政府の指定を受けて製品の四割を輸出にまわし、あるいは同業者に先駆けて関東平野に進出（一九二八、昭和三年に埼玉県久喜町に関東出張所）する進取の企業態も、㋙犂に欠けていた要素のひとつだった。

福岡県朝倉郡の朝倉高等女学校を一九二三（大正一二）年に卒業した浦山米子氏（一九〇五、明治三八年生）は、卒業後の「処女会」（女子青年会）対象の馬耕講習会で何度か賞状を貰った。牛馬を駆使する犂耕は男の仕事と決まっており、始まった当初は「オナゴにタスキ（田犂）をさせずとも良かろう」といった反対があった。講師は先述した「馬耕名人」長沼幸七（**写真1**）であり、娘たちには㋺犂を薦めていたというが浦山氏は「軽い良い犂だった」という。犂を牽いたのは牛ではなく写真のような改良前の小型馬だったともいう。女性にも使いやすい「軽い良い犂」という感懐は、この時期の犂の改良の流れにむしろ㋺犂が乗り遅れていたことを象徴しているかのようである。改良短床犂の草分けとして、馬耕の名人が薦めるほどの実績と完成度を持った犂の普及末期を示す回顧談である。

(4) 菊鹿盆地周辺地域の畑作

馬耕と大豆作で特色づけられた菊鹿盆地の輪作は敗戦後も続けられたが、とくに水田の後作が農家の現金収入源として重視された一九三〇年代以降は改良短床犂と同じように在来の畑作犂も重視された。ここでは犂耕法の技術的背景として畑作の実態を略述しておきたい。

さきの「明治十四年農談会」で老農酒井定を出した旧・分田村は、合志川が本流の菊池川に合流するほとりにあるが、ここから直線で一五㎞余上流の菊池郡旭志村尾足（おたり）地区片川瀬は水田の少ない集落だった。地元の野田行雄氏（一九一八、大正七年生）によると、麦作の「権田式」[12]は一〇歳ほど先輩の時代が終期だったという。権田式とは、埼玉県大里郡別府村（現・熊谷市）の老農権田愛三が創案した麦作の新農法で、一九二〇年代以降（大正期後～昭和）に全国へ普及した。最大の特色は、発芽して分結が始まる前から穂が出る前にかけて最大六回も金網鋤簾[13]で土を寄せ、芽が若いうちはその上を横向きに歩いて鎮圧することによって、分結が多く強健な麦を育てようとする点である（杉本一九五四　七九‐八三）。埼玉県南部にほど近い「練馬大根」の産地、東京都板橋区内でも一九二〇年末（昭和期以降）から普及定着したという話が聞かれることから、野田氏の話は菊池郡で権田式の定着が早かったことをうかがわせる。

権田式は麦による現金収入を重視した創案であるが、熊本県では一九二〇年代終わり頃に「松田式改良麦作法」が創案され急速に普及した。稲の後作として水田でおこなわれたやり方で、「ヨマイ（小作米）を納めたあとの田に後作（アトサク）して裸麦で稼いでいた」という説明が聞かれる。菊鹿盆地では権田式はおもに畑作麦で採られた手法という話者が多く、いっぽう権田式を「在来麦作法」と呼ぶ話者もあって、聞き書きでは「権田式」の実像が確定しにくい時期に差しかかっているのが現状である。

その畑作の実態であるが、阿蘇外輪山麓の畑作と仔馬の産地だった旭志村は、現在では肉牛と飼料作物そして造園用の芝が盛んに作られている。聞き書きをおこなった片川瀬地区は、暗渠排水を必要とした菊鹿盆地での水田の麦作とは異なった点があるものの、「権田式」での畑作麦が後々まで続けられた。同地区の畑作麦は、まず整地した畑に麦の種を播くにあたって押鋤[14]で三尺二寸の間隔をあけて作条し、真ん中に夏大豆を播いておいたという。カナ（穿穴器）を刺して浅く穴を空け、二〜三粒ずつ播く。麦の溝ができると種を堆肥に混ぜて散播（サンパン）したが、ひと足間隔で点播（テンパン＝株播き）にすることもあった。いずれの場合も足で覆土するのは同じである。ただし、水田での麦作でも畝を立てない点は盆地でのやり方とは異なっている。収穫は四月中旬あたりで、その前に月初めに中耕（除草）と培土（バイド）を一度。麦を刈ると日が射して間作した夏大豆が急に繁茂して中に入れないほどになる。現在の大豆と違いチョーセン大豆[15]と呼ぶ大柄な大豆だったという。

そのほか、土用が過ぎる前に粟を播いてその芽を八月の盆前に一株五本に間引いていた。七月初めに小豆の間に早生を播くこともあり、粟作としては収量や品質の面でこのような段取りが一番優れていたという。芽が出たあとに間引く粟クケリの作業は、暑く面倒な作業で背中にクヌギの枝葉を背負い日除けにしていたのを憶えている。盆があけて六～七センチに育つと二番クケリで、九月に出穂し一〇月末には収穫した。なお、一帯では大豆を播くのは畑だけで水田には播かなかったという。盆前後の一番クケリの頃には大豆が熟してくる。刈り取りは九月末になるが、大豆は朝霧が残る早朝に済まさないと鞘が割れてこぼれてしまうので、未明に支度して家を出た。表の庭にネコブク(16)を広げ、昼前にはブリコ（唐棹）でおおかた叩いてしまう。そして昼食後に裏返して叩き直し唐箕で風選してカマスに入れた。

粟の収納は、丁度そのころに稲刈りと麦播きにかかるので、刈り取ってそのまま粟コヅミにしておく。コヅムとは熊本県一円のことばで「積み上げる」の意であり、根元で結わえた粟を放射状に広げて円筒形に積み重ねる一般的な乾し方である。脱穀は、ニワのネコブクに広げた上を馬の口を取って踏み歩かせ、オロシ（竹網の角篩）でふるい分ける。粟は、菜種とちがって濡れても発芽性が低いために、正月明けまでに済ませておけばよい。水田で脱穀した稲藁も同様に積み寄せるが、これも乾燥は一九三〇年頃（昭和初）に入っても掛け干しではなく地干しだった。大豆の後作は蕎麦、あるいは早生大豆の場合は粟を播く。大豆の肥やしはとくに用意せず、集落の公有地から白土（シラッチ）を採ってきて種と一緒に播いたが、これは石灰質の土壌改良材の代わりである(17)。稲には当時から硫安と過燐酸石灰を使い、麦の方は大量の堆肥で土づくりをした後は追肥を施さなかった。

この地区は、郡内で「鞍岳おろし」と呼ばれた春の季節風がとくに烈しい立地である。阿蘇外輪山の鞍岳山上には馬頭観音が祀ってあり、牛馬の神様として畜産を手がける農家は三月一八日の大祭に欠かさず参詣しお札を貰ってきたものだという。菊池郡から阿蘇郡に入る要所でもあって、この峠道に沿って吹き下ろす季節風が熟した麦の穂を煽りたてるとすっかり実が落ちてしまう。それで風の強い日には竹竿を持って畑に出て麦を倒しておくことさえあった。颪に巻かれると実が落ちるので、あらかじめ倒しておいて煽られるのを防ぐのである。外輪山を吹き降りる風の害は、南に約八キロの大津町外牧地区でも聞かれた。ここは外輪山がV字形に切れて熊本市から有明海に注ぐ白川沿いの地区で、景観的にも風の通り道であることが想像される。麦だけでなく、稲も例年反当り二俵は少なかったという古荘鶴松氏（一九〇八、明治四一年生）の話が、春の風の烈しさを物語っている。

以上の回顧談が示すように、低地と台地、菊鹿盆地と山麓地帯などの違いで菊池郡の田畑や農作業の様相はこまかに異なっている。盆地の東端、菊池市街から三キロほど南の菊池市出田地区の茂田巌氏（一九〇九、明治四二年生）の話では、条の間隔は二尺幅の畝に一尺間隔という。さきの旧・分田村の対岸の山鹿市藤井地区（旧・藤井村）では五尺畝に四列という話が聞かれ、一帯の「権田式」としては一尺間隔が多数派だった。権田式と松田式は、麦の多収をねらって手間をかける農法という目的の点では共通している。ただし、氏によると前者は小作田を増産して取り分を増やすよりも現金収入を追求して畑作麦に手間をかける場合によく採られた作り方で、松田式は収穫期の風雨に左右される麦よりも水稲作に手間をかける際に採られるやり方だったという。

この出田地区は、菊池川左岸の花房台地を南に背負う村で水利の一部を湧水に頼らねばならなかった。それでも格別水はけの良い場所でない限り、水田には強いて麦を作らなかったという。大豆を作る場合は、松田式で後作に裸麦を播いた畝面の端に播く。先述の「一年三作」の歴史的な定型によると実を取らない緑肥大豆のはずだが、湧水が乏しい年は田植えを断念する田もあったほどで、畑作のように夏大豆を播いて少なくとも実だけは確保しようと備えていた。水が十分ではなかった出田地区の大豆作は、後作麦の間や端で補完的に作られるのではなく、麦同様に重きが置かれていた。なお、菊鹿盆地は夜間の冷え込みが厳しい内陸型の気候で霜柱がひどいので、土入れと麦踏みは必要だが回数を重ねるほどではなかったという。また、種播きでは条に散播して堆肥をかぶせ足で覆土する点は同じである。

「肥後農法」は、「筑前農法」と比べて畑作への依存度が高い地域の在来農法であるが、そこでは浅耕作条のために多様な畑作犂が使われてきた。水稲作と大豆の後作に使われた短床犂は、次章で述べる鹿児島県への普及政策と充実した地元の鍛冶・鋳物業とに支えられ、先駆的な改良が施された点では福岡市周辺を抜くところがあった。いっぽう、畑作犂は改良されることのないままに一九六〇年代以降の動力耕耘機の時代を迎えた。同地域のさまざまの犂は、改良と停滞といった技術基準とは無関係に、水田用と畑用という農作業の技能的必要性によってともに使われ続けたのである。

注

(1) 三〇数万年前からの阿蘇火山の成長にともなって四度の大火砕流が発生したという。最も大規模なものは山口県、愛媛県西部に達し、厚さ四〇メートルの層を形成した。四つの火砕流層の間には、砂礫層、砂質凝灰岩層、あるいは赤ボク、黒ボクの火山灰層等が堆積しているために(渡辺、田村一九八一)、浸食による地形は複雑であり耕地の土質と水利も多様性に富んだものとなっている。

(2) 後述するが台地の縁の畑は台地の直下の集落、盆地の中の農家はおおむね台地を登った奥の方を所有しており、低湿地だった盆地の開発が縁から中央に向けて進んだことを物語っている。台地上の畑では、一八九〇年代(明治末期)から粟や大豆、陸稲に代替してきた桑に代わってタバコが作付けられ、敗戦後は水田も拓かれたりした。現在では飼料作物(玉蜀黍)とタバコ、造園用の芝生なども増えて熊本市域の外縁部となりつつある。

(3) 本田(一九七〇)では惣庄屋に在地の豪族が任命された世襲制から、罷免・所替えや人材抜擢による成績評価制度への転換によって、潅漑土木に業績を残す惣庄屋が目立ってくる点を細川藩政「宝暦改革」の一特質と評価している。それは、高瀬川(菊池川下流部)の治水による有明海沿岸部の耕地化で進んだ近世初期には、中流遊水池として治水上の意義しか認められなかった菊鹿盆地が、細川藩政中期以降は菊池川・山鹿川(同、中流部)の治水潅漑事業によって本格的な耕地として公租の対象とされていく過程でもあった。

(4) 久武(一九九三)で分析された地域は、富田の生地から一～五キロメートル下手の「中富手永」(一八七五、明治八年から中富村）の例であり、地勢や水利そして土地利用などの面では個々の年代や数値以外はほとんど同様の事例と見なすことができる。手永とは、熊本藩の行政単位で通常二〜三〇カ村で構成され、他藩の組より大きい単位である。中心となる村に会所があり、惣庄屋、御山支配役、手付横目の三役を置いた。当時は県央部の上益城郡甲佐手永から転任した新野尾清左衛門父子が惣庄屋だったが、前述のようにそれ以前は地元の世襲、以後は免役や所替による一代限りの交代勤務となる（角川日本地名大辞典編纂委員会編一九八七　八一二）。

(5)「手永鑑」は村明細帳の類であり、在任中の行政資料として調査作成され交替時の引継文書ともされた。

(6)一八八一（明治一四）年の全国農談会の翌年四月、内務省から農・鉱・工業部門を引き継いで農商務省が新設された。同省では、三田育種場に命じて『全国老農名簿』を作製し、前述のように一八八五（同一八）年には一部の府県ですでに始動していた農事巡回教師の制を置き、各地の老農たちに粗悪米対策や産米改良の巡回講義を各府県で実施させている。酒井は林遠里が福岡県から選ばれた際の熊本県代表だった。

(7)近代以前のレンゲ作は基本的に畑ではおこなわれず、レンゲ作を記した数少ない文献である「大和本草」などでも肥料ではなく飼料の扱いである（末次一九五五　五二〇）。

(8)第一節で触れた九州大学農学部農業工学科農業機械学教室（講座）の森周六教授の指導によって一九四五〜四九（昭和二〇〜二四）年に実施された。裏面に「九州帝国大学農学部農業機械学教室」と銘が印刷された半紙大茶封筒の表に手書きで「特殊農具の図」と記され、中に一七例の「日本在来農具（地方特殊農具）調査原票」が保存されている。技手を含む一二名が夏休み冬休みと試験休みに調査しており、学生を動員したものだったと思われる。

(9)赴任以来の伝習によって、一八八〇（明治一三）年の試験では「修熟セシ者数百名」、翌年は「無慮八百名」。また、青森県「農事に関する諸般の施設　其の八馬耕教師」（『青森県農事調査』一八九一）では、青森県が一八八〇（明治一三）年に政府の貸与金三千円で普及事業に着手し、「馬耕ヲ施行センカタメ肥後ヨリ犂ヲ求メ教師ヲ聘シ実地ニ臨ミ馬耕方法ヲ教授セシメ」た結果、一八八四（同一七年）には「卒業生凡ソ七百名」に達したという。ただし、この「調査」の時点でも県内の普及率は水田で馬耕三割、畑で一割にとどまっており、のちの勧農社による普及指導によっても激増することはなかった。いずれにせよ柳原等による肥後農法の伝習は草創期の例として評価すべきだろう。つづく一八九〇年代（明治後期以降）の地方普及については、同じ『大日本農会報告』一四四号（一八九三年）に長野県下伊那郡では「熊本県人北原大八を馬耕教師として聘傭し本年六月六日より実地伝習に着手せしが該犂は軽便にして浅深意の如く瀝底平坦にして瀝條直に、撥土能く破解して耕作上最便利」等々と高く評価した記事がある（同、一〇－一一）。なお、地元で老農として知られた柳原敬作は旧藩主の命で畿内、南海道を視察し、幕末の思想家・横井小楠とも往き来のあった郷士であり純農民ではない。小楠の熊本藩に対する建議は縁戚の横井時敬も学んだ熊本洋学校を生んだが、小楠を支えたのも柳原家や、徳富蘇峰・盧花兄弟を出した県南部・芦北郡の徳富家のような藩内各地域の富裕な郷士層だった。

(10) この聞き書きを使った論文（清水一九五四）が掲載された『日本農業発達史』第四巻（一九五四、昭和二九年）を編纂した「農業発達史調査会」が、一九五〇（昭和二五）年一月に農林省の委託を受ける形で発足して月一回の研究会を始めており、聞き書きはその頃のものと思われる。応じたのは大津の息子鉄雄氏とされるが、「猫犂」と呼び慣わされてきた在来犂の製造を継承するなかで、県外に出荷する際に大津が「肥後犂」と命名したという話が興味深い。なお、これをもとに改良された「㋙」の商標の由来は、筆者（牛島）が交わした鉄雄氏の孫の年晴氏からの書簡では「麴屋」の屋号からというが、練木を左右に偏位させて耕幅の広狭を変化させるためのコの字型の鋳物製差込み金具に由来するという話も聞かれた。

(11) 山鹿市役所の広報誌『広報やまが』六三八号（一九七六、昭和五一年一二月）に、大津の姉の孫娘（原春江氏。一八九五、明治二八年生）からの投書が掲載されている。祖母（大津の姉）が「末次郎は毎日毎日田中を自分で犁《ママ》に行っとる　熱心さが」と感嘆していた思い出。「それからしばらく立《ママ》って、犁の専売特許の賞状を受けられ、その時祝が有り、私の父たちは案内が有った事など思ひ出します」というくだりなどが興味深い。

(12) 菊池市内の金物店主・上田義親氏（一九二九、昭和四年生）の話では、権田式は太平洋戦争中に再開されたという。郡内一円に農器具を販売した店なので平均的な話と考えられるが、権田式が分結を優先し単位面積当りの株数も多い多収形の作付けのため、畑作地帯として指定優先の政策が採られたことをうかがわせる。なお、上田氏は前述した鹿央町上広地区の立岡氏の店で修行したという。

(13) 埼玉県から東京都区部にかけてはフルイコミと呼ばれている。老農が創案した新しい農器具として、ほかに「太一車（田打ち車）」がある。正式には「回転中耕除草器」と命名されている除草機で、鳥取県の老農・中井太一郎が西日本の各所で散発的に使われていた回転式除草機の爪車に覆いを取り付けて根がかりを少なくする工夫をつけ加えた。さらにその後に羽根車も追加して「田打ち転車」の名で普及活動をおこなった。金網鋤簾も回転中耕除草器も、第一次大戦後の機械産業の発達にともなって金属加工業が充実して大量生産が可能となって低廉化する。犂に限らず改良型の農器具が本格的に普及するのは一九二〇年代（大正～昭和初）以降にかけてであり、背景には農業政策と同じくらいに価格の要素があった。その価格を下げる最大の要因は町の金属加工業の充実であり、製造を地元業者に依存していた農器具の改良普及には地方産業の「近代化」が必要だったことが分かる。

(14)　上田氏によると、押鋤（別名テズキ：手鋤）は太平洋戦争が始まった一九四〇～四一（昭和一五～一六）年頃に後ろずさりに両手で引く後鋤（アトズキ）と交替したという。押し鋤は、柄を腹に押しあてて進むので痛かった。上田金物店では当初から扱っていたが、おそらく農家の男性が軍隊に取られて女性でも楽に出来るようにと郡内の畑用に工夫されたものだろうという。この後鋤はほとんど菊池郡だけで使われ、それ以外では西隣の鹿本郡植木町、鹿本町など土が軽い地域に限られる。引き緒を欠く以外は、大蔵永常『農具便利論』（一八二二）の「源五兵衛柄耜」（げんごべえからすき）の挿し絵と似た畑作用の作条器である。

(15)　これが朝鮮から渡来した在来種という資料は未見である。なお、緑肥大豆として奨励された品種は「蔚山（うるさん）大豆」と呼ばれ、これもよく茂る強健な大豆だったという。筑前地方でいう「朝鮮カラシ」は近代の西洋種という説もあるが、これもごく大柄な菜種だったと語られている。

(16)　ネコブクは藁の細縄で編んだ筵。耐久性に富むが編むのに手間がかかった。これを納屋の二階に何十枚も重ねておくのが精農の心がけで、働きぶりを「見せる」意味でも農閑期には寸暇を惜しんで編んでいたという。麦や大豆が肉牛の飼料作物（黍）に代わりネコブクが無用になった現在でも、息子や嫁が捨てきれず元の場所に積まれて腐っているのを見かける。

(17)　肥料は一〇貫目（約三七・五キロ）入りのカマスで、一俵二俵と数えた。リンサン（過燐酸石灰）は、灰色の粉で堆肥や種と混ぜて基肥に使い一俵で三～四反分。アンモニア（硫安。チッソとも）は同、三～四反分で追肥用。石灰は連投せず一度撒いたら二年はあけるといった知識や指導が一九三〇年代にはすでに定着していた。なお、一九〇九～一三（明治三二～三六）年に各府県で石灰肥料関係の「取締規則」（命令）が出されているが、「熊本県石灰肥料取締規則」

では、重粘土質地帯や菊鹿盆地など植物性堆積物の分解が滞る湿田耕地の土壌改良剤として、一八〇キロ（四八貫目）を上限として施用を容認している（農商務省農務局一九〇四）。

第四章　近代犂耕技術の普及

第三章での普及政策と近代犂耕技術の確立をめぐる技術論の考察をうけて、本章では福岡県と熊本県の北部地域、山形県庄内地方と新潟県佐渡島、そして鹿児島県西部の日置郡東市来町周辺地域を対象に普及論を展開する。

第二章で述べたように、関西・先進地帯での在来長床犂と比べて九州北部地方の無床犂や短床犂は操作技能の修得が難しかった。ただし、これらの犂は在来の筑前農法や肥後農法の普及に付随して、その一部を構成する耕耘器具として普及したのであり、犂耕法の普及に付随して両地域の農法が普及したのではない。また、選種や栽培、厩堆肥づくりなど農法諸要素の複合的な普及に際しては、湿田の乾田化工事も実施されることが多かった。

勧農社の普及内容も複合的なものであったが、このような犂耕技能の伝習施設が隆盛したことは前述の犂固有の欠点が当局の技術課題ではなく当初から個々人の技能修得の課題に転嫁されていたことを語っている。また、当局が共進会や競犂会といった展示（演示）や表彰の制度を設けて個人の資質や努力を判定・評価したことは、改良普及の個人的契機への依存度の高さを示すと考えられる。

技術の普及論は、個人の技能修得の過程や実態を把握すること抜きに成立しない。それゆえ個々の農家にとって最も重要である習得の動機を形成させた改良普及の社会的な意味を解明することが普及論の課題となる。本章で考察するこの社会的意味とは、改良普及の技術史研究上の意義である以前に、当時の彼らが改良普及という眼前の出来事をどのように認識していたのかということであることは言うまでもない。そのことは、人々がどのように改良普及の流れに参加して自ら新時代の農村青年、あるいは「中堅人物」へと自己形成したのか。それにつれて外部の社会や国家と人々との関係性はどのように変質していったのかという観点をとおして解明されるだろう。

第一節で競犂会制度と普及・習得に汗を流した人々の行跡をたどり、第二節および第五章第二節では担い手・後継者に育った農村青年の書簡や日記の解読によって現場の農事小組合制度の成立・展開過程を解明するのはそのためである。

第一節　普及活動の展開

(1)　犂製造業の進展と役畜の流通

博多の礒野七平鋳造所は、犂耕の普及とともに同業者の深見家と並んで全国に販路を広げた鋳物業の老舗である。同家が博多の街で創業したのは黒田長政入国に先立つ一五五九（永禄二）年というが、もとは浅井長政の臣で近江国滋賀郡礒野の城主として戦いに敗れ、現在の福岡県糸島郡へ落ちて太宰府の鋳物師棟梁に師事し鋳物業へ転換したと伝える。藩政時代を通して銃砲など黒田藩の御用をつとめ、一八九〇年代（明治後期）以降の犂耕の普及に着目して犂先の鋳造に力を入れ、前章で触れたように山形県庄内地方など地方市場をおさえるようになった。第二次大戦後も社屋と工場があった博多土居町に再移転したのは、島津征伐で博多に来た秀吉から一五八七（天正一五）年に表七間一尺の土地（延三〇〇〇坪）を拝受して以来という（清水一九五四　二四四―二四五）。[1]

犂耕の普及が本格化し第二次大戦の全盛期を迎える時期にかけて大番頭をつとめた神屋貞吉（在職、一九〇一～一九四四。明治三四～昭和一九年）の沿革史によると、藩政時代には三角形の稜線を脹らませた「木葉先」という犂先の専売権を藩から得ており、一八九〇年代（明治後期）まで福岡、佐賀、熊本県から長崎県五島列島、壱岐・対馬など九州北部地域にむけて地域別に二一種類の犂先を鋳造していたという（神屋一九八七　六三二―六三三）。また、一九〇四（明治三七）年の全国製産品博覧会にあたってこの代表銘柄二一種を出品し「進歩二等賞銀杯」を受賞したのも注目される。博覧会を視察した同家では、出品された各府県の犂の先が各々専用の特殊形であるのに注目し、「今後いかなる型の鋤先をも製作し供給せざれば鋤先としての発展は望まれぬ」（同、六三八）と判断して国内二二種、外国製七種、台湾製一種すべての犂を購入した。[2] もっとも、当時は各地の犂が「抱持立犂」（筑前犂）と入れ替わる時期であって、同家も各地の在来犂に専用の犂先を供給してみずから煩雑さを抱え込むよりは「如何なる土壌にも適する犂を作るの外なし」（同、六四一-六四二）と、万能型の開発を決断して翌年に木工と鉄工を一名ずつ指名し短床犂の改良試作に着手している。

一九〇一～〇二（明治三四～三五）年頃までの輸送経路は、尼崎汽船で博多から神戸港に陸揚げして、熊本県の短床犂に続いて筑前の抱持立犂が普及しつつあった長野県へは陸路で、山形県の庄内地方など東北日本海側へは下関から「北廻り船」で新潟―酒田―青森の諸港に運ばれた。堅く粘りのない鋳鉄は割れやすく、一枚ずつ鉋の貝殻を取り付けて梱包されていたという回顧談も興味深い（同、六四〇）。「木葉先」から発展したこのような鋳鉄製犂先は、林遠里や長沼幸七あるいは後述の伊佐治八郎等に代表される実業教師たちの活躍につれて礒野の主力商品となり、若松駅など筑豊炭の取扱駅の後塵を拝していた博多駅では最多の取扱量として担当者が店まで挨拶に出向いてくるのが恒例だったという（同、六四二）。また、犂本体も一八九七（同三〇）年から抱持立犂を、さらにこの犂先二枚の間に長方形の鉄板を釘止めして土壌の反転性に配慮した犂を販売していたが、一八九九（同三二）年には抱持立犂を短床犂とした犂を「押持立犂」として売り出したのも、ほぼ同じ歴史を持つ近隣同業の深見家と同様である（鎌形一九七五）。[3]

ところで、礒野や深見を除いて、当時の製造業者は博多、福岡近郊の山林を持つ村々の小規模な在村業者が主流であり、一九〇〇年頃（明治三三年頃）までは鋳物の犂先を作るだけだった両家はこれらの業者から犂本体を仕入れ自家の商標で販売する業態をとっていた。その一例として、清水（一九五四 二四四-二四六）、神屋（同、六四〇）では勧農社のあった重留村の近隣の脇山村で犂を製造していた大鶴家の例があげられている。早良区脇山（一八九九～一九五四、明治三二～昭和二九年まで早良郡脇山村）の大鶴善雄氏（一九三一、昭和六年生）によると、谷地区

（一八八九、明治二二年まで谷村）は子どもの頃は五二～五三戸で製材や炭焼きが盛んな集落だった。ここでは一九二〇年代～三〇年頃（大正末から昭和初期）にかけて犂の製造が本格化したが、一族経営の犂工場を「大鶴コーバ」と呼び慣わしていた。一九三〇年代後半（昭和一〇年代）の最盛期には職人だけで五〇名も抱えており、忙しい月は一日三〇丁程度で年産五千台を出荷していたという(4)。この人数は、住み込みの奉公人も含め永く七〇名前後で通してきた磯野に迫るものである。通いの奉公人もよそ者の住み込みではなく地元の通いで充足されたのが強みであり、地域の人々は工場の隆盛によって山で賃仕事をしなくてもよくなったという。

　同地はもともと犂造りがおこなわれていた地区で、大鶴源吉という一族の故老が「源吉持立」と呼ばれた犂を勧農社へ納めていた。源吉のことを憶えている話者は居ないが、一九〇七（明治四〇）年頃に還暦を迎えていたといわれる。谷地区の区会では毎年三月に「林先生」の講演会を開催し、また林に「お世話になったことがある」という話も伝わっており、犂の供給と指導とで近隣両者の交流を想定することもできるだろう。義雄氏の義理の伯父にあたる謹一郎氏（一九一八、大正七年生）によると、氏の四代前の大鶴太郎次は宮大工で、集落が一八七三（明治六）年六月の「竹槍一揆」(5)で焼き討ちにあった際、その復興のために創業したという。勧農社に納品していた大鶴源吉との系譜関係は不明だが、太郎次は一九一六（大正五）年に八〇幾つで亡くなったといわれ、源吉より一〇歳以上年長の同世代である(6)。大鶴家と真名子家で二分される集落は、前者は大工、後者は石工も多い系譜であり、集落の復興のために犂の製造を創業という解釈的な語りは、犂の外部需要の生成にともなう地域的な生業の転換を説明している。一九二〇年代中頃（大正末期）には、磯野同様に犂本体の自製を始めた深見の工場は二〇名ほどで運営されていたようで、社会情勢に沿う転換だったといえるだろう。

　ここは福岡城下から佐賀平野に至る三瀬街道を見おろす山林を石垣で背負うような立地であり、城下の郊村であるとともに製材業や大工業が盛んだった。犂の木材は、近隣の山林の伐採権を得て桧の根曲がりの株を切り倒し、四尺五寸ほどに切り取って上の方は製材所に売り渡していた。曲がった部分は廃材なので「山を買う」（伐採権を得る）値段も安く、真っ直ぐな部分は不要なのでほとんど丸ごと儲けだったという。伐採など山林作業の山師は登録制で各村に四～五人ずつは居り、組を作って山々を渡り歩くことはいわゆる山村の風と同様である。犂づくりが繁盛してくると、隣の入部村（一八八九～一九五四、明治二二～昭和二九年）にあった藤松製材所から曲がり材を譲り受けたり、普通の杉丸太を買って角材に削り墨で曲線を入れて挽いたりした。礒野が自社工場で犂を作り始めた際に木材を納めたのも、結城氏という近隣の金武村（一八八九～一九六〇、明治二二～昭和三五年。現西区金武）の親方だった。この抱持立犂をカカエ、のちには磯野や深見に納めるようになった改良短床犂を「大正犂」と呼んでいた。大正犂の頃になっても抱持立犂は畑作や深田の地域では使う人があり、佐賀県の山間部から背振峠、肥前峠を越えて買いに来ていたのも憶えている。反転性を補うために土に水をかけて鋤くこともあったようで、熟練者や年輩の農家が買っていったという。長兄の清氏が生前に語っていたところでは、磯野が一貫製造を始めてからは、木部を納品する身で商売の邪魔はできないと完成品を販売することは止めた。

一九三七（昭和一二）年までで販売は終わり、その後二年ほどは自分で買いにくる人にだけ注文を聞いて作るだけになったという。もっとも、戦中戦後の米穀増産が叫ばれ作れば売れる時代になると、謹一郎氏は次兄の光氏と力を合わせて製造を継続した。兄弟の商標である㊍印と伯父の重太郎氏の㊚印が有名な商標であり、代表器種の「豊国号」と「報国号」とで出荷台数を競っていた。原価ぎりぎりの激しい競争だったが、余所の追随できない木工技能のお陰で両方とも需要が多く、それぞれ十分やっていけた。犂身と犂床を膊接ぎする木工はここだけの技能であり、鋳物業の磯野も改良短床犂の元祖である長も鋳物の部品で代用していた。このような点が、職人の多くを磯野や深見の工場に引き抜かれたあとでも贔屓が離れない理由だった。また、磯野と深見は全国を販路として長野県の松山式双用犂や三重県の高北犂、あるいは農協と結んだ熊本の日の本犂などと競い合い、地元の粕屋郡は犂耕法の指導活動で群を抜いていた長末吉の長式深耕犂、大鶴式はもっぱら山越えした佐賀平野を販路とするなどと棲み分けが成立していたことも有り難かったという。

販路の棲み分けといえば、戦争で農器具も統制になるとコーバにも割り当てがあり、木材の確保に有利なこちらでは逆に磯野や深見に材料を融通していた。業界の共存共栄関係は、全国的な日の本、松山、高北といった大手間でも同様だった。大鶴家の家業は、小規模でも製材や大工業が盛んな地域の強みとして敗戦後も続いていた。実際、謹一郎氏がビルマから復員すると木工一二〜一三人、製材に九〜一〇名ほども残っており、氏は犂づくりを再開したほか馬鍬の製造にも力を入れるようになる。この馬鍬づくりは、先述のように博多の磯野や深見が犂に進出するにつれて主力を移した商品であって、左右の畝盛の形に円弧を描いた中折れ式の「飛行機マガ」は農協経由で磯野にも気兼ねなく出荷していた。もとは長末吉が考案し製造していたものだが、特許は広島県福山の山陽農工商会が持っており、大鶴家では一九三七〜三八（昭和一二〜一三）年頃には山口県小郡の工場に木工職を派遣して代行製造をし、こちらの大鶴コーバで作る分には同社の特許商標シールを貼って出荷したという。

なお、磯野主導のつきあいは戦中戦後とおして続き、磯野への製造割り当てが加重になると桧材から代用品の杉材で犂を作ることもあった。また、戦争に負けると磯野、深見が開拓した旧・満州、朝鮮の市場が失われて受注は激減したが、米国のガリオワ資金による奄美大島の砂糖黍畑用の犂が特需として持ち上がり、これを受けた磯野では「大鶴犂」の商標でも良いからと製造を依頼してきた。水牛に牽かせる大型の犂で、馬鍬にも力を入れていたこちらとしては必要な木工職などを増員するのに苦労した。結局、この件は従来のように完成木部を磯野に納品し犂先や金具を先方で取り付け、その組立要員もこちらから回すことで対応したが、磯野は需要増にともなうこのようなやり取りを深見とも交わしており、前者と大鶴家のつきあいは一九六五（昭和四〇）年頃、耕耘機のロータリの刃を入れる木箱を納品する頃まで続いたという。

磯野が一八九九（明治三二）年に短床犂（「押持立犂」）を売り出したことは先述した。鎌形（一九七五）によると、この改良に前後して犂床の接地面に床材が付加され、練木の取付け角度も楔で可動式に改められていた。犂先と犂へらの間に長方形の鉄片を入れて土の反転性を補ったことも他の業者と期を一にした改良であり、同社が、順調に改良短床犂の要件を充たしていった点について鎌形は山鹿の㋵犂との影響関係も示唆している（同、五五）。その後、地元の長末吉の犂や㋵犂を引き離した磯野の第一の強みは、鋳造業の老舗としてネジ式の「自在器」を製作する鉄工部があったことである。「自在器」は耕幅を調整するために練木を左右に偏位させる単純なギア・ボックスであるが、一九一五（大正四）年の広島県主催・全国牛馬耕犂懸賞募集で一等を受賞した「磯野式青松号犂」では耕深の調節を簡便にするために犂柱を鉄棒に変えてネジを切り、ナットで練木を固定する改良を追加した。

それまでの改良短床犂での作業では、練木を貫通した犂柱を固定する楔を打ち直し耕深を調節するために腰に木槌をぶら下げていたという。磯野の改良は、ネジと歯車を応用して耕深と耕幅の調節を容易にしたものだが、出願の書類に説明不足の点があって認可されなかった点は犂先・犂へらの転動機構だけで数件の特許を取得していた長野県小県郡の松山犂と対照的である。ただし、磯野の体質が守旧的だったわけではなく、勧農社の名誉社員であり主力の犂先が博多駅の貨物取り扱い金額で首位を占めるような大店の余裕と解釈することもできる。神屋の記したところでは、参入当初に購入していた全国の犂を森周六博士を「研究顧問」に仰いで検討方を依頼し、「福岡型が其の理想なるを知り」この改良に専念するにあたって新たに「技術優秀の木工」一名と「犂耕教師」二名を雇用し、それ以来試作と実地試験を重ねることを「鉄則」にしていたという（神屋一九八七　六八七）。

後述する元指導員の楢崎氏によると、髭をたくわえた森周六が帝大教官として現場に出入りしたことは憶えているが、専門家として現場で一目置かれるようになったのは一九二七（昭和二）年一二月一二日付で農業機械学の講座開設が官制公布されて以降のことだったという。同地域の犂耕に関する操作・製造の技能が全国的に一頭地を抜いたものであり、人々もそれを自認していたことを語る話といえる。また、一九一五（大正四）年に登場していた「青松号犂」は、受賞以来一〇年余りも代表的な商品として犂本体を製造納品した脇山村谷地区の収入源となったが、製造が進展するにつれて磯野の工場では電気モーターの強化。電動の鉋とボール盤の増設。型取り用のゲージと帯鋸を使った犂本体の切り出し。犂先と練木の中心線の確認のための鉄製組立ゲージ（治具）の創案などを重ね自社生産の態勢を確立していった。

磯野の場合、大量生産を前提にした生産設備や治具の工夫によって熟練木工の不足を補い質と量との水準を確保し、一九三〇年代（昭和戦前期）の大需要時代に対応し得た点が最大の特徴である。一九三七（昭和一二）年に軍の協力工場の指定を受け、「磯野七平鋳造所」から「株式会社磯野製鋼所」と改称して軍需で高い評価を受け、最盛期の一九三九（同一四年）当時は約七〇種類の犂を製造販売、従業員二八〇名、犂耕指導員を約五〇名も擁する最大級の犂製造業者となった下地はこのような点にある（鎌形一九七五　五三）。初発の段階で全国の犂を購入した例から分かるように、博多の街に秀吉から三〇〇〇坪の敷地を下賜されたという大店として、在村の個人業者とは全く違った業態と取り組み方が磯野の本領だった。㋺犂を産んだ山鹿周辺に鍛冶屋業が発達していたことも第二章で述べたが、磯野の発展は筑前地方の農夫の余業から明治期に犂本体の製造業が生成し、一九〇〇（明治四三）年に長末吉の特許取得によって改良短床犂の形態と機能が完成されたこと。そして大学もそれに協力するという、技術改良と普及の理想的な条件に恵まれたことも大きかった(7)。

いっぽう、長野県小県郡の松山式双用犂は畝立の機能を捨て平面耕での耕起反転の能率に特化した犂として広く普及した。後述する「佐渡牛馬耕発達史」でも本州側の新潟県で使われたことが度々記述されており、畝立耕と平面耕では技能が違うために東日本の競犂会では別枠として扱われたという話も普及率の高さを物語っている。松山犂の聞き書きについては、東日本の冬季寒冷地や稲の単作地帯を九州北部地方との対比例から除外し、ここでは煙草と麦作、養蚕（桑）の点で熊本県北部の畑作地帯と類似性がある茨城県常陸太田市郊外の中山間部農村での体験談を一例だけあげておく。

田所健勇氏（一九二二、大正一一年生）は、全一七〇戸世帯ほどの西河内地区の中（なか）という集落で田四反、畑九反余をつくってきた。雑木林の丘陵地帯で「水府煙草」の産地でもあり、御夫妻も葉煙草からあがる二〇〇万円ばかりの現金収入で子ども四人と弟妹三人を歩かして（養育して）、行ける者には大学まで出してやった。葉煙草を除いた残りの田畑は僅かな収入にしかならず、学資はおおむね葉煙草によるものだったが、都会のサラリーマンと違って食費と住居費の心配のない農家の強みもあって主婦のやりくり次第でなんとかやってこれたという。また、支出を抑えることが出来たのは農業機械も化学肥料も農薬も極力避けて、代わりに馬と厩肥を最大限に活用してきたためである。

例年の稲作は、一一月から一二月にかけて秋ウナイといって稲刈り後の株を犂で掘り起こしておく。「土反す土の裏より雪霜に、さらす冷気は一斗五升」。これは、寒中に耕起して土を寒気にさらすと、反当り一斗五升の増収になるという意味である。また、働くときの「イットコショー、イットコショー」という掛け声の由来ともいわれ、この手間によって土の通気性が良くなり養分の分解がうながされるとともに、越冬する害虫が凍死してしまうと説明される。そして、年が明けると彼岸前の二月末から三月にかけて冬の雨で固まった土くれを再びほぐすが、クレ返しとも二番耕とも呼んでいる。そして、四月にかかる苗代月を迎えると刈ってきた青草や藁などを愛馬の背に山積みしてきて田に散らし、レンゲとともに鋤き込んでおく。さらに、田植えの直前には水を張った田に馬を追い込んで代かきをし、水が澄まないうちに田植えを始める。代カキと田植えの間をおかないのは、そのほうが肥立ち（初期生育）が良いからだというが、田所氏は泥の沈殿にまで気を配るような手間を近頃はおろそかにして、「田植機の使い方」が田植えのやり方のことだと勘違いしている百姓が多いと嘆く。「田の作り方は農器具屋に聞くものではない」という氏は「上農は人づくり、中農は土づくり、下農は作物づくり」という教えを気負わず口にするのである。

氏の子どもの頃の馬は、前述の福岡県朝倉郡で一九二〇年代（大正後期）の「処女会」馬耕講習会で使われた馬（第三章、写真1）と同じように体高が五尺一寸（約一五五センチ）程しかなかったが、すでにムカシウマと呼ぶようになっていたという。また、関西の奥座敷ともいえる佐渡島の「なんかん馬」が三尺六〜八寸、福岡県粕屋郡の馬が大正期まで四・六尺といった回顧談からは、このムカシウマはすでに改良途上にあった馬か、あるいは同地方が古くから良馬の産地だったことも想起させる。なお、馬は「曲がり屋」でひとつ屋根の下で飼っていたという。

さて、同家で使われている松山犂は、長野県小県郡の松山原造（一八七五〜一九六三）によって創案された。彼も長末吉と同じ馬好きの男であり、一九〇一（明治三四）年頃に優良馬を交配して閑院宮より賞詞を下賜され、一九四四（昭和一九）年には日本馬事会から「馬事功労賞」を受けている。小県郡の犂耕は、一八九四（明治二七）年に勧農社から実業教師を招聘して以来のことで、徴兵検査で騎兵を志願したほどの彼は在郷の補充兵に回されたのを期にその助手をつとめ、やがて小県郡役所や埴科郡役所で正式の農事教師となる（清水一九五四　二五六）。一八九九〜一九〇〇（明治三二〜三三）年当時、埴科郡役所で指導にあたっていた彼は、抱持立犂による畝立耕の地域的な不適合を痛感して平面耕に好適な双用犂を試作した。(8)

これは四国の薬売りに作らせた長床犂が原型であり（清水一九五四　二五七）、指導で関東を廻った際に見かけた埼玉県の「オンガ（大鍬）」や群馬県の「高崎犂」といった有床犂も念頭にあったと思われる。もっとも、一九〇一（同三四）年に「特許第四九七五号」を取得した双用犂は抱持立犂の前方に転動する犂先と犂へらを付け結果的に短床犂となった風のものであって、翌年創設の「特許単鑱双用犂製作所」以降はこれまで述べてきたような形態の短床犂を基本に双用犂を開発販売した。また、関東の在来犂のほかに洋式のプラウも目にして双用の特製犂先を鋳物屋に発注したものの、個数の面から断られ古鋸で代用したことが独自の特長をもたらす契機となった点も注目される（同、二六〇)。鋳物から鋼鉄の薄板への転換は、犂へらと一体の軟鉄板に馬蹄形の鋼製先をはめ込む創案に発展したが、切れ味と耐久性の面で磯野に代表される九州製の鋳物の犂先を凌駕しており、加えて根曲がりの間伐材ではなく直の角材を採用した点も量産性の面で画期的だった(9)。

松山式双用犂の場合は、試作の翌年に特許を取りその翌年から製造を開始した展開の早さが注目されるが、この点では前述のように当初は特許取得でつまずいた磯野を凌いでいた。また、北陸から東北の日本海側で遅れていた田植え前のレンゲの鋤返しを容易にして、レンゲ作を増進させたことも大きな貢献だろう(岸田一九五四 五八)。田所氏もレンゲを播いていたが、稲田の深耕や裏作の畝立てより収益性の良い畑作の平面耕を考えた双用犂の導入の点では田所氏の田畑にも当てはまる。西河内地区は馬産地に近く農家のほとんどが馬を飼っていた。また、犂のことをオンガ(大鍬)、敗戦後はバコウ(馬耕)と呼び換えた犂耕地帯であって、「日の本」「高北」「松山」といった改良型の犂が導入された際にも講習会が不要だった点は熊本県北部地方と同様である。

松山式双用犂は、中山間部の畑地というありふれた条件に適合する犂であり、松山原造の地元では主力の桑栽培の手間を惜しんで導入され長野県の特産物となった白菜や馬鈴薯の畑でも活躍した。創業から一九四五(昭和二〇)年までに一五万三五八一台が出荷され、特許切れとともに各地に出現した類似品によって一九三〇年頃(昭和初期)の段階では七割以上の犂耕地帯がこの型の犂で耕耘されるほど目覚ましい普及実績をあげている(同、一九五四 八九–九〇、六二)。また、敗戦後の東日本での双用犂の普及率の高さも同様の資料である(**表4-1**)、これらの数値は松山原造が県内の犂耕指導をとおして関東平野や美濃の在来犂の使用状況を観察し、山間部や畑作地帯の平面耕に際しての機能性や安定性や切れ味を優先したことの妥当性を物語っている。

ところで、九州北部の在来犂が改良短床犂を開発する際の基礎となった例は、東日本の松山式双用犂だけではなく九州中央部の熊本県上益城郡竜野(たつの)村(一八八九〜一九五四、明治二二〜昭和二九年。現・甲佐町竜野)に興った日の本犂の場合も同様である。第三章第二節で県北部の山鹿周辺に鍛治屋業が発達し、これを基盤とした「肥後犂」づくりのなかから㋵犂が出現したことを述べた。長末吉など博多周辺の犂作りをめぐる事情も同じであって、彼が一九〇〇（明治三三）年に特許を取得して多々良村に長式農具製作所を創設するまでは、農家を泊まり歩いて年に百台ほどの犂を手作りしていたばかりという（清水一九七五　四六-四七）。いわゆる出職から居職に犂づくりの業態が変わり、商圏が全国的なものと拡大してゆくなかで、在来の民具としての犂がおしなべて九州北部の抱持立犂、そして短床犂に集約されていった同じ例として、熊本の「日の本犂」の勃興過程を概観しておきたい。

表4－1　短用犂・双用犂の分布（1949年，台数）

	単用犂	双用犂		単用犂	双用犂
青　森	510	4,025	岩　手	810	11,100
宮　城	300	10,520	秋　田	7,442	2,270
山　形	3,361	30,268	福　島	1,805	14,887
茨　城	3,451	23,307	栃　木	10,486	7,353
群　馬	790	32,120	埼　玉	2,400	7,265
千　葉	280	7,753	東　京	1,737	902
神奈川	1,750	4,350			
新　潟	1,244	20,600	富　山	3,674	6,324
石　川	500	6,235	福　井	1,830	4,730
山　梨	285	1,975	長　野	426	14,837
静　岡	10,600	6,565	愛　知	569	3,580
三　重	5,913	800	和歌山	7,348	43
滋　賀	15,380	1,200	京　都	4,890	180
大　阪	6,345	263	兵　庫	4,646	—
奈　良	14,849	363			
鳥　取	8,795	974	島　根	3,710	1,210
岡　山	4,520	250	広　島	9,652	2,454
山　口	5,560	2,666			
徳　島	16,920	1,050	香　川	2,060	2,320
愛　媛	10,146	50	高　知	11,740	—
福　岡	17,957	1,044	佐　賀	4,145	4,225
長　崎	4,730	946	熊　本	19,092	2,800
大　分	6,100	830	宮　崎	3,940	740
鹿児島	7,330	850			

注：原資料は『農機具配給統制に関する資料』農林省農政局資材課，1950。

　創業者の田上龍雄（一九〇一、明治三四年生）がみずから社史を綴った『わが泥んこ人生』（一九八六）[10] によると、敗戦後の新興勢力として発展した東洋社の犂作りは、彼の祖父が長末吉と同じように片手間で犂をつくり始め家業となったことに始まる。一八八七（明治二〇）年に近隣の御船町に店を移した父の代までは、関西風の在来長床犂の風を守って年産三百台ほどを「御船犂」の銘で出荷しており、田上も五～六歳の頃に木版で「長床犂」と刻んだ引き札を刷った憶えがあるという（田上一九八六　一九―二一）。一九一四（大正三）年、高等小学校をおえた彼は進学せずに父を手伝い始め、荷車に犂を積んで三里ほど離れた熊本の街を往復するようになったが、[11]一九一七（同六）年頃から本格的に地力増進・深耕奨励を唱え始めた県当局は㋙犂に続いて前述の「磯野式青松号」を奨励機種に指定し、購入者には半額の助成金を交付するとともに県の係員が毎年三〇名を磯野と長の講習会に引率するようになった。当局のこのような方針に沿って、県内の犂も田上家から独立した元・従業員の「菊住犂」、元・県農試の技師で実習農場を主催した松田喜一（一八八七、明治二〇年生）の「豊川号」といった深耕用の短床犂が優勢となり、「深耕が出来ない長床犂は段々敬遠され売行が俄かに落ちて来た」（同、三二）ので長床犂との折衷型を試作してみたのだという。

一九二一（大正一〇）年、磯野犂を破損した近隣の農家が代替品を買いに来た。彼は、持立型の「初めて見る機械犂」なので自信はなかったが、取りあえず丸太を鉞で割って削り出し「以前より遥かに性能がよい」と好評を得たという（同、三五）。それ以来、同形の改良短床犂の製造に転換して実演発表会を催し、郡役所から個人向けで三分の一の購入助成金制度を獲得したほか、一九二四（同一三）年には佐賀県立農業試験場で行われた全国優良犂一七機種の比較試験で第一位を獲得するなど急速に知名度を上げていった。機械犂とは、ボール盤や電動帯鋸などの機械で量産した犂の意だろうが、二一歳の彼が鉞など店の大工道具で試作し評価を得たことは、出職の「民具」と改良型の「機械犂」との隔たりも手作りの技能で埋められた当時の技術段階を示している。やがて彼も数種の「機械」を揃えて本格的な量産体制に入り、一九二六（大正一五）年には日の本号の商標のもとに埼玉県川越市に出張所を設け、二年後の一九二八（昭和三）年に東京府主催全国農機具共進会で金牌を受賞して販路を広げていった。

一九三〇年代以降の日の本犂（東洋社）が、後発にもかかわらず「満州は独占に近かった」（同、五五）と述懐するほど急成長した要因は、いま述べたように、①単品製作の「民具」と多量生産の「機械犂」との較差が小さかった技術段階と、機械生産への経営者の決断。②特許法や行政機構など近代的な制度を理解。活用する知性。③当局との交渉力や商才等が考えられる。このうち、とくに②の特許や行政機構が、①や③の個人的な技能や資質にもとづく発展性を支援する制度として機能した点は、藩御用達の老舗として資本を蓄積した磯野や後発ながら積極的に特許を申請・取得した松山の例とあわせて犂製造業の近代的展開の特質を語っている。

さて、犂耕という耕耘の技能が、牛馬の使役や調教の技能に支えられてはじめて成立する点は他の農器具と異なる特質である。この点に関連して、長末吉など出張指導にあたった犂耕法の実業教師たちが牛馬の使い手であったことは、後述する香月（一九八五）の取材と文に活写されている。ここでは、九州北部地方の役畜にかかわる聞き書きをもとに、この農業技術が現場の技能において牛馬の生産、流通、使役法の三者と不可分であったことを確認したい。

福岡県粕屋郡では馬耕とともに牛耕が盛んであり、農耕馬が戦時下の供出で払底したこともあって役畜の流通に関する聞き書きはウシバクリョー（牛馬喰）[12]も含めた牛の流通の話に終始する。農耕牛を飼う農家は、成牛を入手して三年余り使役する間に仔牛を生ませ、再びバクリョーに売り払うのが普通だった。西日本地域の多くが広島県、岡山県あるいは兵庫県等を供給地としていたのとは違い、福岡市東区三苫の堺義美（一九一二、大正元年生）氏によると粕屋郡では長崎県五島列島北端の宇久島、小値賀（おじか）島の牛を珍重し、氏のひとつ前の世代は壱岐、対馬の牛を買っていたという。とくに宇久島の子牛は傾斜地に放牧されて爪先が丈夫なためか歩行が軽快で田畑で追い回しやすく、犂耕の反転など端から見ていても「宇久島牛」「小値賀牛」は気持ちの良い姿だった。このような、軽快に歩んで御しやすい牛をホンタツモンと呼んでいた。

牛馬を火事の時に死なせた農家は繁盛しないというくらいに大切にしたというのも、この地方に限らず農家としては一般的な話である。値段は一九二〇年代中頃（大正末期）で良い牛は一〇〇円はしただろう。田畑の次に大切な財産であることは子どもにも分かっており精魂込めて世話をした。ランプの「ほや磨き」と牛馬の賄いは子どもの仕事で、売るときには涙が出たといった回顧談も一九〇〇～二〇年代前半（明治末～大正）生まれの話者一般の話である。犂耕に使うのは牝牛で、これをウノ（ウノウ）、牡はコッテ（コットイ）という。もっとも、話者の時代である一九一〇年代末（大正後期）以降は殆どが去勢牛であり、山で伐採した樹を降ろす「山出し牛」には去勢しないのを使っていたのではないかという。三年が手放す目安なのは、現役の農耕牛として値のつくうちに手放すためで使い潰すとしたら一六～一七年は働いてくれる。

牛は六～七年で仔を生むようになり、良い仔牛だと一〇〇円近くで売れることもあった。永く飼ううちに段々と情が移ってくるので、家族の一員となった老牛を肉や皮革用として屠殺にまわすというのは農家の恥とされていた。バクリョーさんは、売り込んだ農家には時折様子を見にくるものなので買い換えの差金を常備しておくのが農家としても利益である。牛を飼うからには実利と情の面で早めに手放す心構えが不可欠であり、前述のように家族同然の牛を屠場に送るようなことは差金を常備する農家の心がけが欠けている証拠と笑われた。義美氏の先輩の堺泰作氏（一九〇九、明治四二年生）の家は、父親が牛バクリョーだったので下関の甚五郎というバクリョーが立ち寄っていた。バクリョーは鑑札制だが一般の農家と家畜商とは連続的なもので、農事の片手間に鑑札を取って道楽で売り買いをする程度のバクリョーも沢山いたが、甚五郎さんは知らぬ者もいないほどの「大バクリョー」だった。

甚五郎さんが来ると父親に命じられて「アサヒ・ビール」を買いに走らされた。専売制が定着してようやく酒の自製が下火になり、酒屋から清酒を買うようになった当時はビールなど飲む農家などなかった。農耕用の牛の市は、粕屋郡東北端の三苫村から五里も離れた二日市（現・筑紫野市）に開かれており、半日の行程だが牛を追うことに慣れていないと一日仕事だったという。売買では大金が動くので人が善いだけではつとまらない。親の牝牛が一〇〇円とすると、仔牛でも牡ならば一〇〇円近くで買い取っていた。父親は皆から好かれた人だけに金払いは良いものの売った代金を農家から取り立てるのが下手で、泰作氏が代わりに取りに行かされることが度々あった。氏は若い頃にこのような苦い思いをしたので自分はバクリョーの鑑札は取らなかったという。仔牛を産ませるために牝の成牛を買うような場合は、仕入れに出向く市場は殆どが伊万里であり、生まれた仔牛は下関や隣接する彦島の福浦を本拠地とするバクリョーに売り渡していた。甚五郎はこのような本格的な家畜商であり、泰作氏の父親はこういう専業者と地元農家とのつなぎ役だった。

さきに小柄で軽快な五島列島の牛が喜ばれたと記したが、植民地朝鮮から渡ってくる朝鮮牛は遥かに安価だった。ただし犂耕の本場である粕屋郡では、この牛は大柄で大飯食いで動作が鈍く「仕込み甲斐がない」などと農耕牛としての評価は低かった。熊本県でも鹿児島県でも朝鮮牛は犂耕に使われることは少なかったようである。一九一〇（明治四三）年の朝鮮併合以来、一九一〇年代（大正期）に入っても彦島の福浦市場で取引される数は千頭から数千頭だったのが一九二〇（同九）年以降は四〜五万頭にも激増している（中里一九九〇　一三二）。おもな受け入れ地は五島列島、壱岐・対馬、彦島の福浦、下関であり、博多から直接粕屋郡に陸揚げされる牛も多く、一九二〇〜三〇（大正後半〜昭和初）年頃にかけて犂耕が全国化すると関東・東北でも使役されるようになる（同、一五一）。宇久島牛も小値賀牛も朝鮮牛の血を入れていたが、犂耕には小回りの点からこのような在来小型種の系統が喜ばれ、また馬産地があった熊本県や鹿児島県以外で牛耕が卓越していた点は牛飼いの伝統が古い佐渡も同じだった。

いっぽう、馬の流通は熊本県の菊鹿盆地周辺と筑後平野および佐賀平野の二地方間をバクリョーが往き来していた。熊本県側で生まれた仔馬を仕入れて二才馬までの間に農耕馬として仕込み、逆に畑作の盛んな熊本県に売るという経路である。泗水町富納地区の東敏雄氏（一九二三、大正一二年生）によると、仔牛と違って仔馬は育つのが早く、春に生まれた一歳馬を九月まで育てて地元の馬市で売っていた。買ってゆくのは筑後平野の大川、柳川あるいは佐賀平野の三日月といった所から来たバクリョーだが、牡馬は役馬や軍馬として別の経路があったという[13]。彼らは牽き手を雇って多いときには四〇~五〇頭も牽いて帰り、仔馬を買い取った筑後や佐賀の農家では田の両端に餌を置いて犂を牽かせて仕込みバクリョウに売り戻す。稲作に力を入れている地域であり、稲刈りや裏作麦の作付けを終えた後は畑で冬野菜を作る熊本県側より暇なのでこういう余業も可能だった。逆に田植えや稲刈りは田が広いだけに繁忙で、熊本県側の農家では「貸し馬」といって自家の馬を貸し出して賃銭を稼いでいた。

田植えは筑後・佐賀の方が早く、麦などの濃厚飼料を与えてくれるので不都合はなかったものの、馬は耕起と代掻作業で痩せ衰えて帰ってくるので自家の田植えには使えない。菊鹿盆地では代わりに近隣の農家の馬を借り、或いは天草から植え手を雇う慣行さえあったという。いっぽう、早く済ませた筑後地方の農家では粕屋郡などに田植えの手伝いに出かけた。働き手を博多と北九州・筑豊へ取られていた粕屋郡ではこれをチクゴサンと呼んで頼りにしたが、住み込みの青年男女(オトコシ・オンナシ)を一年契約で天草から雇う農家も多かった。

バクリョーは、何よりも馬好きであることに加えて見る目を養っておかねばならない。東氏は、祖父も父も馬が好きだったせいで自然に見る目が備わり、戦争では騎兵に入ったりしたが自分のような素人バクリョー(「半バク」ともいう)は鑑札は持っていても農業と乳牛が主で、バクリョー稼ぎは道楽という面が強かった。筑後などの専業の「オオ(大)バクリョー」でも、馬は当時から北海道が本場だったので九州のバクリョーに馬を卸すこの種の「高等バクリョー」には頭が上がらなかった。もっとも、北海道の本格的な改良馬は、畝間を拾い歩きするような犂耕ではトレッドが広すぎて使えない。競犂会同様に郡や県が開催する役馬共進会への出場を狙う道楽家が飼うだけだった。こういう農家が郡大会などに出場する際には、七〇~八〇名ほどの仲間をひき連れ幟旗をおし立てて会場に乗り込んだものだという。審査項目は、品位(顔)、馬体(横の姿、首から背にかけての線)、足(蹄の形、歩行の確かさ)、健康（歯の具合や育ち方）などだった。

ただし、プロの大バクリョーでも畜産課や国の馬政局などの技師には審査結果の抗弁はおろか側に近寄れないほどの権威を感じていた。学問的な理由づけも勿論あったが、結局は審査の項目と基準を管理するのが彼らなのでかなわなかった。それで大会が高次になるにつれてバクリョー間の評価から外れた馬が勝ち進んでいったりした。自分も大会に挑戦するために筑後から極上の三歳馬を買い込む際に、懇意にしていた畜産課のセンセイ（技師）に見立てを依頼したことがある。一九五五（昭和三〇）年頃の話だが、センセイは七〜八万円には見える良い馬を五万円で買ってきて鬼の首を取ったようだった。皆を招いて宴会を済ませ、寝がけに厩舎を覗くと馬がぐるぐる歩き回っている。あちらのバクリョーに騙されて目の見えない馬を買わされたのだが、それ以外は完全な良馬であり騙される役所の技師と騙したバクリョーとの違いを痛感した経験がある。

同じ泗水町永地区の田代忠一氏（一九二九、昭和四年生）は、「バクリョーは身内三人居ると渡世ができる」といい慣わしていたという。お得意が農家三軒だけでも暮らしていけたという意味だが[14]、ともかく馬は農家の必需品なので、需要を細かく先読みしさえすれば商売の途は自ずから拓けていった。そのためには、自分で買った馬を道楽半分で共進会に出場させるような村ごと、地区ごとの素人バクリョーと懇意にしておき情報を吸い上げねばならなかった。このような、馬が好きでバクリョーの売買を手引きしてくれる在村の素人バクリョーをカマサシとも呼び、次の商売に繋げるためには日頃から口銭（斡旋料）の分け前を払って飲み食いさせておかねばならなかった。素人バクリョーたちは、鑑札はあっても実際の売買はオヤカタ（バクリョー）に取り次ぐだけであり、平常は種馬を飼って種付けの手数料や自家の牝馬に生ませた仔馬などを農業収入の足しにしていた。近隣の西合志町には古くから畜産専門の国立農試があり、また県の農試にも「種場所（シュバショ）」はあったものの、農耕馬としては血統などよりも雌雄の相性を見る方が実際的であり、こうしてオヤカタとカマサシの連携が成り立っていたのである。

また、農家も直接の儲けに繋がるので生まれた仔馬が強健な種馬に育ちそうな場合は売らずに飼っておき、他村の牝馬と有利に交配させるためにカマサシのもたらす情報に耳を傾けていたともいう。馬を見る目というものが一般の農家にも養われていた点は、粕屋郡の農家の牛を見る目を上回るところがあったと思われる。馬の市が立っていた泗水町福本の南精治氏（一九二三、大正一二年生）は、大バクリョーだったが何度か農家に騙されたことがあるという。売買の際には、庭先で歩かせたり馬車を牽かせたりして一通りは検分するのが定石である。ただし、農家も自分が飼っていた馬なので役馬として大きな欠点である腰のふらつきを露呈させないような引き回し方くらいは心得ているので油断できなかった。この稼業は農家とのつきあいの上に成り立つ商売なので、こういう時でも騙されるこちらの落ち度だと考えていたが、これを別の農家に売ったような場合は信用をつなぐために地元のカマサシに払った口銭を農家に返し代りの馬を仕入れて届けなければならなかった。馬は成長するにつれて足腰の故障が出る場合が多く、こういう無駄な経費を減らす意味でも仕入れに気が抜けないのは他の商売より厳しいものがある。さきの田代氏の説明でも家畜は大きな買い物なのでおのずと真剣勝負になり、ごまかす農家が悪いということではないという。もっとも、近隣農家の平常の目があるので素人もプロも不正は長続きしなかった。一般に、バクリョーは地元で「外れモン」と類別されるような遊び好きの青年に目を付け、最初は牽き手として雇って見所があると飲み食いさせながらこの商売に引き込んでゆく。それからおいおい一人前に仕込んでゆくのだが、不正と放蕩で自滅せぬ限り馬好きであれば一人前のバクリョーとなることは難しいことではなかったという。保守的なはずの農家とバクリョーとの連続性が一帯の地域性である。

農家から仔馬を買ったおりには、母馬を借りて小屋の前まで牽いて行き、後をついて歩く仔馬だけをいきなり小屋に押し込めてしまう。手際良くやらないと暴れて手が付けられなくなる。小屋の中も壁にはネコブクを垂らして怪我を防ぎ、走り回らないよう数頭ずつ込み合せて押し込んだ。筑後のバクリョーが引き取りにくるのは夕方だが、夜になって牽いてゆくのは雇いの牽き手であって、バクリョー自身は電鉄（熊本電鉄）の電車で上熊本駅に出て鹿児島本線の汽車で筑後方面に帰っていた。これは自分たちが二〜三歳馬を買いに出向くときも同じだったという。夜間に牽くのは馬が自動車の音に怯えるからで、国道や県道ではなくフル道（旧道）や脇道ばかりを山鹿、県境の南関、瀬高、柳川などと辿っていった。県境を越え筑後南部の瀬高に差し掛かる頃が明け方で、この時分には馬も疲れてきておとなしくなり、ようやく気を抜くことができたという。牛は疲れていったん道ばたに横たわると雨が降っても半日は動かないので野宿を余儀なくされる。馬は神経質で難しいが、辛いのは牛の陸送だった。

農耕馬の良し悪しは、農家ではないセンセイたちの学問的な鑑別では見落とされる要素が多い。犂耕や荷役に使うものであるうえに飼い主との相性が最終的な鍵を握っている。いうことを聞かないので売られた馬が途端に従順になったりする例は幾らでもあった。また、馬は飼い主の性格を学ぶ賢い生き物であって段々と飼い主に似てくるものだという。この動物本来の性質から、締め上げて厳しく使うよりも、おっとりと駆使するほうが成功するような気がするという。家畜との対話をめぐるこのような回想は勝れて技能的であり、出張先で去勢していない村一番の暴れ馬をあてがわれた犂耕の実業教師たちが、犂の販売をかけていかに奮闘し敬服されていたかという話と通じるところがある。なお、第四章第二節で扱う薩摩半島の東市来界隈も古くからの馬産地であり、ここでも二歳馬を買い入れて仔馬を産ませ、あるいは一〜二年飼って転売したという話が聞かれた。また、馬の糞は窒素分に富んで稲作向きであり、牛は反芻するためか微量元素が多く病害虫に強い作物が育ち、糞のきめも細かいので意外に速効性であるといった知識なども、同様に畜耕を介した農家とバクリョー体験の技能的な連続性と理解できる。犂耕技術の普及は、このような異業種にまたがる総合知識の体験的習得でもあった。

農事には水利や病虫害以外にも風害や畜産との係わり方など多様な条件が絡んでおり、とくに畜産は馬の肥育から乳牛へ、それから肉牛といった転換が市況と直結して現在まで続いてきた。畑作も同様に現金獲得の途としての麦作から、敗戦後に畜産が本格化しての飼料作物への転換が進んだ。第三章第二節で話を聞いた菊池市出田地区の茂田氏によると、一九三〇年代後半に最盛期を迎えた麦作が敗戦後徐々に廃れたのは、麦の価格の変動のほかに熟した頃に雨が降ると駄目になるからだという。小麦は刈り取る一週間前に雨に濡れると赤銹病で収穫皆無ということがある。大麦も雨に弱く、裸麦は熟してくるとカラ（旱）が折れやすい。あるいは、刈り「しお」にさしかかっても枯れ方が足りないので、五月早々のハルコ（春蚕）に没頭していたりすると「しお」を逃して倒れている。畑作は稲作と比べられないほど天候に左右されやすく、市況も乱高下したので賭の要素が強かったという。

一般に、大麦か小麦―大豆―粟の繰り返しが畑の「一年三作」であり、水田は裸麦―稲―夏大豆と続ける。畑作には、小麦や菜種そして陸稲か甘藷という一年二作の場合もあるので、これが「一年三作」の年度と接続して「二年五作」「三年七作」といった多様な選択が耕地の一枚毎に可能となる。ときに「百姓は博打だ」という人もあったが、毎年何かの作物だけが大当たりで全耕地平均した反当りの年間収入では劣っている人に限って、このような虚言を口にしたという。日本の西南地方を特徴づける集約的な輪作とは、既存の定型をなぞることではなく働き手による新規選択の繰り返しである。自家の耕地一枚ごとの特質や潜在的な地力や播きしおの判断などから始まって、後作のために残された地力と翌春の収穫時期の予想にもとづく作物の選択まで視野に入れてとりかかるのが一人前の農家なのだという。精農で聞こえ、養蚕や戦後の畜産（乳牛）の面でも指導的な立場に立った茂田氏ならではの感懐である。

肥料は一九二八（昭和三）年、氏が一八歳の年に村（花房村。明治二二～昭和三一年）の肥料商が「ミノル式配合肥料」を持ち込んできたのが氏の初見である。それまでは自家肥料の補助として過燐酸石灰を買うだけだったという。近在の台地から運んできた白土（シラツチ）を菊池郡旭志村尾足地区片川瀬の野田氏が施したというのも、施肥量がこの地方で少ないということではなく、一九二〇年代（大正期）までの単肥の時代は購入肥料にあまり依存しなかったことを物語っている。このことは、一年三作から三年七作という多様な輪作の形態で、とくに堆肥を必要とする麦作での窒素分の不足をきたすことにもつながっていた。花房台地に限らず、茂田氏の世代までは地味の劣る畑には大根の種を混ぜて播くことがあり、この「粟大根」あるいは蕎麦の種に混ぜた「蕎麦大根」ということばが懐かしいという。大根は、硫安が安く使えるようになって初めて専用の畑地を仕立てたが、粟は根が浅く追肥を重ねることが必要で、追肥が重視されてくるにつれて元肥の厩堆肥よりも速効性の硫安が欠かせないものとなった。

先の白土の成分は不明だが、旭志村に限らず台地の畑は基本的に火山系の酸性土壌のため、敗戦後はむしろ石灰の施用が奨励されたという。夏大豆を刈ったあとの畑では、一〇月中に刈り跡を耕起して土を砕き、石灰を最大で反当たり一〇俵。当時の一俵は八貫目の三〇キロに改められていたので三〇〇キロもの施用で、堆肥を多量に使った場合に、窒素過多で作物の丈ばかり伸びて倒伏してしまうのを避けるためと説明される。過燐酸と硫安は俵装ではなくカマスに入っており、これも三〇キロで一俵二俵と数えた。石灰と過燐酸は元肥で後者は最大一俵を施す。早い農家では一九五〇（昭和二五）年に乳牛を導入して厩肥が余るようになり、窒素分を抜くために石灰が奨励されたほどである。村に働き手が残っていた頃は堆肥が余りがちで、敗戦前より肥料の購入が減ったという。働き手の減少は現在ではさらにひどくなり、減反政策と相まって糞の処理に困っている。

明治生まれの話者であれば、この地域では生まれる少し前（一九〇〇年頃）から石灰が水田に普及して反当り一〇貫目も二〇貫目も播き、四年目で土が駄目になるといった話は自身の体験に近い出来事として憶えられている。現在の話者の大半は、やがて過燐酸石灰が登場し硫安も手軽に使える単肥の時代に田畑に出た。強健な働き手のいない家では、菊池（隈府）や鹿本郡の来民や山鹿といった近隣の町から必要量の人糞尿を汲んで来ることができず、作物が良く出来ないことを体験すると同時に速効性の硫安に頼りすぎて、堆肥の植物繊維と牛糞に含まれる「微量元素」の必要性を教えられることもあったという。この堆肥は、人糞尿をかけて腐熟を促した厩肥や麦藁、野草の山に米糠を買い求めて混ぜ込んだりした。菜種粕や醤油粕そして過燐酸石灰は値段が高かったのが、一九三〇年代（昭和期）に入ると硫安がかなり安価に入手できたという変動のなかで、忙しい輪作が繰り返され肥料分も多投されてきた。

地味と作物の関係では、陸稲の連作は不可で二年空けるのが良いという話もある。陸稲の二年目は肥料を施しても丈は伸びるが実りは芳しくなく、旱魃に極めて弱くなるので連作する人は少なかった。裸麦の場合は畑では地力が不足なので水田に限られ、また肥（コエ）を吸い尽くすので間作の緑肥大豆ができなかったということも郡内の各所で聞かれる。茂田氏の畑がある花房台地を南に降りた泗水町富納地区、あるいは菊池川を八キロほど下った先述の藤井地区などは互いに三〇メートル以上の標高差があり、洪水の履歴も異なるので地味は違うはずだが、裸麦のこの点に関する話は同じである。麦作は中耕と培土を一回だけで追肥はしないものの、肥料分を「吸い尽くす」「食う」という地元の慣用的な表現は、火砕流台地の畑と低地の水田との地味の差を超えてこの地方に育つ裸麦の勢いを物語るようである。

粟や蕎麦を刈り取った後、「粟大根」「蕎麦大根」が不規則に並んでいる畑に堆肥と混ぜた裸麦を点播し、これを収穫した跡は株を起して甘藷を植える以外に育つ作物はない程だという。肥料分の残量が体験的に把握されていたであろうことが考えられるが、地力を読みながら作物を選択する繁忙な輪作のなかで、先に触れたような肥料としての牛糞と馬糞との特質の違いも際立って実感されていたのである。次節で述べる一八九〇年代（明治後期）以降の鹿児島県への普及指導は、こうして蓄積された土壌成分や肥料分についての体験的知識の複合体を背景とするものである。

(2) 地方における犂耕技術の受容

ここでは、福岡県の長沼、林、横井等によって開始された犂耕法の普及活動が東日本ではどのようなかたちで展開されたのかについて、山形県庄内地方と新潟県佐渡島の例を人的契機の面からみてゆく。

明治初年の地租改正にともなう金納制の導入や一八七七（同一〇）年の西南戦争以降の米価高騰などによって米の

売り急ぎがおこなわれ、とくに庄内地方では乾燥不十分の米が出荷されて軟腐米となる問題が発生した。近世以来の銘柄米である庄内米の声望を失わせたこの一件は、県当局をして米穀検査を強化させるとともに庄内三郡（飽海郡、東・西田川郡）での「乾田馬耕」を推進させる契機となる。(15) 当局は、まず一八八三（明治一六）年に勧業諮詢会を発足させて洋式犂による巡回指導を試み、一八八四（翌一七）年には同三郡の役所書記と篤農家六名を熊本・福岡両県をはじめ西日本各府県に派遣視察させたが、福岡県側の公報には次のように記録されている。

「十七年中ニ八、山形県ノ農業篤志者数名、九州ノ農業実現ノ為メ本県ニ来遊シ、農学校其他ニ於テ、農具ノ種類、耕鋤法ノ整理、栽培ノ術、自県ニ比シ甚大ニ進ミタルヲ見ルニ、頗ル感覚ヲ惹起セリ」（須々田一九七五　五四）。

帰郷後、彼らは福岡県の農学校長あてに「馬耕ノ儀ハ私共地方エ適応之者ト見認候ニ付、右馬耕実施修行仕度候間、御校耕夫及耕馬一周日ノ間御貸渡被成下度」という依頼状を送ったものの叶えられなかった。後年、M・フェスカは『農業改良按』（M・フェスカ一八八八）で深耕の必要性を強調した際、犂耕は湿田の乾田化との相乗において初めて効果を顕すことを示唆したが、須々田は塩水選法の確立途上にあった教頭の横井時敬が、同様に犂耕だけの導入に疑問を持った為と解釈している（須々田一九七五、五一）。(16)

ただし、派遣された篤農家は犂と鍬および除草器の雁爪（蟹爪　ガンヅメ）を持ち帰り、見聞を実践して少しずつ成果をあげる例が出始めていた。例えば飽海郡の斎藤庄左衛門は、一八八五（明治一八）年から一八八六（明治一九）年にかけて乾田化と厩堆肥作りも並行して旧来の反収四石五斗六升から最高六石八斗七升へと一挙に五割の増収を達成し、東田川郡の大川源作も同様に反当り四斗九升余を増収している（同、五四）。こうして散発的ながらも

「乾田馬耕」の効用が知られるようになり、一八九〇年代（明治中期）に入ると庄内三郡では本格的な取り組みが始まった。中でも最も効率的な展開がみられたのは飽海郡で、庄内平野一帯に田一三二五・一町歩、畑三一四・六町歩、山林原野一六三・八町歩（一八八七年、明治二〇）もの土地を持つ酒田の本間家と傘下の手作地主を中心とする取り組みは大きな成果をあげた（大場一九八五 七）。周知のように、同家は近世後半以降急速に小作地を集積し、明治初年の段階で約千二百町歩の田から約一万五〇〇〇石もの小作米を集積・販売していた（岩本一九八五 九二-九三）。一般に販売者にとって米質の向上と増産は収入増に直結する。本間家という圧倒的な指導者を仰ぐ同郡では、同家の主導によって「乾田馬耕」の普及が推進される体勢が速やかに確立されていった。

一八九〇（明治二三）年、このような背景のなかで農務局仮試験場の技手が県の要請により農事巡回教師として四五日間にわたって県内全域で稲作の巡回講習を実施した。一八八〇年代後半（明治一〇年代終期）の「乾田馬耕」の部分的な成功については前述したが、それも一つの布石となって講習の反響は大きかった。飽海郡の場合、郡長が当時の東北地方の多くの県令や郡長などと同様に九州の出身だったこともあり、郡会では県の講習と同じ一八九〇（同二三）年に九州へ稲作改良教師の派遣要請を決議する。そして郡長と同郷で当時帝国大学農科大学に転じていた横井時敬の推薦によって、同県早良郡原村（一九二九、昭和四年より福岡市）の伊佐治八郎が一八九一（明治二四）年に赴任することとなる（須々田一九七五 五九-六〇）[17]。伊佐を迎えた郡役所では、郡内六カ所に各々一反歩ほどの模範田を設置し、持ち主には手当金一円を支給して教師の指導のとおりに持ち主に耕作させ増収分も含め免税とした（清水一九五三 四一六）。また、伊佐の手ほどきで犂耕に習熟した農家を一日四〇銭の日当で補助教師に任命し春秋の田起こしの時期に郡内を巡回させている。補助教師の数は、一八九三（同二六）年で延べ九〇名、一八九六（同二九）年には一八〇名が数えられる。伊佐の月俸は当初一五円で、実績があがってからは二〇円に引き上げられ、旅費も年間九カ月分、月額四円が支給されたという（同、四一六-四一七）。

伊佐は一八九六（明治二九）年まで在職して、馬耕のほかに代かき用の馬鍬そして雁爪という潮干狩りの熊手様の除草器の使用法等を伝授し、都合四四二名に「馬耕得業証書」を授与した。習熟者は馬を持たない農家に雇われ、遠くは最上郡にまで呼ばれて日当六〇銭を稼ぐ者もあり、飽海郡内の馬耕は比較的速やかに普及していったと考えられる。この点は、犂が郡内の業者によって一八九六（同二九）年で年産三〇〇〇台も製造されるようになり、福岡から購入される犂先も一八九二（同二五）年が三〇〇枚、一八九三（同二六）年が八〇〇枚、一八九四（同二七）年が五〇〇枚、一八九五（同二八）年が一三四〇枚、伊佐が郡役所を辞した一八九六（同二九）年が三六二四枚と急増していることからも明らかである。また、それまでも岩手・南部馬の名馬を贈るなど伊佐の功績を高く評価していた本間家は、郡との契約が切れて彼が帰郷した翌一八九七（同三〇）年から一九〇二（同三五）年にかけて再び彼を招いて自家農場で小作たちを指導させた（清水一九五三　四一八）。他の地主たちも本間家に倣って馬耕の実施を小作地の貸与の条件にするほどであり、自作だけでなく小作層にも馬耕が採用されるに至った点は当時の地主層の利害を物語っている。

「我日本国東半球亜細亜ノ東辺ニ表持ス　建国以来数千年皇連綿トシテ天壌ト共ニ窮リナク幾万年ノ永キニ維持シ　斯ク国威ヲ張リテ万国ノ模範タルヤ上ニ万世一系ノ帝室アリテ政治宜シキヲ得　同胞兄弟祖先ノ愛国心ニ富ミ時ニ攻守ヲ力メ蚤ニ産業ヲ励ミ　而シテ其国産ニ乏シカラサルノ致シ所ナリ　而シテ我国民皆嘉禾ヲ以テ億万ノ生霊ヲ養ヒ以テ其性命ヲ保有スレハ　蓋ス瑞穂ノ国称謂レナキニ有ラス　兵ヲ備ヘ国ヲ守リ斯ク万国ト富強ヲ競フモ商業ノ原料モ大抵農産物採ル物シテ　且ツ商家ノ華主タルモノモ多ク農家アル故　農業盛ナラサレハ商工独リ盛ナルヲ得ス　焉ゾ田舎ノ業盛ナレハ市町モ随テ繁盛ナルヲ得ルナリ　田舎市町既ニ繁盛ナレハ国用ヲ支弁シルノ富ミ余アリテ兵備モ十分ニ整フベス　乃チテ富国強兵ノ実挙リテ上下互ニ相楽ム事ヲ得ン　此ノ如キ境域

ニ致ラハ外国我ヲ畏レテ敬フニ至ルベス豈愉快ナラスヤ　故ニ予等伏シテ惟ルニ農ハ国ノ元ト思フナリ　御歴代ノ天皇悉ク是ヲ重シ給ハサルハナシ　忝ナクモ今上陛下并ニ皇后宮ノ大御心ヲ農事ニ寄セ給フヤ　日本大農会ヲ東京府ニ開設セラレ百事農事ヲ改良ス下テ各々農会ヲ置セラル　而シテ我カ本村農会議員支部正副部長幹事諸君ハ畏レグモ一起ニ十度立チテ以テ部下ヲ教誘セスメ古来ノ百弊ヲ一洗ス　今ヤ方ニ農事ノ改良進歩ノ美ヲ見ルニ至ル　部下モ亦熱心者ト云ザルヲ得ス　是ヲ以テ考フレハ後来進歩モ窮極シル所ヲ掲ケテ是紀念ス　鳴呼斯ル照代ニ遇ヒ苟モ帝国ノ農民タルモノ力ヲ盡ス精ヲ励マシテ以農事ヲ研究ス　我国ノ光華ヲシテ遠ク海外ニ輝ヤカセサテコトヲ勉メザル者アラン乎　明治卅年旧六月十五日認」

これは酒田市板戸住吉神社に残る絵馬の銘文であるが、一八九〇年代（明治中期）をとおして系統農会の制度だけでなく国政の理念をかたる「ことば」が地方に浸透していたことを示す資料である。周知のように、一八九〇年代以降のいわゆる不在地主は米の販売者であって、犂耕の普及による増収よりは選別、乾燥、俵装といった調整器具の改良を指向する傾向があった。この銘文の当時の農会関係者は富農層であり、手作地主だったことは前述の地主層の増収運動からもうかがうことが出来るだろう。

一八九六（明治二九）年、伊佐がいったん飽海郡を去ったおりに彼の肖像画が現・酒田市の日枝神社に奉納された。前述のように本間家では改めて彼を呼び寄せて指導を請うているが、答礼として伊佐がその翌年に奉納した絵馬も残っている。「飽海郡稲作改良実業教師」という郡役所での肩書が分かり、彼が九州から持参した実物の抱持立犂（「筑前犂」）と除草用の雁爪および「筑前平鍬」等のひと揃いが絵馬に取り付けられているのが資料的に興味深い。これら農器具の製造は、犂先とへらは本場・博多の老舗である磯野家や深見家から海路出荷されたが、木部はやがて前述のように地元で製造されるようになる。ちなみに庄内地方のいわゆる馬耕図絵馬は、いずれも装具や手綱の握り方などが正確に描かれ資料価値が高く、新農法に向けられた奉納者の真摯な態度が伺われる。

次に東田川郡では同様のことを一八九一（明治二四）年に決議し、同じく横井の斡旋で福岡県勧業試験場の「常雇農夫」であった島野嘉作（三笠郡大野村出身）を月俸一七円で招請した。ただし翌年秋にかけての成績は悪く、郡会では稲作改良教師制の設置を否決してしまうものの、継続の意志を固めていた郡長は町村長とはかり地主から寄付金を集めて事業を継続し、翌一八九三（同二六）年に入って成果が認められ郡会も満場一致で可決するといういきさつがあった（須々田一九七〇a　二〇）。その間、地主たちは実習田を提供したうえにみずから島野の馬耕実習生となったというが、このことは地主の積極性と彼らが手作地主だったことを物語っている。彼らが小作の条件として馬耕の導入を求めた点は飽海郡と同じであり、この技能に習熟した農夫にはさらに年給米一俵が加増された。その結果、六年後の調査では郡内七〇〇〇戸もの農家が馬耕法を身につけるという成果があがった（清水一九五三　四一九-四二〇）。三番目の絵馬は同郡櫛引町山添八幡神社の絵馬で、以下の銘文から一二年間も奉職した島野と地元農家との細やかな師弟関係の実態を伺うことが出来る(18)。

「島野嘉作先生ハ福岡県筑紫郡大野村山田の人　天資温厚着実にして一般農事に精通し特に乾田馬耕に於て妙を得其蘊奥を究む　東田川郡に稲作改良教師として先生を招聘するや郡内を三区に別ち区毎に実習田を設置せらる明治三十一年三月其一を山添村大字下山添に指定せられ上野安治氏に諮るところありたりしか　氏は地方の為重大の事業たるを悟り快諾して自家作田の中字宮の越地内四反七畝歩を以て之に充てられたり　先生来る毎に昼は実習田に當業者の子弟を教授し夜は上野氏宅に宿するを例とせり　生等弟子たるを允許せられ昼は実地教授を受け夕は宿に侍し或は食膳を陪して口説を聴き　先生に親炙して乾田馬耕及蟹爪打の伝習を受くる事六年其情愛の切なる父子も啻ならさるものあり　明治三十六年十月先生任満ちて故郷に帰らる生等其鴻恩に浴し其高徳を永世

に伝へむか為　茲に之を録して聊其萬分の一に報せんとする者也　明治四十三年九月十五日　上」

西田川郡では、一八八九（明治二二）年に郡書記で勧業担当の平田安吉が林遠里の勧農社を視察し、地主と有志篤農家に呼びかけて勧農会を結成した。翌年、平田は郡長をともなって再び勧農社に赴き半年にわたって農業事情を視察したが、帰郷に際して二名の教師を雇用して郡内の指導にあたらせ、また模範田二カ所のほか試験（伝習）田を数カ所設置し、農家の習熟度に応じて得業証を与え普及活動に際しての助手とした。平田家は藩の御用をつとめた富商であり、安吉の時代には一〇〇町歩ほどの地主だったという。一八八〇年代（明治一〇年代）には牛乳屋や荷馬車屋に手を広げ、馬耕が普及すると農器具の製造も始めるという実業家であり、みずから農業に従事する手作地主ではなかった。同郡は前記二郡に比べて湿田が多く、中小地主を従えた本間家や郡会の斉一的な取り組みではなく平田を中心とする自由党系の地主層が取り組んだ点で指導は徹底せず、効果が顕れる前に地主の不耕作化が進み増収への関心が薄れていった点が指摘されている（小山一九五四　六一一－六二七）。

いっぽう、新潟県佐渡郡の犂耕の本格導入は、一八九〇（明治二三）年の旧・三郡連合会での農事教師招聘の決議と、佐渡郡長、新潟県勧業課長の内国勧業博覧会への視察を契機としている。なかでも、上京した後二者が横井時敬に犂耕法の導入方を相談し、彼と福岡県との協力で長沼幸七の招聘が決まったことは同地への普及の流れを決めるものだった。長沼が指導にあたる際の拠点として、旧・佐渡奉行所の資金で教育・勧業事業をおこなっていた佐渡物産会社の農事播種場（八幡村）が中興村（現・金井町中興）に移設されたが、彼は赴任した翌年に同郷の浦山六右衛門も呼び寄せ、その翌年には佐渡郡内各所に農事試験場（試験田）も設置し、犂耕のほかに塩水選、正条植、短冊苗代、雁爪打（除草法）、堆肥舎の設計、甘藷や粟など畑作物の栽培法にまで手を広げた（北見、石井一九五一　一－二一）[19]。

「同廿三年新潟県佐渡国の農業教師に聘せらる翁空論の事に益なきを思ひ至処筑前特有の持立犂を携へ行きて農事改良を実地に示導す此等の地方乃ち始めて馬耕の術を伝ふ佐渡由来甘藷を産せず翁その栽培法を工夫して之を教へ是によりて佐渡遂に甘藷の給を内地に仰がざるに至る」（「長沼幸七碑」（抜粋））。

長沼の郷里に建つ顕彰碑にはこのように刻まれているが、横井が福岡県に赴任した当初の在来技能の面での恩人にむけて撰した碑文である。

ただし、一八九三（明治二七）年に日清戦争が勃発すると財政緊縮が郡役所にも及び施設は廃止されて長沼は帰郷し、浦山ひとりが残って指導と犂や馬鍬の製作を続けることになった。一九一八（大正七）年、「耕運良範居士」という戒名を贈られた浦山は佐渡に馬鍬を持ち伝えた人ともいうが（北見、石井一九五一　一八）[20]、それまでは代かきには「廻し牛」といって数頭の牛を田に追い回して踏ませるだけだったという。馬鍬は水保ちの悪い漏水田に効果的とされ、酒を持ち寄って唄をうたいなどして賑やかに石突きをしていた地域で歓迎された。長沼が馬耕法を披露した当初は「馬が田を耕す」という大評判で市が立つほどだったともいう。湿田の多かった庄内地方でも同様の新奇さをもって迎えられたようだが、長沼の帰郷後は有志によって「馬耕奨励会」が発足し浦山を師として活動が継続された（同、二一–二三）。なお、一九〇〇～一〇年頃（明治末～大正期）にかけて改良されるまでの馬は、長沼が郷里で女子青年会を指導した際の馬と同じように体高三尺六～八寸という小型在来馬で、佐渡では二歳馬に育つまで山で飼っていたという。これは稲株や株間を正確に辿る農耕馬には全く不向きの駄馬であって、馬子たちはむしろ「佐渡のなんかん馬」と俗称された同地方の荒馬を使役することを誇っていたようである（同、六〇）。

犂は、春田起こしは株切りだけで畝立てはしないので犂へらも正面を向いており、秋用の犂は畝立て用に土が反転されるよう犂へらが左に捻れた専用のものだった。本場の九州北部地方でも農家は必ず二様の犂を備えていたわけではないが、一九一〇年代（大正期）に導入された改良犂の代表である信州の松山犂が佐渡に定着しなかったのは、これが裏作地の犂でないために畝立ての反転性を重視しない設計だったからではなく、練木が長く小回りが利かなかったためである。ただし、当初伝わった筑前の抱持立犂は、犂先と犂へらが銑鉄鋳物で土が付着し易く鋼板製の松山犂の方がこの点では有利だったと思われる。長沼が一九一七（大正六）年に再来した際に携行した㋙犂は、改良短床犂の先駆けとして画期的だったものの、浦山に製造方が依頼されて犂へらの改良も施されたにもかかわらず定着しなかったという（北見、石井、同、五二）[21]。佐渡で初めて本格的に定着したのは、松山犂でも㋙犂でもなく犂耕名人・長末吉の長式深耕犂だった。一九一〇年代（大正期）以降の改良犂であるが、北見等の「佐渡牛馬耕発達史」（一九五一）ではこの長式の登場以来「これを動機として研究も急に進み（中略——引用者）犂の制作者は一斉に改良に手をつけた」（同、五三）とあるのが興味深い。

「一斉に改良」の中身は、長式が練木を貫通する犂柱の前後に打ち込んだ楔の緩緊で練木の取り付け角度を調整し耕深を変えていた工夫を、博多の「磯野式青松号犂」を真似てボルト・ナット式に改めること。耕幅を変えるためにコ犂では練木を左右に変位させる馬蹄形の鋳鉄製ワッシャーが使われていたのを同様にネジ式に改めた点である。佐和田町河原田本町の「マルイチ（㊀）鍛冶屋」福島末吉氏（一九〇五、明治三八年生）は、この種の話を語る数少ない話者である。

氏は隣の真野町の出身で一九二一（大正一〇）年に小樽の鍛冶屋に奉公へ出た。奉公先での四年間は、林業が盛んだった樺太向けのトビ、カン、馬具作りを仕込まれた。その後、佐渡に戻って現在の店に勤め親方から一九三二（昭和七）年に店を買い取り自分が親方となった。翌年に初めて弟子をとり、その翌年にはもう一人増やし最盛期には四人の弟子が居た。高等科を出た一五〜一六歳の次三男ばかりで、六年三カ月後の奉公明けに親方が鍛冶屋道具一式を贈る習わしだった。犂だけではなく鍬もおもな仕事で、佐渡で初めてヘラグワ（平鍬）を「改良鍬」（備中鍬）にしたのが福島氏である。これが「マルイチ（㊀）」という元祖的な屋号の由来であり、佐渡九二軒の鍛冶屋で構成された戦時中の統制組合のなかで九軒だけの「一級」に選ばれる店だった。改良した「四本鍬」（備中鍬）は弟子と一緒に打って一日に二〜三丁の能率だった。刃先に着ける鋼は、当時から出来合いのを買っていたがドイツ・クルップ社製の「東郷ハガネ」が代表的で、鋸、鉈、鎌などあらゆる打ち物に使ったという。

店で売るほかに真野四日町の大願寺の農具市にも出店した。改良鍬など一日で四〇〜五〇丁も売れる大きな市であり、農具市とはいっても鍛冶屋のほかに二〇〇軒も店が出ていた。ほかには多田、赤泊、羽茂の祭りなどにも出かけた。鍛冶炭一俵が三〇銭の当時、鍬は重さ一〇〇匁のが二五銭、鉞（まさかり）は同じ一〇〇匁で五〇銭、鉈はさらに高くて五五銭。稲刈鎌は刃渡り五寸のが一八銭、菜切包丁は二八銭だった。生活用品の物価が粳米一俵で六円四六銭、糯米が一〇円。酒一升が九〇銭で人夫の日当が七〇銭。カツドー（活動写真）が三〇銭で「主婦の友」と新聞一カ月がともに八〇銭だった。犂は大体七円、米一俵で釣りがきたと憶えているが、犂本体は木工職の車屋が造り鍛冶屋は犂の販売はしなかった。車屋は山の持ち主や製材所から杉丸太の根本で根曲がりの端材を仕入れ、これをふたつに割って二丁の犂を作っていた。鍛冶屋は改良犂の金具類を一式三円五〇銭で卸すだけだったという。

犂の金具類は、タタリ（犂柱）は出来合いの鉄棒を買っていたが当初は鉄棒にダイスでネジを切って自製するので手間だった。練木を犂身との結合部で左右に変位させる「自在器」も、三ミリ厚ほどの鉄片を曲げて「箱」を作り自製のボルトを通して小さなハンドルを着けるという、博多の磯野「鉄工部」が一環製造していた部品も個人の鍛冶職にとっては込み入った細工である。犂先は鋳物の犂先は切れないうえに石で欠けてしまうことが多い。氏の時代には鍬先用の厚い鉄板を犂先の三角形に鏨（たがね）で抜いて真ん中をへこませ、周りに鋼を付けていた。犂へらも同様だが、曲面の塩梅が肝心なので鉄板の細い型金を自製し、これをあてながらハンマーで叩く。大工職に曲面の木型を作らせ鉄板をあてがいながら曲がり具合を調整したこともあった。リテー（犂床）の床金も折った鉄板を釘止めしたが敗戦後には鋳物に切り替えた。これは新潟の鉄工所に注文し犂先の根本の裏の脹らんだ「袋」に差し込んで組み付けた。へらと床は、秋用の犂は畝立てなので横に捻れ、床にも横滑りしないように片側に刃をつけた。犂へらも捻れていたので型金は不可欠である。春用の犂は株切り「両分け」なので床の刃がなく、犂へらも犂先の形に似た対象形で、金定規をあてて一直線に曲げるだけの単純な作りだった。

犂作りは一九三五～四四年頃（戦前・戦中期）が最盛期で、車屋が犂作りも兼ねるようになった。新穂村に三軒ほどあったと思うが店ごとに「何々式」という銘を持っていた。なかでも「長式深耕犂」の代理店だった佐和田町の若林氏は進歩派で島外から優良品を選んで代理店契約をしていた。敗戦後も犂は売れたが、自分の店では注文に追いつかないので佐渡で初めて動力ハンマーを導入した。鍛冶屋仲間では格の高い「マルイチ」でも町の大店でないと電力は引いてくれず、当初は仕方なく発動機を使ったので笑われたという。こうした犂作りも一九五五（昭和三〇）年を過ぎると数年ほどで終わってしまった。耕耘機が入ってきたせいだが、敗戦前の一九四〇年前後が最盛期というのは米穀の増産が叫ばれたからである。その頃はどの村でも競犂会（ケイリカイ、キョーリカイ）が盛んで、稲刈り後のお祭り騒ぎだったという話は島内各地で聞くことができる。

一八九九（明治三二）年、長沼の指導を受けた有志によって佐渡郡馬耕奨励会が発足し、稲刈り後の一一月九日に同郡初の「馬耕競犂会」が開催された。これは郡の協力のもとにいったんは恒例化したものの、日清戦争（一八九四年）にあたって諸事業を縮小した郡当局は日露戦争（一九〇四～〇五年）の折には中断させている。ただし、馬耕の普及定着は官民双方に有力な賛同者が多く、一九〇七（明治四〇）年には牛耕の意義も認めた「牛馬耕競犂会」と改められ、一九二〇～四〇年代前半（大正末～昭和戦前期）にかけての犂耕の全盛時代を迎えた。なお、本場の福岡県でも昭和期には牛耕が増えていたようだが、佐渡ではこの間もギュウコウではなくバコウと呼び続けられていた。競犂会での牛の初優勝は比較的早く、一九〇九（明治四二）年の但馬牛であり（『佐渡牛馬耕発達史』同、二一四）、福岡県で使われていた「朝鮮牛」(赤牛)が導入されたのは一九一〇年代終わり(大正中頃)だった。これは後述する粕屋郡の長末吉が特許を取った「長式深耕犂」が島で販売され、長沼、浦山両氏の跡を継ぐように指導を始めた時期と重なっている。犂耕技術の普及が地域の牛種を更新させた例として注目される。

競犂会で初めて馬に勝った但馬牛の歴史は旧く、一五九六(慶長元)年に佐渡へ種牛が導入されて以来のことと伝えるが、『発達史』では日本の飼牛の発祥地を鳥取、高知、佐渡島とみる「中国地方の人」の説が紹介されている(同、六六)。同地では、明治期を通して有志による「牧畜会社」の設立や改良事業の成果があがって犂耕にも牛を使うようになった。一九一五(大正四)年には島内の獣医による去勢が無料で実施され、一三年後の一九二八(昭和三)年には畜牛去勢規定が設けられるような状況も牛の進出を促進した。前後して赤牛系の「朝鮮牛」も導入され、「四肢頑丈で温順、粗食と使役に堪え耕用に運送に適した」[22]この牛の特質が歓迎された。もっとも、郡当局は本来の「黒毛和種」改良の方針を定め、本郡標準体型及登録規定を設けて兵庫、広島など山陽・中国地方から種牛の供給を仰いだために、競犂会でも「朝鮮牛」の出場を歓迎しない風が出てきたのは福岡県での輸入頭数の激増とは違う状況だった(同、六七)。

また、一九一七(大正六)年の全国農事試験場長会議が東京で開催された際に、招待されていた長沼と佐渡郡の場長が再会しそのまま長沼をともなって帰島したことがあったという。二〇年以上をおいて浦山とも再会した彼は、当時愛用していた㋵犂の製造方を浦山に依頼する。死の前年、中風を患っていた浦山は佐渡向きに犂への反転性の改善に取り組んだというが、初めて登場した短床犂が広く普及することはなかった(同、四)。庄内地方に比べて地主の強力な指導が目立たなかった佐渡では、比較的早くから馬耕が牛耕に改められる等、牛飼いの伝統を背景に独自の選択をおこなった。後述する石塚権治氏が一九二〇年代(大正後期)に福岡県粕屋郡の長末吉のもとへ留学した頃の受け入れ側の回顧談を聞き書きした香月氏は、「佐渡の人と本州〔新潟県――引用者〕の人とでは、また感じがちごうとりました。佐渡の人は着物、言葉、ふるまいなど、どことなく垢抜けしており、男でも花を生けたりで、〝佐渡の人は開けとる〟と言いあったもんです」（香月一九八五　一一-一二）と筆記しており、都の香りを感じることが出来る点では本間家の本拠である庄内地方の酒田と共通していたようである。筆者が新潟駅から港まで拾ったタクシーの運転士も「佐渡の人は、こすい」と一言で片付ける程に一般的な特徴でもあって、本来は九州の抱持立犂など不要の関西先進地・長床犂地帯に属していたと考えられる。

さて、牛馬耕競犂会に発展した一九〇〇年（明治末）の頃から、入賞者の賞状も郡長に代わって県知事名で交付されるように格上げされた。牛馬耕競犂会も、一九二〇（大正九）年に解散し郡長を会長として郡役所に事務局を置く佐渡犂友会に発展し、さらに圧倒的な技量とみずから特許を取った改良短床犂を持ち込んだ長末吉が通ってくるようになって犂耕の最盛期に入る。一九〇〇（明治三三）年生まれの石塚権治氏（新穂村瓜生屋）は、六九歳の長沼が㋵犂を携えて再び来島した一九一七（大正六）年に佐渡農学校を卒業した。これは、多くの実業教師を育成した福岡県の粕屋農学校同様に実技に力を入れる乙種農学校[23]だった。氏が馬耕に打ち込んだきっかけは、小柄で一日の出来高が人に劣るのが悔しかったことだという。稲刈り後の鍬による畝立ての際の回想だが、麦などの裏作をしない佐渡では本州側と違って畝立てをして冬を越させていたのである。鍬耕は「手打ち」と呼び、当時はすでにヘラ鍬ではなく㊀鍛冶屋の福島氏が始めた三本刃の備中鍬が普及していた。犂耕は、同じ瓜生屋で九歳年長の北見順蔵から手ほどきを受けたという。

北見は浦山の晩年の弟子だが、一九二〇（大正九）年に県の指導で二名の教師が招かれ長式深耕犂が導入されて以来の名人である。[24]『発達史』には「この長所が認められて犂耕の一大革新がもたらされ、競犂会も有床犂に切り替えられた。熱血迸る青年等は相図って先進地九州に赴き技術の錬磨に努めた」（同、五）とある。長式の販売員は、県の紹介斡旋で春田打ちの前や秋の刈り取り後に村々の農会を巡回し、一週間ほど旅館に泊まって指導にあたったという。石塚氏も農会から二名の推薦枠に入ることが出来、一〇月に旅費の支給を受けて福岡へ赴いた。すでに新潟、金沢、大阪、下関という鉄路が完備していた。長「先生」の所では食費もただで、近在の青年たちは米を持参していた。犂は国元から持参したが、本場の実習田では未だ旧来の抱持立犂と改良型の短床犂が混じっている状況だった。北見同様に長から適任証を貰った石塚氏は、帰りには新品の長式深耕犂を買って帰郷し、以来新潟県一円をくまなく巡回することになる。

一九〇〇（明治三三）年生まれの石塚氏が「先生」と呼ばれた一九二〇～三〇年頃（大正後～昭和初期）にかけてが本格的に犂耕が普及定着した時期だったことは、改良短床犂の歩みに関する限り九州北部地方に遅れることではない。「私らの頃、本格的にバコウが普及し、まれに裏作に麦を作る人が出てきた」という石塚氏は、現在の金井町中興で浦山が犂を作り、また長沼に師事した畑野町の農家も作っていたことを回想する。氏も改良型の鞍を大工に試作させたというが、犂耕は道具としての犂の改良と牛馬の使役をめぐって個人の創案や工夫、あるいは資質に依存する面の多い技能だったといえる。

一九二三（大正一二）年、石塚氏をはじめ九州帰りの青年たちで佐渡郡耕友会が結成された。一九三〇年代（昭和戦前期）、すなわち普及定着期の佐渡は「長式」一色だったという。一九〇八（明治四一）年生まれの立分村治氏（金井町泉）は、一九二九（昭和四）年の一〇月末に稲刈りを済ませて福岡へ出かけた。すでに佐渡から多くの青年が派遣されており、たまたま支給された旅費を使い込んで長のもとに赴かない者がいたので、適任証は二年越し（二回目）の青年でないと貰えないことになっていた。また講習の一カ月間、一日宛八〇銭の食費・宿泊費を徴集されたという。出立に際して、九州往きを済ませた先輩たちから「貴様たち往って懲りてこい」といわれた。口と手と両方が飛ぶ厳しい指導で、講習の途中で佐渡へ逃げ帰る青年も居り「往って懲りてこい」ということばの意味が異郷で身に染みたという。もっとも、見所のない青年や官の俸給で食べてゆける技手の類は全く怒られず、実際に地元の粕屋郡一帯では「長先生に叩かれんようなら、つまらん（駄目だ）」と親から送り出された話者は多い。

庭には農学校有志を中心に二年前に建立されたばかりの銅像が建っており、未明に起き出した青年たちはその前で体操をしたが、大きな火鉢を抱えて睥睨する長の前で縮みあがらぬ者は居なかったという。生前、自家の庭に銅像建立を許し、またそのような費用を支えるだけの有志者が集まるという破天荒な人物であった。『発達史』にも「眼中人なく」（同、一二三）と表現されているが、その人物像については次項で述べたい。立分氏は、農会の人に命ぜられて長沼の家まで出かけ墓参りをした。これは村や農会から派遣された佐渡の青年たちの恒例だったようで、長沼の家では表敬に対して三日間泊めてくれたうえに送別会をやってくれたという。

(3) 普及制度と形成される担い手

ここでは、いま述べてきたような伝習制度の担い手について、技術普及に際しての人的契機という観点から論述する。一九一〇（明治四三）年、九州沖縄八県連合共進会（第一三回）が福岡市で開催されるにあたって、粕屋郡農会では『粕屋犂』なる小冊子を製作した。競犂会の始まりについて抜粋すると

「耕鋤は農業上の一大技術なるにも拘わるす《ママ》近時農家の青年動もすれば　其の労を厭ひ其の技を疎にせんとす、随て耕地漸く浅薄に傾きつゝあり。本郡は夙に　是等の弊風を矯正せんか為め明治十九年郡競犂会なるものを起し各町村の選手数十名を今の大川村長者原に集合せしめ耕鋤の技を闘はしめたり」（粕屋郡役所一九二四　三五九－三六〇）。

とある。この時期には青年層の「弊風を矯正せんか為め」と認識されていた「競犂会」という催しは、同郡旧・松崎

村（一八八九、明治二二年より多々良村）の藤野小四郎（一八四六～一九二〇）が周囲に呼びかけ、一八八〇（同一三）年に同村から六名、旧箱崎村から同様に数名というごく内輪で始まった催事だったという（森一九四八　二五－二六）。多々良村ではその後六〇余回も続いてゆくが、費用の苦労から一八八四（同一七）年に藤野と周辺関係者が福岡県へ主催を働きかけた結果、翌年に大日本農会福岡支部が最初の県大会を主催することになった。

森によると、民間有志によって日本初の競犂会が開催されたのが一八八〇（同一三）年、一八八五（同一八）年には大日本農会福岡支部の県大会。いっぽう粕屋郡農会の冊子では一八八六（同一九）年に郡競犂会が開催されたという（森、同）。

「参会するもの毎に老成の者のみにて其の技は熟せりと雖も以て多数の青年を鼓舞誘導する能はさるの憾みあり依て爾来各町村毎に之を開設せしめ郡費を以て其の報奨費を補助し主として農村青年の出場競争を奨励する方針とせしより各町村競ふて之を起し今日にては一回たりも開設せさる町村なく」（粕屋郡役所一九二四　三六〇）。

という部分は、犂耕技術の普及論にひとつの資料を提供するものとして興味深い。藤野の周辺で私的に運営されていた競犂会が大日本農会の福岡県支部に移管され、県内各郡ではいわゆる系統農会が後援するようになったことの社会的意味は、一八八〇年代当時の農業政策の技術的局面において、青年層の錬成が課題となりそのことが制度化されていた点と連動している。[25]

一般に若者が錬成・矯風の対象として当局の視野に入るのは、「青年団の父」と称される山本滝之助（一八七三～一九三一）が主導した青年会の組織化運動や、一九〇八（明治四一）年の戊申証書の趣旨などから一八九〇年代以降（明治後期）とするのが定説である。[26]この点から、競犂会が粕屋郡多々良村に始まり県外にまで広がった背景のひとつとして、地方改良運動の時代における青年層の「覚醒」と彼らへの期待の高まりという社会環境の側面を想定することができるだろう。戊申詔書が発布された年に生まれ、一九二九（昭和四）年の稲刈りを終えて「貴様たち往って懲りてこい」と長末吉のもとへ送り出された佐渡の立分氏の回顧談なども、農業技術の普及が一面で担い手としての青年層の精神錬成の制度化の過程と係わりを持っていたことを示唆している。

ところで、大日本農会特別会員の若林高久は、一八八四（明治一七）年の報告記事「競犂会」で欧米に倣ってこれを開催する必要を説いていた（若林一八八四）。日本での競犂会は、彼によると一八八一（明治一四）年の下総種畜場、翌年の札幌、一八八三（同一六）年の函館の開催例があるが、いずれも在来犂を視野に入れない洋式のプラウによる競技会だったと思われる。一八八六（同一九）年には東京の三田育種場でも開催されており、これは「競犂会規則」「同、審査規則」を公示し農商務大臣谷干城以下各地方長官が臨席するという本格的な構えのものだった（大日本農会一八八六ａ）。「規則」第二条に出場者は事前に犂の和洋、牛馬の別、畜種の和洋、畜数、員数を届け出ることが定められており（大日本農会一八八六ｂ）、抱持立犂のような在来犂も形式上は視野に入れた催しだったことが分かる。また、出場者がその際に使った犂の実態は不明だが、「審査規則」の「点査表目」で定める「馭術　姿勢　発掘の深浅　同広狭　同屈曲」という項目は、のちに福岡県を中心に一般化した「耕技（姿勢、用畜操縦、動作等）耕具の装置取扱（装置、調節、取扱等）　畦形（形状、塊列、畦溝、枕畦巾等）　深耕程度（作土耕起の状況、地盤平均、耕底等）」（森一九三七　二〇三–二〇七）といった項目の基礎になったものと考えられる。

以上のように、競犂会の制度化は欧米の先例をふまえて中央でも早い時期から模索されていたが、競犂会制度の普及と定着が比較的速やかだったのは、在来犂による競犂会が福岡県粕屋郡で部分的に定着していたこともあるが、何よりも同地の犂を官府が普及させていたからである。また、犂耕という新農法を広く認知させた競犂会という催事は、農村では小学高等科をおえた少年以上が対象となる若者の通過儀礼的な娯楽行事として定着したが、同時に長末吉のような製造業者が犂を販売する目的を兼ねていた点も理由のひとつだろう。前述の藤野小四郎は競犂会の前年一八七九（明治一二）年に抱持立犂の改良に着手し、あわせて操作法の訓練の必要を痛感して競犂会を思い立ったのだという（森一九四八　同）。長沼に伴われ佐渡に没した浦山六右衛門などもその類いであり、藤野のもとに出入りしていたという三三歳年下の長末吉も犂作りの点に関しては藤野以上だった（清水一九五四　二四六）。

普及政策の一環として始まった競犂会制度によって犂の需要に拍車がかかり、普及先の各地に犂の製造という業態が普及定着したことも注目すべき点である。教育普及と製造販売とが未分化な当時としては、犂を携えた実業教師たちは招聘先の実状に合わせて犂を改造し、あるいは改造点を出身地に報告して犂を特注していた。彼らは、犂づくりと操作法、牛馬の使役など総合的に犂を理解する人々であり、短期間のうちに派遣先の耕地の増収を達成することによって販路を拡大するという「先生」であり、そのような普及活動を迎え入れる在地の篤農家や老農の枠から逸脱した異能の存在だった。

このような「教師」を頂点とする競犂会が錬成・矯風の対象とされた青年たちを最も魅了したのは、やはり犂耕自体の本格普及・最盛期と重なる一九二〇～三〇年代（大正後期～昭和戦前期）である。粕屋郡の小野村米多比（一八八九～一九五五、明治二二～昭和三〇年。現・古賀市米多比）の村山貞夫氏（一九〇九、明治四二年生）は一九二七（昭和二）年に初めて競犂会へ出たという。自分の背丈と変わらぬくらいのモッタテを「抱いて」父親から仕込まれたという昔語りはいずれの話者にも共通することである。前述のように、モッタテとは㋵犂や「長式深耕犂」のような短床犂であって、庄内地方で筑前犂と呼ばれた無床のカカエズキ（「抱持立犂」）は使った記憶がない。腰には木槌をぶら下げて鋤いたが、これは前述のように練木と貫通した部分を固定する楔を叩いて緩め、犂身に対する練木の取り付け角度を変えて耕深を調節させる改良のためである。旧来のカカエズキは固定式であり、犂身を保持する角度を手加減で変えねばならず、一定した耕深を保つことは比較にならないほど難しかった。ただし楔式に改良されるとこれが作業中に緩むようになり、中断して叩き締めるために作業中も木槌をぶら下げていたのだという。

楔を使ったこの新型は栓（せん）モッタテと呼ばれ畝立ての性能も飛躍的に向上していた。少年時代の氏は、大人たちが「よー（良く）なったネー」と喜んでいたのを憶えているが、このような感懐から「長式」が特許を取得した一九〇〇年頃（明治末期）の創案が商品に反映され定着したのは、地元でも一九一〇年代（大正期）に入ってからということが分かる。また、氏の青年時代には磯野式に倣って犂柱を兼ねたボルトを練木の上下に挟んだナットで締め付け、ナットを緩めて練木を上下させる式のが出回っていたが、犂先が鋳物から切れ味の良い鋼板に変わったのも競犂会へ出るようになってからという。

先に引いたように、森周六の著作には自身による聞き書き資料が引かれていることが多く興味深い。氏の『犂と犂耕法』（一九三七）によると、無床犂（カカエズキ）は一八九六（明治二九）年頃から短床犂（モッタテ）と交代しはじめ、三年ほどで短床犂が「一般化」したという。それは使用時に「斜方向を向く」ように改良されており、犂先や犂へらも同様に「斜方向に傾」けて取り付けてあった。さらに、四年ほどすると犂へらをより積極的に捻った犂が登場し、犂柱がボルトになったのは博多の磯野七平鋳造所が一九一五（大正四）年に創案してからだった。同時に、磯野は佐渡の㈠鍛冶屋こと福島末吉氏が作ったようなネジ式の「自在器」もつくり出し、耕幅も調整できるようになって改良短床犂の要件が出そろった。村山氏の話とほぼ整合性があり、鹿児島から佐渡、庄内地方など局所的な筆者の聞き書きに限っても、仙台平野など太平洋側に遅れがみられるほかは犂の改良と普及に大きな地域差が少ない点は、系統農会などを末端組織として全国斉一の取り組みが展開されたためであると考えられる。

村山氏によると、競犂会では日が迫ってくると朝三本、昼三本と畝立ての練習をやらされたという。畦の所々で横溝を切って断面を改め、シンコウ（耕深）を検分されたが、バン（耕盤）の部分から深さを揃えて確実に反転していないのは減点対象だったからである。米多比地区でも氏の田畑は上米多比の山つきで耕土が深く、裏作の畝も稲の七株幅で高く盛ったので一八歳で初出場した村山氏にも重労働だった。高等科を卒えた頃には稲刈りが終わると年長者に連れられて長末吉の処へ通うようになった。数十名の青年を迎え入れていたが、ニワ（土間）に大きな卓が出してあり麦飯、煮染、味噌ツユ（味噌汁）など食べ放題だった。長は頑固なヤカマシモンで誰それ構わず青竹の鞭でシワクリカエシテ（叩いて）いたという。

いっぽう、同地区から海岸部に下り五キロほど西行した和白村三苫（一八八九〜一九五四、明治二二〜昭和二九年。現・福岡市東区三苫）の堺泰作氏（一九〇九、明治四二年生）は六年生で競犂会に出た。その時、小柄な氏は犂より背が低かったので誉められた記憶がある。バクリョーの鑑札はとらず精農として信頼され、苺栽培や後継者育成で声望を得た氏は負けず嫌いだったという。一九三〇〜三一（昭和五〜六）年頃に大字（アザ）の競犂会で優勝して村の競犂会に出たが、判定に贔屓があったので郡競犂会出場を断ったこともある。海岸部の三苫地区では砂地を活かして苺作りに転換しており、農村恐慌とは無縁の恵まれたムラだったが、近隣地域では「三苫のもんには布団は要らん」などと噂しており、娘を嫁がせる親が躊躇するほど農事が忙しかった。[27] 山つきで耕土が深く七株畝の幅で裏作をしていた上米多比とは対照的に、耕土が浅いうえに底土は塩分を含んでいるので六株畝の高さが限度だった。このような砂地を浅く耕すにはむしろ旧式のカカエズキが便利で後々まで使われていたという。

犂耕は「鋤き割り」作業で掘り割った土を「鋤き寄せ」作業で盛り上げるものだが（第三章第一節の図3-1）、カカエズキの時代は前段の「鋤き割り」をやらなかったので耕深も浅く土くれも大きかった。森の聞き書きにあるように、この耕法では往復回数は少なくて済むが牛馬への負担が大きく、耕深も土の反転も期待できないので一九一四（大正三）年頃からはあらかじめ「鋤き割り」をおこなうやり方が普及したという（森一九四八　四八-五〇）。砂地で甘藷、玉葱そして苺と稲麦以外の商品作に力を注いだこの地区では、前述のように古い耕法と道具が生き残る特殊事情があった。同じ三苫の堺義美氏（一九一二、大正元年生）は、一三歳も年下だが高等小学校に上がるまではカカエズキを畑で使っていたことを憶えている。犂先も犂へらも真正面を向いており、畝立てはやり難かったが後年まで作溝器として重宝がられていた点は前述の熊本県菊鹿盆地の畑作地帯と同じである。(28)

泰作氏から犂耕を仕込まれた義美氏は一九三二（昭和七）年の郡競犂会に出場したが、こういう時にはムラで一番良い牛をあてがわれ青壮年総出で練習に付き合ってくれるものだった。戦争が激しくなって馬が根こそぎ供出させられる前のことで、郡大会では馬を使う選手もいた。馬は力が強く腰の振れが少ないので牛よりもついて行きやすかったという。当時の競犂会の審査の配点は、出来高（畝形）四〇点、技術（耕技）四〇点、深耕二〇点と整理されており、バンゴニンも一人つけることができた。バンゴニンとは、土くれが溝に転がり落ちたり稲株が反転して居ないため出来高で減点されるのを防ぐために、その位置を教える熟練の補助員である。技術のなかには「姿勢」も含まれるので鋤手は下を向くことが出来ず、バンゴニンの「その前のクレ押さえたり！」といった声を頼りに鋤手は足でくれを蹴り上げ、稲株を踏み込むという連携が求められた。(29)仕上げねばならない畝は長さ二五～三〇間、幅は会場の耕土の深さに応じて四尺五寸（六株畝）から五尺程（七株畝）でこれを三本。一間当り六分以内の能率が求められるのを丙組。四分半以内が甲組などと分かれており、高さ一・七～一・八尺もある畝三本が出来上がるまでに二時間前後はかかったという。畝の側壁のなめらかさ、溝に残る鉄製の犂床の筋が一直線かどうかなど、組分け毎に紅白・黄色と決まっている鉢巻きの染料が額に染みるほどの体力と集中力が求められた。

最初の「鋤き割り」工程の導入で耕深と土の反転性は改善されたものの、表層に乗る大きな土くれは改良されたばかりの短床犂では完全に反転できず、足で蹴り上げたり押さえたりせねばならなくなった。優れた選手は腰から下を決してふらつかせず、一〇間以上も進んで片足は一度も地に着けなかったなどという極端な話でも、遠い熊本県の菊鹿盆地で披露すると話者たちは頷いてくれる。このような村一番の名手が立てた畝は見事なものだった。土クレもなくお菓子のようだった。今は見られるものではない等々、人々が畝の仕上の美観にこだわった口吻が最盛期の犂耕に傾けられた精魂を伺わせる。犂と犂耕法の改良によって畝の仕上がりが目に見える形で改善されると「お菓子」のような仕上がりが要求され、いっぽうで畑作の奨励によって改良前の軽便なカカエズキ（抱持立犂）も捨て難くなるという矛盾が現場では生じていた。この「足技」は、反転機能の一層の改良によって溝浚えの仕上げ作業が解消されたことにより一九二三（大正一二）年に福岡県の大会で禁止されたというが（森一九四八　五〇）、この時点で短床犂が一応完成され現場に普及していたと見なすことができるだろう。

競犂会という伝習・普及と青年層の錬成の制度は、農家にとっては農閑期の娯楽など別の意味合いをともなって受け入れられていた。米多比地区を流れる大根川を四キロほど下った古賀（一九三八、昭和一三年より町制。現・古賀市）は海岸沿いの街である。福岡と北九州を結ぶ鹿児島本線の駅と国道三号ができて発展した街で、裏作菜種の畝も稲株で七株、場所によっては八株畝と耕土が深く、経営面積も比較的広い豊かな地域である。高原久氏（一九三二、昭和七年生）の経営規模は約田畑三町。多いときは田だけで三町も作っていたことがあり、反収が概ね七～一〇俵として一〇俵もとれた秋は三〇〇俵分の籾を抱え込み大変だったという。耕耘機を買ってからは犂耕を止めてしまったが、父親は一九五九～六〇（昭和三四～三五）年頃までやっていた。自身の初体験は小学校五年で、競犂会に初出場するのは小学校を卒業してから、競技の乙組に出るのは高等科をおえて農業学校入学の一八歳から、そして甲組は青年二〇歳以上という分け方だった。

全国的な本場である粕屋郡大会で入賞すると、他府県の農会や役所でも「先生」で通るほどなので、出場のかかった町の大会で成人の甲組ともなると金の工面が大変だった。息子を出すと決めた家では、稲刈りが終わって菜種の植え付け前まで二週間ほど、近所の年長者五～六人にバンゴニンを頼んで教えて貰う。競犂会は、結局は犂の宣伝なので本番の時には製造業者の息のかかった人物をバンゴニンに頼むことが多かった。前述のように、連日早朝から夕方まで畝のこちらと向こうとで青竹や棒で叩きながら「仕込む」のだが、血の通った親はこうは叩けないと氏が回顧するほど激烈な指導だったという。農閑期ではあり、朝から毎日一家総出で昼食の弁当や「ぼたもち」などを野良に運び、夜は家に客を招いてカシワ（鶏肉）ですき焼き[30]など酒席を設ける。ほかに礼金や道具だてに始まり馬の購入や飼育等々際限なく金が消えていくのは選挙と同じである。個人の資質だけではなく家の財力や格も問われたことが三苫地区での審査の「贔屓」の例からも伺われる。

戦前期の競犂会は、まともに入賞を考えるとしたらどの家も出場できるようなものではなかった。町の乙、丙組はほとんどの家が出たが、「男の一人前」を競う甲組ではこのように家格や金が前提だった。そして、いよいよ郡競犂会ともなると出費が報われるか無駄銭になるか、また体面や面子もあるので絶対に敗けられない。事前に開催地の田を借りてバンゴニンはじめ付添人や馬をつれて泊まり込んで練習する。これも農家に頼み込んでのことなので米で払うというわけにはいかない。馬も畝溝を拾い歩きさせるために、犂耕用に仕込んだ小柄で足形やトレッドの小さな馬をバクリョーが牽いてくると買ってしまうことになるのだが、普段使いの馬と違って敗戦後の一九五〇～五一（昭和二五～二六）年で七万円くらいはした。もっとも敗戦前は大柄の良い馬は軍に徴用されるので農家では飼うなといったものである。練習では、馬を叩くと萎縮して動きが鈍るので選手を叩く。バンゴニンが青竹を持って叩くのである。[31]良い馬は、絵に描いたように人が歩くようにすっきりと畝溝を拾い歩きしてくれる。畝線の間隔の正確さと所要時間を決めるモーリ（廻り。畝端での折り返し）が上手いともいう。米多比の村山氏が息子に買ったのもこのような馬だったが、平常は牛を使うので餌を厩肥に変える「糞畜」にすぎない。こういった、周囲の熱気や勢いに棹をさせない境遇に追い込まれるので、農業一筋で堅い農家は町の乙組どまりでほどほどに切り上げるのが普通だったという。日常的な犂耕技能を競い合う競犂会が錬成と娯楽。家格や財力の誇示の場に変質していたことを示す回顧談である。

競犂会と犂の改良の実態をごく簡単に追ってみたが、次に競犂会に向けた犂耕法の指導と改良犂の分野で大きな足跡を残した長末吉について改めて触れておきたい。

第三章第一節で一九一九（大正八）年に「流体力学的な」犂へらが特許申請され、それに先だって一九〇〇（明治三三）年には「長式深耕犂」の原型が特許を取得したこと等を述べた。在来のカカエズキの犂へらは、正面を向いた二枚の犂先を各々の底辺で角度を持たせ中折れ形に継いだだけのものであり、土を連続して左に落とし反転させるためには犂体を左側に傾けて保持せねばならず、反転性の向上が最大の課題だった。方法としては、犂へらを左向きに捻り下部から上端に向けて勾配を増す三次元曲面に仕上げること以外にはなかったが、犂へらの申請書で改良の目的を「畝立犂ニ於ケル耕耘作用特ニ反転作用ヲ的確ニ遂行シ得ルモノタラシメ比較的少ナキ抵抗ヲ以テ畝立作業及ヒ深耕ニ適スル犂ヲ得ントスルニアリ」と記されているのがそのことを物語っている。

長の創案は、これをふまえて犂へらを曲面にした「長式深耕犂」に発展し、反転性が大きく改善されたことも述べたが、博多の「礒野式」「深見式」、熊本の「日の本式」。あるいは三重県名張の「高北式」といった追従者を産んだ。[32]「長式深耕犂」は、一九三〇年代の米穀増産圧力と犂耕指導の本格化に対応して大量生産された改良短床犂の雛形となった。とりわけ、これらの改良犂が達成した反転性の改善が競犂会の「足芸」を不要にさせていった点が注目される。また彼自身が普及初期の先人たちを継いで各地の農会や役所の勧業課などから招聘され、犂耕法の指導と競犂会制度の普及に協力することをとおして製造業者の販路も確保していったことは、製造業者としての業態の確立の点で画期的だった。一九三〇～四〇年代（昭和戦前期）には福岡市東郊、粕屋郡東部（裏粕屋地域）から東隣の宗像郡では深見犂が多く、西の表粕屋、南部の久山、須恵など彼の自宅と工場のあった多々良村（一八八九～一九五〇、明治二二～昭和二五年）周辺地域では長式ばかりだったというのは青年たちへの講習の結果であり、佐渡に長の犂が普及したの同様に青年たちが長の犂を買って帰郷したからである。

長末吉は、大川村戸原（一八八九、明治二二年まで戸原村）の地主の出身で、男三人、女二人の三男だった。尋常小学校を出て粕屋郡篠栗町の山林地主の家でオトコシ（男衆）として働き、徴兵検査の歳に年期明けで犂の製作をはじめた。人を使うようになって多々良村に建てた自宅裏の長式農具製作所では大工たちが「モッタテを削っていた」という。後になると遠方から通ってくる青年たちが寝泊まりできるように脇屋を増築したが、野良に立って酒でうがいをするほどの大酒呑みだったというのもよく聞かれる回顧談である。若い頃、一人で犂づくりに没頭していた頃の長は、依頼先に寝泊まりして作るほどの熱の入れようで家には居着かなかったともいう。また、馬好きで曲乗りが得意だった。向かってくる暴れ馬を指一本で抑えた。犂耕の腕前は「白足袋で鋤いても足袋を汚さない」「ネリキやエ(柄)に盃を置いて鋤いても酒をこぼさない」「名人だった」「(犂耕の実演を)目の覚むるごとしなる(なさる)」「神業」だったという話しを、かなり下の世代からも聞くことができる。白足袋で鋤いても足袋を汚さなかった逸話は敗戦前後の聞き書きでも同じであり(清水一九五四　二四六)、この種の語りはなかば伝説化したものといえるだろう。いわゆる伝説的な語りは同時代の状況を語り伝えた広義の史資料でもある点で、彼の指導や競犂会をめぐる回顧談も同様に当時の社会環境と関連づけてとらえ直す必要がある。

一個人の創案と活躍が、技能の修得という個人的な実践行為を公式に評価する競犂会制度を普及させ、青年層への修得圧力を助長した。この制度の求心力は、一地方の耕耘技能の修得を課された青年層の錬成という社会的な要請がもたらしたものであって、当局の技術政策だけが唯一の要因ではない。一九三五(昭和一〇)年に没した彼が語り草になった時代は、犂自体の改良が一応終わり戦前期の増産圧力で犂耕と競犂会が本格普及した時代である。また一九三二～一九四三(昭和七～一八)年の救農政策である農山漁村経済更生運動が展開され、「農民精神の更生」「隣保共助の高揚」といった生活規範が強調された時代でもあった。製造業と当局との連携という、市場原理から外れた政策によって普及市場が創生され長末吉の事蹟が顕彰された点に伝説の特質の一面をうかがうこともできるだろう。また、祭礼の長法被ならぬフロックコートに草履、銀時計というバクリョー顔負けのいでたちと「酒でうがいする」といった破天荒な押し出し、そして愛情細やかな性格が青年たちを虜にした彼の人間性も伝説の母体として無視できない。

博多東郊の箱崎町（一八八九～一九四〇、明治二二～昭和一五年。現・福岡市東区箱崎）の楢崎伊三郎氏（一九〇八、明治四一生）は、これから述べる藤万次氏（一九〇九、明治四二生）と同年輩の親友で一九二五（大正一四）年頃に礒野へ入社した。幼年学校を出た伯父が馬好きで近衛騎兵連隊長にまで出世したせいか、氏も馬が好きで騎手をやろうとさえ思っていた。当時は、箱崎宮の浜の方に競馬場があり粕屋郡一帯の金持ちが道楽で馬を飼っていた。祖父もその一人で、無類の馬好きだった長末吉も実家にいろいろと教わりにきていたという。二七～八歳の頃（昭和一〇～一一年）、東京の全国役馬競技大会の際に自分が馬主の代わりに馬を牽いてゆき、藤氏を出場させようとしたら各地の選手・関係者が出場しないように懇願するほど藤氏は名が通っていた。代わりに一緒に同行してきた馬の世話係の青年が出て優勝してしまったくらいに本場の技能は圧倒的だった。

大川村の藤氏は一七歳（一九二六、昭和元年）で郡競犂会に優勝した。先進地として全国一を意味する最年少者の快挙であり、平均二四～五歳の盛りでないと体力的にも無理な事柄である。父親が長の友人で、遅くまで男児に恵まれなかった彼にとって藤氏は我が子同然であり、粕屋農学校の在学中に優勝した氏は愛弟子以上に大事にされたという。内橋（明治二二年まで内橋村。のち大川村）の家は田一町四～五反、畑八反ばかりの自作で中農の部類だったものの、水利が村の一番下手で条件が悪かった。三苫や古賀のような東部の裏粕屋地域では競犂会も牛を出したが、こちらの表粕屋一帯はほとんど馬で出場していた。牛と馬との地域差の理由は、前者が蔬菜の先進地で牛車が多かったためか土壌の違いなのかは当時も判断できなかったという(33)。ともかく、馬と牛の力の差は技能だけで克服することは難しく、こちらでも平常は牛耕が主だったのだが馬耕にも慣れた表粕屋から藤野小四郎、長、藤氏といった人々が出たことは事実である。

氏が熊本県から招聘された際、米一俵（三斗四升）七円の頃に日給五円で、一〇日で五〇円を貰って帰ったことがある。村の吏員の月給が四五円であり、現金が乏しかった一九三〇年頃（昭和初期）の農村では大した現金だった。

静岡県農試は太平洋側では犂耕の普及に力を入れていたところであり、そこの技師が粕屋郡の出身者で知り合いだったために呼ばれたことがあった。一番の「破れ馬」をあてがう村があったが、「日本一」の藤氏はこれを用水に引きずり落とし水から出さなかったら終いには馬もおとなしくなったという。こういう試練は、出張した誰でもが体験することであって、氏は犂耕に馴染みのない村が懐疑的なのは当然だともいうが、日本の多くの地方で田畑に馬を入れて自在に駆使することは犂耕以上に驚きだったことを物語っている。そういう意味で、その例外を無造作にやってのけることが藤氏ら「先生」にとって緒戦の勝負どころだった。

このような藤氏が、一九三四（昭和九）年に後発大手の磯野へ移籍した際には、情の篤い長が泣いて怒ったという。文子夫人（一九一一、明治四四年生）によると、夫は出張ばかりで自分独りが農事を任され、何よりも田畑二町歩以上の農家で一緒に働けなかったのが辛かったという。当時は女手で終日ブリ棒（唐棹）でカラシを打っても、出荷する段に貰う金は長靴の片方も買えないなどと軽妙な楢崎氏から揶揄された思い出がある。藤氏のほうでも、田は本家に頼み畑は夫人の実家から加勢を得てはいたのだが、いつまでも甘えるわけにはいかず無給のまま夫人に任せきりの自家の将来を案じ、役場と同じ位の月給の出る磯野に移ったという。[34] おりから農村恐慌の時期で、資金力のある磯野は各大会の入賞者や粕屋農学校の第一期生以下、季節契約を含めて四〇名も集めていた。夫人は農学校の同窓生が毎晩通ってきて藤氏を説得していたことを鮮明に憶えているという。

林遠里の勧農社は、巡回指導で指導料を稼ぐ修了生から一種の上納金を受け取っていたが、その活動は長末吉が生まれた頃まで続いていた。いっぽう、藤氏は自家の田を長の伝習田に提供していたものの、このような私的な人間関係と名人芸で伝説的な人物像を形成していった長末吉は賃金制度を採らなかった。彼は、育て上げた青年たちが次々と磯野七平鋳造所に走る事態に対応することをせず、また植民地朝鮮・満州では大量生産と組織的な開発・指導体制が求められ、大きな市場が形成されつつあった時期にも、自宅裏の長式農具製作所での製造と指導の業態が変わることはなかった。すでに彼は犂の改良や普及指導について全国の弟子たちとともに大きな成果を残したのであり、その積み重ねによって担い手としての自己を形成し自賛の銅像を建てさせたのである。このような人物にとって、改良に続く大量製造・全国普及についての見聞を客観化し、合理的な進路を判断することなど難しかったのだろう。あるいは、犂と犂耕法という日常的な技能でさえ製造・普及の新局面において個人の対応の範囲を超え始めていたことを自覚することが困難だったためとも考えられる。

一九一六（大正五）年、北海道帝国大学が「本邦在来犂に関する研究」で森周六に学位を授与したことを第三章で述べたが、博士は一九二四（大正一三）年に助教授として九州帝国大学農学部農業工学科に赴任し、一九四一（昭和一六）年に日本初の農業機械学講座の教授に昇任した。一九一九（大正八）年に（県）を出て農学部の助手となっていた古賀茂男氏（同六年生）は、一九二五（同一四）年に講座開設の構想にともなって森助教授のもとに配置され、以来四〇年間余も同講座に勤務された。一九二七（昭和二）年一二月一二日付で講座開設が官制公布されると、氏は翌日の朝刊記事を神棚に上げ「森教授のもとで河岸の捨て石」たるべく忠勤を祈念したという。磯野の工場へ移ってゆく青年たちと学問の発展、そして青年層の「弊風を矯正」し彼らを編成することも目指した競犂会制度の普及といった諸事象は、農業技術をめぐる担い手と社会との関係性が新たな段階で変質していったことを象徴する出来事と考えられる。

注

（1）　磯野家は鋳物問屋のほか「博多土居銀行」も営んでおり、秀吉から拝領したという三千坪の敷地に工場、事務室および社宅、そして銀行と磯野の自宅が一棟に建てられていた。なお、銀行を創業したのは同家一一代目で、一八九三〜九四（明治二六〜二七）年に第二代福岡市長をつとめている。

(2) 神屋は、これらを無床の「抱持立犂に属するもの　朝鮮犂、五島・対馬、壱岐、隠岐」「長床犂　大分犂、大阪犂、兵庫犂、台湾犂」そして短い犂床のある粕屋郡東隣の「宗像犂」等と分類し、「福岡地区は、朝鮮系の抱犂が、壱岐、対馬と同様、相当長期に亘り、普及し来りしように思われます」と記し「最初の渡来地」を福岡県北西部の糸島郡と想定している（神屋一九八七　六三八‐六三九）。犂の外見と地理から極く自然な発想であり、前述のタスキという呼称も併せて、筆者はむしろ畑作の作条・作溝に好適なこれらの犂を水田で使うことに九州北部地方の特殊性を感じる。その意味では、第三章第二節で例示した改良短床犂が普及した後の作条・作溝器としての用法は、転用ではなく形態に合致した本来の用法と見なすこともできる。

(3) 短床犂の登場は概ねこの頃で、製造も磯野に限ったことではなく専用の犂へらを取り付けたものさえあったという。なお、鎌形論文（一九七五）が掲載された『農業』誌は『大日本農会報』（一八八一～九二、明治一四～二五年）、『大日本農会報告』（一八九三～一九三二、同、二五～昭和七年）の後進である。

(4) 一〇年ほどのずれが予想されるが、長式も年産四〇〇〇台（北見、石井一九五一　二一一）。短床犂の元祖で早くから鹿児島県などに販路を広げていた㋙犂は一九〇三～〇四（明治三六～三七）年の頃に年産二〇〇〇台という数字があり、県内および宮崎、鹿児島両県等に出荷している（「山鹿郵便局通信事務概要書（明治三七年度）」山鹿市史編纂室、一九八五）。なお、同じ頃に特許を取得して生産を始めた長野県小県郡の松山式双用犂は、一九〇三（同三六）年で年産二〇〇台だったのが、一九一四（大正三）年には八五四二台へ大躍進している（岸田義邦一九五四　八九）。これは犂身や練木を直線の角材にして生産性に配慮し、材料費も節減した成果と考えることができる。

(5) 米価高騰に端を発し、兵役の廃止など明治初期の一連の政策・経済情勢に反発した広域暴動として知られている。

(6) 太郎次は、地元では実業補修学校を運営してガッコウジイサンとも呼ばれ、殖産のほかに教育・啓蒙活動にも尽力した人物である。謹一郎氏と、善雄氏の奥さんである道代氏との兄妹は太郎次の息・繁吉の直系だが、清水浩によると繁吉の兄・茂吉は林遠里の弟子として佐渡で活躍し客死したという（清水一九五四　二四五）。

(7) 神屋（一九八七）によると、磯野は旧・満州に販路を広げる際、森周六博士に助言を仰ぎ「磯野式大満号」二種を開発している。

(8) 岸田一九五四では「郡農会技師」としている（同、二二三）。寒冷な長野県では、秋に盛り上げた畝の芯土が氷結して風化しないために畝立耕よりも平面耕が向いている。平面耕は、裏作に不適な湿田の多い関東、北陸、東北地方にも有効だったために松山式双用犂が普及していった。また、犂先と犂へらとを往復時に転動させる双用犂は田を旋回するのではなく往復運動であり能率的だった。

(9) 清水は松山原造の双用犂の特徴を七点あげている。すなわち、①畝立耕が無用な寒冷地や湿田地帯に好適。②操作が容易な短床犂であり、鋼板製犂先と双用犂ならではの平面耕とによって能率が高い。③往復運動の双用犂は耕地の端で仕上げの鍬耕が求められる枕地を残さないために能率的で、耕地整理の遅れた小区画田にも好適。④レンゲを播いた田の畝はレンゲが二重に堆積して鋤割りが困難だが、平面耕にはその問題がないうえに鋼板製犂先で切れ味がよい。⑤この鋼板製犂先は鋳鉄の犂先とちがって山間地の礫土でも破損しにくい。⑥双用犂は傾斜地でも使いやすい。⑦短床犂ゆえに安定しているという七点である（清水一九五四　二六二―二六三）。

(10) 私家版。一九八六年東洋社刊。

(11) その際、路上で中学校の制服を着た友人たちと往き合うことがあったというが、そのような時の悔しさを熊本の古書店でS・スマイルズ著、中村正直訳『西国立志編』を見出した際の感動と並べて綴っている。世代や時代相を反映した挿話といえるだろう。

(12) バクリョーサンとも「家畜商」とも呼ばれた。なお、ここでいうバクリョーは福岡県粕屋郡でも語られる回顧談と同じように、下関の大市場や近隣の地域的な小市場から数頭乃至十数頭の牛を仕入れ、これを自分で追ってきて農家に売り歩き、あるいは仔牛を買い取って市場へ転売していた地域的な家畜商をさす。

(13) 前節で述べたように、これらの地域から三瀬峠を越えると脇山村であり、福岡県北西部の犂と熊本県北部の犂との接触を想定することも出来る。その意味で筑前、肥後の片方だけを改良短床犂の元祖と断定することは難しい。

(14) その収入だけでいわゆる妻子を扶養できたという意味での収入ではなく、制度上の家庭のほかに立ち回り先では経済的に半ば自立した女性の存在をあてにするバクリョーならではの「甲斐性」があったという意味のようである。

(15) 一八八四（明治一七）年、前田正名の『興業意見』（巻四）では、肥後、加賀、播州など各地の銘柄米の筆頭に庄内米を挙げ、地租改正での米納から金納制への移行以来、米質が低下したことを指摘している。

(16) フェスカの『農業改良按』が出された一八八八（明治二一）年は、横井が『稲作改良法』を刊行した年である。後者は、西洋の学理と長沼等の在来の体験を初めて総合したという意味で、文人的な教養主義に囚われた林遠里の農法に対する「科学」の側からの決定的な反撃を象徴するものだった。

(17) 須々田（一九七〇a 二三）によると、伊佐家は当時三町歩余の自作農で彼自身も農事に熱心な篤農家であり、農学校の依頼によって塩水選の試験を委嘱されて好成績を報告し、賞状と金一封を授与されたという。なお、同論文では「馬好きで、近郷名うての『馬使い』であった」という、子孫からの聞き書きと思われる記事がある。松山原造や長末吉など、製造家や馬耕の「教師」たちに共通の特徴として興味深い。

(18) 関連資料として、八栄里村大野（現・余目町大野）の手作地主（所有一五町歩、手作四町歩）である大沼作兵衛（一八六八～一九三〇）による農事改良の回想記（執筆は一九二五～二九、大正一四～昭和四年前後）がある。須々田（一九七〇b）の手によって解説、翻刻がなされているので一部抜粋しておく。「先生（島野――引用者）モ懇切ニ教授セラル、ノデ世間モ漸々認ムル様ニナリ酒田本間家ニテモ先々代本間光美様其当時モ御隠居ナリシモ農業上ニ非常ニ御熱心ナル御方ニ入セラレ我々如キ者ニモ時々親敷御引見後奨励被下サレタル事モ大ニ進歩ヲ促スタモノト思フテ居リマス」。大沼を先駆けとして、ようやく馬耕の弟子が揃ってきたのを見極めて、島野は郡の支援のもとに一八九六（明治二九）年、八栄里村で「馬耕競犂会」を開催している。

(19) この書物は、長沼が帰郷したあと来島して犂耕の指導に大きな足跡を残した福岡県粕屋郡の長末吉に指導を受けた北見、石井両氏が、金澤村耕友会の六〇周年記念事業として調査執筆にあたり、同村農協から刊行されたものである。

(20) 郷里での戒名は「帰真釈邦異信士」（北見、石井、同）。ふたつの戒名は、新農法の一要素である犂耕法が対人的な実地の場で教え込む技能であったことを語っている。

(21) ㋣犂の不振は、第三章第二節で述べたように製造者の派遣指導員の層の薄さが原因だったと考えられる。また、筑前犂（抱持立犂）と違って犂身の湾曲がきつく犂床部も太いために、用材が限定された可能性があるが、佐渡での原因を語る資料はない。

(22) 「戦争の為め鮮牛の移入杜絶し」（同、六七）という記事から、「朝鮮牛」が植民地朝鮮から国内の港や市場を経て移入されたものであることが予想される。福岡県で使われた「朝鮮牛」は、一九〇七（明治四〇）年に福岡県県港務部が獣検疫業務を開始した年の四～八月分だけで六二一七頭が移入されていた（中里一九九〇 一三二）。

(23) 森周六の助手をつとめた古賀茂男氏は県の技師などを要請する甲種農学校卒で、ここでは犂耕の実技はなかったという。

(24) この書では、北見は㋵犂の大津末次郎や長沼をはじめ、長末吉ほか合計七名の「諸先生」の指導を受け県から牛馬耕教師適任証を受けたとある（同、三二）。長や大津のような「先生」が製造業者を兼ねた例は犂耕指導の世界では普通だが、実際に大津も来島していたか否かは確認できない。長男・小一郎氏と一九四三（昭和一八）年に結婚したサチ氏によると、北見翁は一九二二（大正一一）年に長のもとへ留学したという。また、畜産指導にも熱心で一九五五（昭和三〇）年頃からは「道楽で」牛耕に功のあった佐渡の牛の系図調べを手がけていたというが、この話は香月（一九八五）でも触れられている。

(25) 一八八五（明治一八）年に大日本農会から分離した全国農事会が、一九一〇（同四三）年に帝国農会に発展するなかで村農会を最小単位とする系統機構が整備されたものであるが、その間は一八九九〜一九〇〇（同三二〜三三）年の農会法と産業組合法など、農村制度の革新が推進されたことも犂耕普及の条件として留意すべきだろう。

(26) ここでは、鹿野正直一九七三およびE・H・キンモンス一九九五の新旧代表的な二書をあげて「定説」確認の作業に替えておきたい。前者は大正デモクラシーに視座を据えて地方青年団の思想史的位相を考察し、後者は一九〇三（明治三六）年に華厳の滝に投身した一高生・藤村操を「煩悶青年」と類型化する枠組に依って明治末期青年層の思想状況を捉えたものである。なお、民俗事象も含む青年集団そのものを主題とした近年の成果に平山和彦『合本　青年集団史研究序説』（新泉社、一九八八）がある。

(27) 早朝に摘んだ苺は昼には表皮が「溶けて」しまう。氷も保冷車もない時代で、毎朝の相場と鮮度を睨んで博多に出荷するか筑豊・北九州に運ぶか、シーズン中の判断が年間収入を決めたという。「苺づくりはバクチ」という堺氏らの話は、博打の要素を否定する菊鹿盆地の茂田氏など通常の農事の聞き書きの中では突出した印象を与える話だった。

(28) 畝溝の土くれを溝浚えするのにカカエズキを使ったという話も聞かれる。これは一人で後ろすざりしながらカカエズキを鍬代わりにして土くれを浚う、ありふれた畝立て作業だったという。これも熊本県北部菊鹿盆地の畑作地帯での事例につながるものだが、このカカエズキと犂耕作業を粕屋郡一帯ではタスキと呼ぶことは、前述のようにこの地方の犂耕が古くは畑作の技能だったことを示すものかもしれない。

(29) 前述の鹿本町来民の農機具店・山崎千鶴氏の話では、犂耕は鋤き割り―鋤き寄せの行程で下層は土くれが荒く、上層は細かくするのが理想だが、これも腕前ひとつだった。稲株が見えていたら減点なので、鋤ながら足先で土くれを踏み砕き、株は踏み込んで隠しながら進んだ。姿勢でも点を稼ぐように決して下は見ずに背筋を伸ばし、足で土くれを蹴り上げたり押さえたり、牛の後を踊ってついてゆくようだった。周りから応援しながらその場所を指示した。耕耘機が導入されると、高速回転するロータリによって土は上層も下層も細かく砕かれるようになった。土の通気性が悪くなって根の伸展が妨げられるわけだが、田植え前の代かきにはロータリ耕は便利な利器だったという。

(30) 博多の水炊きは名物料理だが、カシワ飯やカシワのすき焼きは福岡県北部でハレの食だった。いっぽう、駅弁として名の通った北九州・折尾のカシワ弁当の米は古賀から米多比にかけての米であり、一帯は良米の産地であったことも語り草である。また、裏作の菜種は「粕屋菜種」として古くから大阪市場で重きを置かれており、この裏粕屋(粕屋郡東部)地域の好条件と先進性を示している。

(31) 佐渡から「お前たち行って懲りてこい」と送り出された若者たちが、帰郷すると後輩たちを「叩く」ような精神主義的な土壌が一九一〇～二〇年代(大正～昭和)にかけて行き渡っていたと考えることができるだろう。

(32) 長野県上田の「松山式」は鋸の鋼板を犂先と犂へらに転用し、犂へらが曲面だったことは先駆的だった。ただし、寒地で裏作不能の地域を主対象とし畝立ての機能を犠牲にして、旋回運動ではなく往復運動で耕起ができるという双用犂ならではの優位性を優先した点で、寒地と畑作専用の改良犂として区別すべきだろう。

(33) 楢崎氏によると、一九一〇年代(大正の頃)まで競馬に引き出してくる馬も馬高は四・六尺程の小型の在来馬だったという。のちノルマン、アングロ系の役馬が入ってきたが大型でトレッドが広く、犂耕の際には隣の畝まで踏んでしまうので、「百姓馬」には小型のサラブ系の血が入った馬を購入したという。牛と馬との力の差は現在よりは小さく、穏和な牛の優位性を考えさせられる話といえる。

(34) 小麦と菜種による現金収入の業態は、苺に転換する前には玉葱で稼いでいた三苫村など裏粕屋地域にならって蔬菜作に移行してゆく。もっとも、内橋地区は畑が多くもともと沢庵用の大根作等が盛んだったという。

第二節　普及の社会的意味

(1) 乾田化工事と近代農政

当局による本格的な耕地整理事業が最も早く進展したのは石川県（「田区改正」）と静岡県（「畦畔改良」）であり、すでに一九〇〇年頃（明治三〇年代初）には各六百数十町歩にわたって施工されていた。すべての耕地を、畦道と用水路とで矩形に区切り直すことによって最大一〇％余の耕地が新たに得られたこと以上に、細かく入り込んだ権利をひと固まりにまとめる交換分合が、働き手の運搬や移動の手間を減じた効果は大きかった。(1) また、両県では畦道の合理化などによる耕地増（増歩）と評価基準の昇格によって増徴されるはずの地租の据え置きや、工事費の県費助成などを決議して普及につとめ、施工の比重も交換分合の効果を狙った区画整理から、より積極的に増産を可能にする乾田化の水利土木へ発展させていった。このような事業は、現場ではおおむね地主の指導力に依存していたが、彼らは後年のいわゆる不在地主ではなく耕作地主として農事改良の意識が高く、みずから着手金を積んだ後で周囲にも応分の負担を指導するかたちで着工に踏み切る篤農家である例が多かった（小川一九五三　二〇三―二一五）。

いわゆる「お雇い」外国人の教師や技師たちの適否が判明し、選別が始まった一八八〇年代（明治一〇年代後半）から、彼らに代わって農業現場での指導を期待されたのが「老農」と呼ばれた篤農家たちである。犂耕技術が普及する社会的な条件として注目される階層であるが、多くは耕作地主であり富農層として自由民権運動やのちの町村是運動の母体を構成していた。(2) このような特質を備えた地主層の消長についてみると、まず五〇町歩以上の大地主は熊本県では一九一〇年代中頃（大正初年）まで、鹿児島県では一九三〇年代（昭和期）に入っても増え続けるものの、両県では富農に分類される三～五町歩の層は前者では一九三〇年頃まで増加し続け後者ではその頃から急激に減ってゆく(3)。熊本と鹿児島の両県では、地元の農業に関係し続けた耕作地主層が少なくとも一九二〇年代（大正期）まで温存され、技術改良や普及を担うような「老農的特質」が比較的永く存続したと考えられる（山田一九六八　四八九-四九六）。

さて、各地で成果をおさめ始めたこのような事業をうけて、一八九九（明治三二）年に「耕地整理法」が公布された。法案の国会での提案理由によると、事業の着手にあたって「少数不同意者の加入を強制」する途をひらく法律であり、前記した地主たちの体験が反映されていることが分かる。事実、この法律は石川県勧業諮問会が農商務大臣に提出した「耕地区劃改正事業に付意見書」（一八九八、同三一年）を忠実に反映していたが、前述のように同県が国に先駆けて耕地整理（「田区改正」）事業を展開した理由は、一八八〇年代後半（明治二〇年前後）から林遠里を代表例として牛馬耕が普及し始めたものの、定着を確実にするためには区画を広げる必要が認識されたからである（小川一九五三　二〇四-二〇五）(4)。「意見書」を受けた農商務省としても、力を傾けていた牛馬耕普及の見地から第三回全国農事大会（一八九六、同二九年）、九州実業大会（一八九七、同三〇年）、全国実業大会（一八九八、同三一年）等に際して指導をおこない、同様の「建議」を採択させることになる。そして、一九〇五（同三八）年にその「改正」で「灌排水の設備並びに工事」の項が追加されたのち、一九〇九（同四二）年の「新法」では「暗渠排水」が事業内容の中に明確に盛り込まれた（須々田一九八五ａ　六二）。

この項目の追加は、田に牛馬を入れるためには湿田を乾田にする排水工事が不可欠だったからであることは言うまでもない。なお、初期の耕地整理では一反区画が標準であり、機械力を前提とした敗戦後の事業では三反（三〇ａ）ないし五反（五〇ａ）区画に拡張されている。一九五三（昭和二八）年の実態調査では、平均で農家一戸当り広さ一反四畝の水田を六カ所に分散させているという統計的な資料もあり、半世紀にわたる事業展開の成果が伺われる（島

本一九九五　二〇一-二〇二)。区画を拡張するためには、広げられた区画内での均一な排水機能が実現されるという技術が必要だが、これから取り上げる冨田甚平（一八四八～一九二七、嘉永元～昭和二七年）の暗渠排水法はこの点でも画期的だった。

第三章第二節で述べたように、菊池川下流域平野の遊水池であった菊鹿盆地は湿田が多く(5)、とくに盆地の南側で台地を南に背負った七城町亀尾地区（一八九九～一九五四、明治三三～昭和二九年まで清泉村亀尾）は日照が悪い田も多かった。この地区では、ほかに菊池川の支流が台地に深い切り込みを入れた低地も抱えていたために、一九〇二～〇九（明治三五～四二）年に耕地整理事業がおこなわれ、二一・六八町歩から二二・八町歩へと五・二%の増歩が得られている(6)。原茂良氏（一九二六、大正一五年生）の自宅脇の水田は、支流の出口で台地の下の湧水列と菊池川に挟まれた低地にある。その暗渠排水は、冨田の創案した「水閘土管」を使う形式で施工されており、一九四七～四八（昭和二二～二三）年頃に排水が悪くなったので掘り返して改修している。この土管は大きなものは径一尺近くもあり、幅一尺ばかりで六分厚の立派な桧の板とともに埋まっていたが、現在でも暗渠の上だけ稲の生育が良く、改修の契機が暗渠の本数を増して反収を上げることにあったことが納得できる。冨田の記述とは少し異なるものの枝葉のついた青竹と羊歯（ウラジロ）で覆われ、この上を馬で踏み固め耕盤（バン）を固めたといわれ、竹もウラジロもまだ青々していたという（水本一九七五　一四）。一八八八（明治二一）年の町村制で七カ村が合併する際、新たに「清泉村」と命名されただけに、原氏の田に限らず至る所に湧水が見られる。埋もれた竹や草の緑色は、地中を新鮮な水が年中流れていることを伺わせる(7)。

一帯はもともと強湿田で、先代の頃（明治期）には後作（アトサク　裏作）のできる乾田は原氏の住まう板井（一八七六、明治九年から亀尾村）という集落で二割足らずだったという。湿田のことを牟田（ムタ）と呼ぶが、それは一般にバンを作らないソコナシであり、昔はトーボシやカバシコ等と呼ばれたいわゆる芳香米を直播きする田もあったという。このような田では、前後三〇センチ程の木枠に鼻緒の付いた板を乗せた「ムタ下駄」が必需品だった。同様に二キロ余り下手の橋田地区(同、清泉村橋田)は迫間川と菊池川の合流点にあり、未開発の遊水池だった菊鹿盆地の湿地の面影を残していた。

一九〇七~一九一四(明治四〇~大正三)年に計三七・八三町歩に排水工事が施工されたものの、全般に水田の後作が可能になったのは治水事業の完備した一九七一(昭和四六)年のことで、それ以前は稲刈りの後にフーゾ(レンゲ)を播くだけだったという。(8) また、敗戦後の食糧増産体制の頃には、学校の生徒まで動員した排水工事がおこなわれており、深さ一メートルほどの溝を掘って枝葉の着いた竹を入れ、その上を稲藁で覆って埋め戻し、地固めをして耕盤を作っている。このような湿地は粘土質で、排水が良好であればバンは固まりやすかったが、当初は馬を入れると排水溝の上でバンを踏み破り足を取られることもあったという。さらに、冨田の生地に隣接する旧岡田村(~一八八九、明治二二年。台村とともに一九五四、昭和二九年まで砦村。現・七城町岡田)の有働貫一氏(一九一六、大正五年生)宅は、砦村に合併したあと先代が一緒に村会議員をつとめた家である関係から、同家には冨田もよく出入りしていたようだが、この村の暗渠も節を取り除いた割竹を一尺ほどに束ねて羊歯をかぶせてあったという。

さきの亀尾地区では、毎年一〇月初めに組(クミ)総出でおこなう「水落とし」の行事は「排水がかり」ともいって洗井戸(あらいいど)の栓を抜いて暗渠の詰まりを洗い流している。排水の如何が収穫高を左右することを示す行事である。また、菊池川が増水した際には川に沿って溜まったガスが押し出され、水田に泡がブクブク吹き出してくるほどだという。分解された芦や真菰のガスが普段は発散されていない証拠であり、地下水と泥土の上に田が乗っているような立地である。一緒に出てきた桧の厚板は、土管が導入される以前の工事で使われたものか、あるいは暗渠を馬耕で踏み破られないためのものだったと考えられる。排水と用水は別系統で、暗渠は用水の下をくぐり排水は直接菊池川に落される。田の水の駆け引きは、水口の開閉ではなくもっぱら排水口の開閉で調節されていた。冨田の

「暗渠排水法」は、僅か一里四方に内田川、迫間川、菊池川という三本の一級河川が合流するこのような低湿地で在来技術をもとに確立された。ただし、この技術で増産された稲は小作ではなく地主に「分配」されたために、自給食料や換金作物としての後作（あとさく）麦の増産効果が切望されていたと考えられる(9)。

さて、熊本県菊池郡水島村（〜一八七六、明治九年）の郷士の家に生まれた冨田甚平（一八四八〜一九二七、嘉永元〜昭和二年）は、隣村との合併で台（うてな）村（一八七六〜八九、明治九〜二二年。現・七城町台地区）が誕生する前年の一八七七（明治八）年三月から一八八八（同一〇）年六月にかけて「地租改正担当御用掛」に任ぜられた(10)。周知のように土地の区画ごとに地租の基準となる等級を確定する事業だったが、合併地域ほか近隣五カ村の地味（土壌）の調査を担当した彼は、灌水よりも排水の良否が等級の決め手であることを認識したという。佐藤信淵や大蔵永常などのいわゆる近世農書を通覧し、とくに後者の『農具便利論』（大蔵一八二二）での暗渠配置法や地元の例などを学んだのちに一定の見通しを立て、一八八〇（同一三）年に湿田を買い求めて自家の山林から多量の竹材を伐り出してその束を埋設し、「竹束敷法」の排水効果を確認している（冨田一九〇六　二四一-二九五）(11)。

冨田が『湿気抜方法書』（一八八八）に記したところによると、当時の菊鹿盆地には麦の後作ができない湿田が三割ほどあり、このような田で麦を作る際には木の枝や枝葉の付いた竹束を埋めて地中に空隙を作り排水する工夫が伝えられていた(12)。しかしこの方法では一〇年余で枝竹が朽ちて空隙が埋まり効果が失われてしまうために、先述のようにみずから改良法を創案して普及につとめたという。「湿気抜方法」、のちに「暗渠排水法」と呼ばれたこの方法は、枝葉を落とした竹材を径三〜四寸以上の太いものはふたつ割りにして径二尺に束ね、これを湿田に掘りこんだ溝に横たえた上から三間あたり五尺束という量の羊歯で覆う。さらに藁を被せて覆土し、槌でつき固めて堅固な耕盤を作るのだが、こうして竹や草木によって空隙が確保された暗渠式の排水路が出来上がる。

槌で固めるのは、この地方の水田耕起は鍬ではなく犂耕であり、重い馬の蹄で踏み抜かれない強度のバン（耕盤）

が求められるためである。このような耕盤の下をくぐる暗渠の深さは、まず耕盤から三尺の深さを掘って竹の束による排水路と耕盤の層を確保した後、さらにその下に幅四～五寸の狭い溝を約一尺分だけ掘って通水を確実にしておく。また、区画内の暗渠は外を流れる水路に連絡するよう畦脇の一カ所に集めておき、旱魃の際には「水閘土管」の弁を閉じて貯水する「排蓄水法」である。さらに、これら各区画を連絡する暗渠の始点には、「洗井戸」といって多量の水を蓄えておき、泥を洗い流す手だてもとられていたというが、彼はこれらの手法を取り入れた暗渠埋設の工事を郡内数カ所で試行して効果を確認し、やがて鹿児島県に適用されることになる技術を確立していった。

村会議員を振り出しに菊池郡五七町村聯合会議員、四郡（現・菊池、鹿本郡地域）聯合改良米組合長、そして菊池郡の土木委員等々の公職で活躍していた冨田（当時四三歳）は、一八九〇（明治二三）年四月に鹿児島県からの招請に応じて赴任する（江上一九五四　六二一）。所属は県庁の第一部農商務課農漁掛の「雇を命じ月俸十五円」という待遇であり、一八九三（同二六）年には技術職の「技手」へ昇格し加納久宜知事（在任：一八九四～一九〇〇、同二七～三三年）の信任も得て「鹿児島県農事巡回教師兼務」を任ぜられた。元・筑前藩主立花出雲守の弟に生まれた加納子爵は、のちに全国の農会を系統的に指導統制する帝国農会の初代会長をつとめた農政通である。業績の端緒となった県知事時代の彼は、例えば藩政期から苛斂誅求を極めた奄美大島で警察課長と勧業課長とを兼務させたことに代表されるように、強力な農政を展開したことで知られている。その成果は極めて顕著かつ広範であって、稲の反当り収量が一八八三～九二（明治一六～二五）年の一〇カ年平均で八斗九升四合だったのが、着任直前の一八九三（同二六）年から退任後の一九〇二（同三五）年には一石一升九斗一合と三三％余も増加しており、さらに次の一〇カ年には三七・九％を記録している（山田一九六八　四七一）。これは最初の一〇カ年に比して二倍近くの増収であるが、逆に一八八〇年代中頃（明治一〇年代）までの停滞性を物語る数字でもある。(13)

『鹿児島懸史』（鹿児島県一九四三）によると「斯くの如き状態が稍改良の緒に着いたのは、明治十九年来のこと、言はれ、同年五月熊本縣山鹿郡より農業教授として春木敬太郎・目加田傳を招聘して加世田地方へ派遣し、専ら熊本縣下の農法に據って試作を為さしめ、亦馬耕用犁・耕鍬・鋤へラ・鍬先・小鞍等の農具を移入して以来であった」（三七〇-三七一）という。[14] 翌一八八七（明治二〇）年には試験地が川辺地方に移され、のち川内川の湿田地帯にも拡張されるが、ちなみに『鹿児島県農事調査』で列挙されている「改良法の要点」は、撰種、苗代での薄播き（播種量の減少）と小株の疎植（一乃至八寸間隔）、緑肥大豆、馬耕、排水工事の諸点である。こうして川辺郡と日置郡および薩摩郡南部を中心に改良事業が伸展し、緑肥大豆、馬耕、排水法そして近代農法を代表する「神力」種の普及など菊鹿盆地の肥後農法が移植されていった。

　鹿児島県では、一八八九（明治二二）年に「農事改良施行通規」を定めて各郡役所に「農事教授人」一〇名のほか試験担当人を置かせ、成果が確認されると一八九一（同二四）年にはこれを町村にまで拡大している。ときに「農業」教授人とも記されるこのような指導員の配置は、県の補助事業だったために各町村が強い要望を寄せた一八九三（同二六）年以降は従来の定員二〇人から三〇人に増員されて三五名が追加派遣される。そして三カ年の満期後も県費助成の継続や教授人の留任を請う例が相次ぎ、一八九六（同二九）年以降はまた一五人が増員され、一九〇一（同三四）年度にはすべての村に設置が完了した。合計六五名ないし六七名[15]を数えるこれら教授人の増員に際しては、県費助成に依らず村費で招聘した例も二〇名ほどあったが、一例として『東市来町行政沿革史』では一八九二（同二五）年に「農事改良教授人を他県より雇入れ、本村（東市来村――引用者）の農事向上を図った」（東市来町一九五九　四〇一）と記している。

　ここに記録されている「教授人」横枕清太郎は、冨田と同じ台（うてな）村の出身であり、東市来村長里の坂ノ上地区の農家に単身で下宿し、一八九六（同二九）年まで村内一円の指導にあたっている。ここはもともとほとんど水田のない所で畑も狭く、藩政時代には国際的な輸出産業だった「樟脳焚き」に遠く種子島まで出かけていたという。

現在の聞き書きは故老の間接的な話にとどまるが、このような招聘制度が菊鹿盆地の栽培法と排水法とを移入する意図のもとに開始された点から考えて、『鹿児島懸史』でいう「専ら熊本懸下の農法に依って」指導をおこなったものと推測される。なお、東市来村（図）は「村農会を組織することに一決し農会規則を編成し、人民総会に於て賛成を求め成立したり」（『東市来町行政沿革史』）と記しているように鹿児島県における先進地のひとつであり、同じ一八九二（同二五）年に「農談会」を催し農会を結成している。以下、横枕の顕彰碑（一九二二、大正一一年建立）の碑文（全文）を引用してその間の経緯と事蹟を伺いたい。

「横枕清太郎君は熊本県菊池郡砦村の人にして明治二十五年四月本村農会の設立と同時に農業教授として本村産業開発の人に就かる、時村民は未た農業改良の効果を悟らず、其の教えに従うもの甚だ少かりしと雖も、君は農会役員と協力し、日夜寝食を忘れ或は実地の指導に、或は斯業の講演に全精力を傾注し其の利害特質を説破したるを以て漸次其の教えを乞ふ者続出するに至り、茲に産業開発の基礎全く成るに及び明治二十九年三月職を辞し故山に帰封せらるるや、尚君をしたって其の故郷に至り教を求むる者あり、村内有力者は概ね君の訓陶を受く、今や本村の産業は漸然頭角を顕はし県下に其の名を知らるるに至る。是れ偏に君の賜にして其の徳目に日に新なるを覚ゆ依て茲に村民一同相謀り頌徳碑を建立して其の功徳を千歳に伝ふと言爾　東市来村農会々長　岩下方定撰」

冨田と横枕を出した菊池郡七城町の台地区に伝わる話では、横枕が着任した当初は東市来村の農家は人糞尿のダラガメ（肥溜）の設備を持たず、肥料としては僅かな厩肥あるいはカシキ（刈敷）を活用するほかは石灰を施用するだけだったという。確かに、『沿革史』でも「昔日は草木の新芽を遠く源山迄期未明より苦難多量に切溜め置きそれを肥料とせしも、明治十二・三年頃より石灰を肥料とすることとなりたるが為、全くカシキを放棄し」（同、四〇四）とある。一帯でいうダラガメとは、地面に穴を掘って軽石で内壁を葺き、赤土と石灰を練ったもので塗り固めた肥溜である。この辺りの農家に限らず、このようなダラガメの類に便所から汲んできた人糞尿を溜めておき、腐熟させたのち施用したり堆肥にかけたりするのが農家の常だが、着任当初の東市来村では「〔石灰を――引用者〕年々年を経るに従い多量に使用せざれば収穫を減ずる虞れあるを以て、明治二十五年頃に至り無量に乱用することに相成り〔中略〕石灰を以て地盤を為し殆ど漆喰を以て塗りたる如き形状をなし、其の表土は僅か一・二寸に過ぎざる様に成り実にひ惨の状況」（同、四〇四）だった。

横枕にとって、さきの『鹿児島懸史』のいう「専ら熊本懸下の農法に依って」とは刈敷主体の畑作地帯に菊鹿盆地の集約的な深耕多肥農法を四年の任期中に定着させることであり、「第一に土地改良の急務なるを認め、石灰使用を期し年々之を減じ三ヶ年の後に全廃することにし、それに換ゆるに堆積肥製造を督励」（同、三七一）することだった。横枕から薫陶を受けた青年たちのなかでも、次項で取り上げる湯田地区の南喜太郎という青年はとくに熱心だったと伝えられ、三方石積みの堆肥舎が今でも現役である。もっとも、南のように後年の排水工事で現場の監督に選ばれたほどの熱心家ばかりではなかったようで、「沿革史」では農家の「過半は減退せしも全廃には至らず」県農会に訴えて石灰全廃の県令を発令させ、それも徹底しないとみるや串木野、西東市来郡長と三者で市来警察署に出向いて県令の徹底を駐在巡査に課すように要請し、ようやく全廃にこぎ着けている（同、四〇四）(16)。

さて、このような例を先駆けとして一八九四（明治二七）年の県令第八六号により農会規則が定められ、受け皿としての郡町村農会が県下一円に結成されていった。一八八〇年前後（明治初期）に萌芽した各地の農談会が、一八八一（同一四）年に東京で開催された第一回全国農談会を経て大日本農会に発展したことは前述したが、この県令第八六号が全国農事会（一九一〇、同四三年から帝国農会）のもとに各地個別の農会を系統化する国政の流れに沿うものだったことは、加納自身が帝国農会初代会長に就任していることから当然だろう。ただし、系統化への流れそのものは一八八八（同一一）年の地方議会制度の創設と同様の政治的な意図を伺わせるものであって、改良技術の普及を効率化するとともに在村指導層（地主）までも「系統化」する意志が込められていたことには留意せねばならない。一八九九（同三二）年の「農会法」と「耕地整理法」、そして翌年の「産業組合法」の公布などは、生産基盤の整備から販売・流通にいたる農事全般を当局が把握してゆく方向性の確立、すなわち近代農政の確立を意味するものといえるだろう。(17)

また注記したようにこの時期の技術改良は、稲作から脱穀調整・俵装すなわち商品としての「米作り」と販売・流通にも目を向ける傾向があった点に注目したい。例えば、『鹿児島懸日置郡誌』（日置郡役所、一九二三）では農会の意義について一八九四（明治二七）年の結成以来、一九二一（大正一〇）年までに稲の収量が二万二〇〇〇石余から一一万九六五三石に激増した点を強調する。一八九九（明治三二）年からの郡費助成の賜であるとも自賛しているが、ちなみに明治年間に「奨励シタル所ノ各事業ノ種目」を各年度の新規事業のみ列挙すると以下のとおりである。

一八九八（明治三一）年、水稲競作会。一八九九（同三二）年、馬耕競犂会。一九〇〇（同三三）年、麦競作会。一九〇一（同三四）年、排水講習会、普通農事講習会、県外視察員派遣、繭品評会、稚蚕共同飼育所。一九〇二（同三五）年、排水設計助手養成、水稲撰種田、共同苗代田品評会、試験桑園設置。一九〇三（同三六）年、堆肥品評会、農事功労者表彰、蚕業講習会、苗木養成所。一九〇四（同三七）年、各種事業補助、桑苗配布。一九〇五（同三八）年、小組合表彰、真綿製造講習会。一九〇六（同三九）年、新規事業なし―前年度に同じ。一九〇七（同四〇）年、小組合長表彰、優良村農会表彰。一九〇八（同四一）年、小組合長優待方、製俵伝習会、米麦種子改良地、屑繭整理講習会。一九〇九（同四二）年、米品評会。一九一〇（同四三）年、俵米品評会、葉煙草品評会、林業講習会。四四年、園芸品評会、園芸種子配布、桑園品評会（同、二二三―二二四）。

列挙した新規事業は、翌年度からは概ね例年事業になっているものの、一九〇四（明治三七）年度以降は米・麦競作会と馬耕競犂会が消えており、その頃から養蚕の振興事業が始まり村農会の下部組織である「報効農事小組合」が結成され、地区（大字）の小組合毎に指導方針の徹底が追求されている。また、一九〇〇年代（明治四〇年代）に入ると、養蚕に加えて葉たばこやその他の園芸作物による現金収入が模索され、「俵米」ということばが示すように単収や稲の出来高より商品としての米の価格を左右する「俵装」も重視されてきていることが注目される。

「報効農事小組合」は、一八九六（明治二九）年の県農会規則に定められた「農事共同作業組合」が前身であり、のちの全国的な農家（農事実行）小組合制度の先駆けとなったものである（我妻一九三八b　二九）。『鹿児島懸史』には「この戦役を機として、本県農村改善に一代飛躍を試みたものは、報効農事小組合の設立であった。（中略――引用者）即ち其趣旨は、戦時に於ける将兵の緊張せる精神、統制ある肉体上の訓練を農村に植付け、以て農業の開発に効果を致さんとしたものであった」（同、六九三）と記されている。ほかに「虚礼廃止」「貯金規約」の制定なども期待されており（同、六九四）、農村生活を律しようとする傾向も伺われるが、この点は修養機関としての青年団の組織化の観点から後述したい。

つぎに、『郡誌』の編集時点（一九二三、大正一二年）での重要事業毎の達成率について、「各担当技術員ト合議シ、其大体ニ就テ推測シタル」数値を面積比または実行世帯比で列挙した部分を抜粋しておく。

短冊苗代、正条植、「水稲実蒔田ノ廃止」、「石灰施用ノ廃止」―ともに一〇・〇。緑肥作、九・八。塩水撰、九・五。排水耕地整理、「早起ノ奨励」、「金肥濫用廃止」、堆肥製造―ともに九・〇。「製俵ノ奨励」、八・八。堆肥場設置、八・五。「牛馬具製造奨励」、大豆作の改良、煙草作改良、「繭品質改良並増収」、「茶樹栽培並ニ剪定」、害虫駆除予防―ともに八・〇。「採種圃ノ設置」、「桑園改良増殖」―七・五。「煙草苗代改良」、「麦縦畝蒔」―ともに七・〇(同、二二八―二二九)。

上記「実行歩合」のなかでは「石灰施用」については前述の通りである。また、緑肥作の奨励(九・八)や排水耕地整理(九・〇)、そして大豆作の改良(八・〇)と麦の縦畝播き(七・〇)などは、第三章第二節で説明した菊鹿盆地の手法が横枕をはじめとする「教授人」によって導入されたものと考えられる。(18) 先に触れたように一八八六(明治一九)年五月に熊本県山鹿郡(一八七九~九六、明治一二~二九年)から二名の「農業教授人」が招聘され、「専ら熊本懸下の農法に據って試作を為さしめ、亦馬耕用犁・耕鍬・鋤ヘラ・鍬先・小鞍等の農具を移入」されていた。冨田甚平が残した「農業教授派遣地及原籍(明治二七年調)」に載る三〇名は、一名を除いて菊池郡、山鹿郡および山本郡(一八九六、同二九年に合併して鹿本郡)の出身である。一八八六(同一九)年以降の農法改善事業を補うべく湿田の排水指導の目的で招聘された冨田は、一八九三(同二六)年には「技手」に昇格していた。

鹿児島県が招聘した計六五名ないし六七名の「教授人」のうち六四名が熊本県人とされているが、度重なる「教授人」定員増の要望と翌年の農会結成の時期を控えて、実績をあげていた冨田が同郷人を募った可能性が高い(江上一九五四 六二―三)。少なくとも、彼の「派遣地及原籍」などに列挙されている教授人の内の四名は横枕をはじめ同じ台村の出身であり、元・村会議員として農家戸数四〇戸足らずの村内で有望な青壮年に直接声をかけた可能性を想定することができる。また、菊池郡五七町村聯合会議員、四郡(現・菊池、鹿本郡地域)聯合改良米組合長、そして菊池郡土木委員などを経験した彼の農業界での人脈から、数十名程度の人材の手配は不可能事ではなかったとも考えられる。

いっぽう、前述の「報効農事小組合」については、「組合設置以来一般ニ勤勉、気風勃興シ殊ニ青年ノ風儀改善シタルカ如キ大ニ喜フヘキ現象ナリトス」（鹿児島県一九〇九　二六）という記録もあって、「改良」の対象が「青年ノ風儀」まで含む広範なものだったことに留意したい。冨田が呼び寄せた「教授人」の影響は、改良技術の普及にとどまらず日常生活も含めた農村生活にも及んでいたといえるだろう。

(2)　軍事郵便にみる近代農政

「茲に産業開発の基礎全く成るに及び明治二十九年三月職を辞し故山に帰封せらるるや、尚君をしたって其の故郷に至り教を求むる者あり、村内有力者は概ね君の訓陶を受く」。ひとりの「農業教授人」が青年層に強い影響を及ぼすことによって、一九一〇～三〇年代（大正・昭和期）の東市来村の進路を規定したとも取れる碑文である。松本友記氏の一九六二（昭和三七）年の聞き書きによると、在任中の横枕清太郎が村民を彼の郷里に案内した際、肥溜のコエが「出来ている」（腐熟している）かどうかを舐めて試したので一同驚嘆したという（松本一九七〇　五四）。前節の菊鹿盆地のダラガメの聞き書きの際にも、コエの固まりを指先で潰しペロリと舐める振る舞いは、篤農家を自認する人ならば自然なしぐさだと聞くことが多かった[19]。ダラガメ自体がなかった土地の人々にとって、このような行為だけでも「大した農業ン先生」だったのだろう。実際、松本氏の話者も同様の話を父親から伝説的に聞かされていたようだが、ともかくこうして薫陶を受けた青壮年のなかに前述の南喜太郎（一八七四～一九三九、明治七～昭和一四年）という青年が居た。

この話者の父親よりも一〇歳後輩にあたる喜太郎の家では、一八九九（明治三二）年一〇月二二日から近隣農家百八名と共同して暗渠排水と耕地整理の事業に着手した。翌年の竣工記念碑文には彼も村長以下一一名の委員に含まれており、二五歳の若さで「工事掛」として現場の監督にあたっている。一九〇〇（明治三三）年三月一一日、退任間際の加納知事が撰した竣工碑文によると、大字湯田、八反ヶ坪、永田、摺木三区域内の関係地主百八名が共同して、五百二四枚に細分された計七町九反六畝一七歩の湿田に排水と田区改正（耕地整理）工事を施し、枚数五分の一で「区画井然タル良耕地」を計八町七反二七歩（増歩七反四畝余）「顕出」させた事業である。なお、その契機となった東市来村で最初の排水工事について、『東市来町行政沿革史』（東市来町一九五九）では一八九六（明治二九）年から初代農会長をつとめた岩重政恒の手記を引用している。

「県庁に熊本県より農事技手冨田甚平氏を聘用に相成り該技手明治二十七年中伊集院村字大田に排水工事あるを聞き、之を参観し其の説明を聞き最も有効なるものと認め同年技手派遣を乞い、自分所有並びに福本氏所有の源田を模範的排水を為せしに其効果多大にして従前に比し殆ど三倍の収穫あるのみならず、米質も昔日の比にあらざる技にして之を全村へ奨励せしに、続々排水を為すに至れり」（東市来町一九五九　四〇四）。

現在では、かつての東市来村を廻っても喜太郎の人となりに関して「穏和な働き者」といった断片的な回顧談が聞かれるだけである。南家は、彼ではなく弟・喜之助（一八七七～一九〇四、明治一〇～三七年）が遺した独り娘のシゲによって継がれてゆくが、この家でもすでに先々代の兄に関する回顧談は古老一般のそれを上回るものではなくなっている。また、さきに扱った類の文献資料からは、一八九〇年代（明治後期）以降の東市来村の農業実績が目覚ましかったことが伺われるものの、当時の農作業の実態を聞き書きによって再構成することもほとんど不可能である。ただし、喜太郎が兵営や戦地の弟に宛てた書簡が戦没者の遺品として返送、保存されており、農事の近況報告としてある程度の情報を得ることができる。犂耕技術の普及実態を探る本節では、この二四〇通余の書簡[20]のなかから排水工事と農業事情に触れた部分を列挙して、当時の薩摩地方における実態の一端を提示したい。

一八九九（明治三二）年六月二日、喜太郎から「此度の字永田、摺木、八反ヵ坪、平田の排水事業を農談会に於いて決議致し」と、排水工事に初めて触れた書簡が出された。これは、例によって「当地に於いては中々農事改良事件やかましき事に御座候、農事上一大目に付くものは煙草作にて本年如きは非常に盛大に御座候」という故郷の近況を告げる便りである。一八九二（同二五）年から丸四年間も農家を指導した横枕清太郎の活躍や農会のさまざまの奨励事業によって、一九二一（大正一〇）年までの三〇年足らずで郡内の稲の単収は五倍以上に増えていた。東市来郡農会では、これをとくに一八九九（同三二）年からの郡費助成の成果であるとしていたが、この年に県農会が結成され初代会長には加納知事みずから就任していることも注目される。ともあれ、改良機運が定着し村々で目覚ましい成果があがっていた時期を物語る記事である。また、郡の奨励事業では一九一〇年代に入って本格化する煙草作がすでにこの時期の東市来村で「非常に盛大」だったことは同村の先進性を示している。

ただし、半年後の起工式を報じた書簡では「我が湯の尻の田は人皆宅地見込み居り申し候えば他日この近辺は愈々繁所の地に相なるは技手冨田甚平氏も深く喜ばれ申し候」（一一月二四日）と、今回の工事に対して農作物の増産だけが期待されているわけではないことを語っている。一八九六（明治二九）年に葉煙草専売法が公布されたが、その特産地として現金収入に期待が寄せられるとともに、旧藩主御用の湯治場であり国道に加えて鉄道も開通が確実だった集落の「繁所の地」への期待であり[21]。例えば熊本県の菊鹿盆地との技術の落差はあったものの、地方差を超えて農業以外の産業の途を模索させる時代的動向があったことを語っている。一八九八（同三一）年四月一八日の「実に本年は斯く物価暴騰致し候については本年五・六月にも至らば下等社会には如何疑念を出さん者あらんと察せられ候」[22]というくだりなども、労働運動が開始されるいっぽうで一九〇〇（同三三）年には治安警察法が公布され、小作農や都市の細民を問わず社会問題や社会主義への関心が国内に広まった世情を反映する記事と読むことが出来る[23]。

ところで、先駆者である冨田甚平の名が登場したが、彼は翌三三年九月に加納知事の退任にともなって山口県の農事巡回教師に転じている。実際に工事を指導したのは、一二月三〇日付書簡の文面「工事は御地玉名郡の巡回教師安永順蔵[24]氏及び菊池郡の内森三蔵氏の両人非常なる骨折りに御座候　排水[25]の歌までできたるくらいに御座候」から分かるように、冨田の指示によって他郡から来援した県の技手と思われる。加納が県知事と県農会長を兼務して諸事業を奨励していたことはすでに述べたが、工事は実質的に鹿児島県の直轄事業であって湯田村の自作層の利益を代弁するとともに県の技術水準を反映すべきものだった。喜太郎は「私外三名へ工事係を命ぜられ候処私も実に家事上コマリ居る次第に御座候」（一一月二日）と嘆いているが、同一三日の書簡では「今や排水工事一大最中にて実に人夫も日に増し相加わり日々百十名位の人夫を吾々工事係は日々使用致し方に御座候えば中々朝は午前七時三十分の出務にて午後は十時頃までにて中々多忙の儀に御座候」と、日給三〇銭（一一月二四日）を支給され早くも激務の渦中に投げ込まれている様子である。なお、実際の着工は「この湯田の広々なる田地の無田を十一月二日より排水の取り方始まり申し候えば大わらわの事に御座候」（一一月四日）という記事のとおり二日であり起工式は六日だった。

起工式については、地元の小学校に加納知事と佐賀県、熊本県、鹿児島県農学校長、各郡農会長等を招いて「午後一時より着席致し種々の演説等これ有り漸くにして宴会を開き四時頃より馬耕術これ在り」という記事が二四日の書簡にある。一一月一日は鹿児島県で最初の郡競犂会で、五日は同様に第一回の県競犂会が鹿児島の荒田村で開催されており、「今より私も一層国家の為勉強以て来年も県下に参会する考えに御座候」「農事改良は日に進め事業も至って多忙を致し来したるも矢張り国家の為」（二四日）と記されている。起工式後のいわば余興として「馬耕術」が競技形式で演示された点に、県当局の犂耕の普及に向けた意志が伺われる。

この二四日の書簡には「巾九尺の道路を田地の中央に通しそれより巾三尺の道路も十文字になり御座候」とある。工事の手順のほか、一二月三〇日付の「謹而賀新年」の書簡には「早や工事も十分の四位に相なり実に元の有様は少しもこれなく県下に於いてもこれなき田地と変化致し申し候」と、進捗状況が説明されている。五百二四枚の不規則な田地を一〇四枚の矩形に整理する大工事の概要が目に見える形をとってきた。また、翌三三年一月一八日には「各県下の有志者及び農会長等の見物人の多き事日々絶えざる処に御座候　各県は勿論日本国中に名を挙げ且つ日本農会長幹事前田正名君も度々御出下され非常なる喜びに御座候　我々監督者に於いても名誉の至りに存じ奉り候」と、高揚した気分を率直に書き送っている。さらに「人民皆々心に苦情も多くこれ有り候えども今は心の排水をせし故に全く波風もこれ無く候　愈々工事も近々の内に落成する見込みも相付き」のくだりは、利害の絡む地主ながら現場の工事係もつとめねばならなかった労苦を語っている。(26)

三月一一日の竣工式は、午前一一時から一二時近くまで現場で執行された。三月には珍しく「北風地を払い寒気は実に身に立つばかりにて居るに居れざる日」で、招待席には「加納知事をはじめ地主其他有志諸氏を合わせて三百人」。続く「角力」は「見物人の多き事如何なる寒風もいとわず何百人なるを知らず」という「一大盛事」であり、計一〇五〜六円以上の寄付が集まった。その後、喜太郎は一〇八名の地主たちに区画を配分するための「紛議」に一カ月も忙殺されることになる。「追々植付け方の時期も切迫」するなかで地積の測量に神経を使い、こうして「昼は右なる次第夜は充分余時もこれ在り候えども身体甚だ疲労し」（四月一二日）と、弟に苦衷を訴えている。ただし、排水工事関係の記事はこれ以降は見られない。彼は五カ月間の激務から解放され、反当り収量も一八九〇（明治二三）年の一石八升一合から一九一一（同四四）年には一石六斗五合という増収が達成されることになるが（鹿児島県一九四三　六九八）、今度は農業事情について抜粋したい。

一般に、手間が増すような改良技術は普及定着が難しいだろう。「本年（一八九九、明治三二年七月一四日――引用者）麦作田作りも又改良にて田は皆湯田は国道線二町以内は皆縄を引き引かざるものは初等の罰に処し若し聞かざる者は皆警察署に引き出して罰し、本年田に石灰を入れし者これ在り申し候えば駐在所　巡査　警察署にて罰を取りなされ候」。「石灰禁止」に関しては後述するが、なお徹底しないので一八九九（同三二）年からは直接官憲が関与す(27)

ることになったことが記されている。また、正条植については一八八八（同三一）年度の書簡には見あたらないものの、『沿革史』では一株七～八本から一〇本程の大株で植えていたのを、新品種の神力では二～三本、その他は四～五本の小株で植え付け、また間隔も一～〇・九尺と広げてみた結果「従来の方法よりは数等収穫を増すのみならず品質の良なるを認め、之を改良せんには挿苗に当り縄引を為し株間の寸法を図り正条に挿苗」（同、四〇三）と、小株で粗植という新農法の普及のために短冊苗代と正条植を採用している。

苗二～三本の小さな株を縄を渡して疎植にするという手法の前提として、管理の行き届いた丈夫な苗を育てるための短冊苗代の指導が必要だった。先述の『沿革史』でも、旧来は種籾を「一歩〔一坪――引用者〕に対し五合乃至七、八合」という厚播き傾向で播きむらがあったうえに、肥料は効き目の遅いカシキで二カ月近くも育てるために発育不揃いの苗が出来ていたという。このような旧慣に対して、農会では神力で一・五～二合、他の種で二～三合播きと決定し、さらに「肥料は緑肥を廃し堆積肥若しくは油粕を用い苗の整一及び薄蒔」という指導方針を実行し始める。当時としては極端な薄播きであり、やはり「無識なる農人に於ては非常なる苦情を訴え」て手間の増加、苗が不足するおそれ。そして苗の「不足を来したる場合如何に処理するや、其の責農会長にありと酷責抵抗するもの続出す」（同、四〇二-四〇三）という状況だった。

これに対して、農会長の岩重は「人夫を引列し若し一面に播種しあるものは之を四尺幅の畝と一尺の溝に切割方断行せしに、或る者はこん棒を携え来り将に打ち掛からんとせしものさえ有之も其利害を説破せしこと一再ならず」（同、四〇三）という態度で臨んでいる。この短冊苗代と種子の薄播き指導は「教授人」の横枕が在任中であり、余所者の苦衷を見かねての村長（農会長）みずからの挺身行為だったとも考えられる。なお、県が短冊苗代に関する県令を出したのは一九〇四（明治三七）年であり、東市来村農会のこのような姿勢は正条植も含めて全国的にも早い。また、正条植の指導当初も二～三年間は短冊苗代同様に「是又苦情百出、最も多忙の時節に斯る手間取ることを為し得ざるとて実行困難なるも、漸く二、三年は一方丈縄を引き直線に見通しに挿苗することとなり」とある。

現在、地元の農家に聞くと当時の抵抗は痩せた苗よりも生育の良い苗の方が螟虫の被害が大きいことからくる体験的なものだろうという。ただし、岩重の手記では雁爪による除草や害虫駆除の便を訴えた結果、「四年後に至り全く四方正条植に改良せり」（同、四〇三）とある。全国的な例として、除草作業を立ったままでおこなう田打車が導入された際に、炎天下での労苦が激減する魅力に惹かれて縦横に縄を張って苗を植える「四方正条植」も普及したことが想起させられる。

いっぽう、育苗と田植えの改良では新品種である「神力」に注意が払われているようだが、品種の指導については次のような記事がある。「本年我が郡内に於いては石灰禁止そのうえ稲の種類等は五種にして即ち神力、白玉、穂増、金花山、肥後稲等にして毛稲の如きは一切作る事出来申さず候　実にかくの如きものにてはスズメの害多からんと考え申し候」（一八九八、三一年六月一六日）。この「毛稲」については、同様に五月一六日にも「〔上記と同じ――引用者〕五種にして江戸稲のごとき毛稲は作る事出来申さず候」と記されている。有芒種が鳥害に強いことは広く言われてきたことだが、敗戦前の一帯での雀の害は無視できないものだった。一九二〇年代後半以降（昭和期）に入ると鉄砲を担いで空砲を撃つ専業者が現れ、子どもたちも竹筒にカーバイトを入れて水を垂らし点火する「ガス鉄砲」を扱うようになり、そして一九六〇年代中頃（昭和四〇年頃）に霞網を使う業者が登場して雀は激減したという。一八九〇年代（明治二〇年代後半）から農事改良の意識が高まると、農会の指導で春と秋には雀取りを実施していたようで、大字湯田の堀内には下原、上原と合わせて三字全世帯の捕獲成績が記された「雀納帳」が伝わっている。雀集めと記帳は字（小字）ごとの小組長が担当したが、一九〇〇（同三三）年には堀内の小組長を喜太郎がつとめ、世帯主百名すべてについて「三匹」「四匹」あるいは「卵六ツ」等と記録されている（徳永一九八七　一六〇―一六二）[28]。

神力種に代表される明治中期の稲の改良品種に関して、同様に『沿革史』では「従来稲品種は本村内に何十種あるを知らざる程にして多くは毛稲にして品種最も劣等なり」（同、四〇三）と判定していた。当時、村長のほか農会長も兼任していた先述の岩重政恒は改良の必要を認め、熊本、岡山両県および九州農事試験場や老農から「数種類を自費を以て購入し」、自作の結果好成績の上記五種を村内の各支会（大字＝旧村ごと）に配布・奨励する[29]（同）。そして「出穂後に於て各方限（字――引用者）小組合長混合し田圃を隈なく踏査し、若し異種類を認めたる場合は一種毎に金二十銭の違約金を徴収」した結果、三年ほどで「漸次違約者無きに到りたり」（同）という。また、同様に裸麦と小麦も熊本、福岡両県等から取り寄せているが、「違約金を徴収」という強硬策は先述の「石灰禁止」や「短冊苗代」での出来事にも通じるものであり、収量と商品性への強い関心が推察される。もっとも、毛稲の禁止がいわゆる鳥追いという余分の手間を強いるものだった点には留意しておきたい。

　このような手間の増加に関連して、喜之助が「石灰禁止」を報じている書簡に次のような記事がある。「本年は石灰禁止の為か田畑不作人皆々相戻し候　我が地面も向湯田、山王、及び山下の地所相返り候えども幸い又小作人を取り申し候間左様御安心下されたく」（一八九八、明治三一年旧三月九日）。小作地が返上された。腐熟した厩肥や人糞尿といった自家肥料が軽視されたこの地域で、唯一の金肥である石灰肥料を禁止されたことからくる混乱である。ただし、喜之助自身は「郡農会に於いて本年は石灰肥料禁止の事とて為に多少カラ立ちは悪しく御座候　然れども実際は本年の秋に至りて実を収めざれば果たして石灰を廃して収穫少なきや否やは未定に御座候」（八月五日）と判断を留保している。

　石灰は肥料ではなく、有機物の分解を促進する土壌改良剤の類である。そのために、現在では阿蘇山や桜島の火砕流と降灰を土質の基本とする酸性土地域の土壌改良剤として活用されている。石灰を本来の肥料と誤認した旧来の手法は自己完結的な合理性を備えるものだったが、濃厚な施肥に耐えて大きな収穫をもたらす神力種が導入され、並行して厩堆肥の指導が徹底するにつれて否定されていった。先進地菊鹿盆地での「菊池米」の声望は、この神力種と伝統的な厩堆肥の施用と大豆緑肥に支えられていた。ただし、このような方向性のなかで鳥害の心配と厩堆肥づくりの手間が加わり、同時に多肥農法で肥え太った稲に群れ集まる虫の害にも対処せねばならなくなった。(30) 一層の手間を要する新品種と多肥農法の普及指導が、南国の在来農法なりの合理性を否定した点で地域の激しい抵抗と警察力の発動という緊張をもたらす点も「近代的」宿命だった。

さて、虫害については一八九八（明治三一）年九月一四日と一〇月一三日および一九〇〇（同三三）年八月一〇日に記事がある。「田作に於いては近頃また害虫非常に発生し中々我々小組合長に於いてもかれこれ多忙を極め巡回教師方中々注意の結果それだけ損害もこれ無く今や日々減少の有様に御座候」（九月一四日）。雀の害については、小組合長が「雀納帳」の管理をとおして全世帯に捕獲を割り当てていた。同様に田圃に流す油の配布や螟虫の卵採りの指導などで字内を隈なく歩き回っていたのだろう。「かれこれ多忙を極め」というほど彼らを駆り立てた「巡回教師」は、郡の所属なのか村の所属なのかは不明であるが、公的制度のもとに指導にあたった「巡回教師」たちの業績が評価されているようである。また、稲刈りを一〇日余り後に控えた「旧七日（九月二一日）頃より秋虫発生し所々『ムエン』とする有様」（一〇月一三日）とあるのは、火を着ければ将に燃え上がるほどに稲がカラカラに枯れていることを報告した記事である。

翌三二年は風水害に見舞われ「一升播に二三斗位にて御座候　人々皆面白くなして来年はキキンとかや語る者これ有れども」（一一月二日）と、反当り三～四俵という不作だったためか虫害の記事はない。次の三三年は「矢張り田作り害虫発生の処未だ多く御座候田作りも例年より繁盛の物格別これ無く候」（八月一〇日）とあって、不作の要因として虫の害があげられている点が注目される。また、一八九八（明治三一）年には「今年農作物は実に降雨宜しきを得見渡す限り只これ翠々緑々さては青天地に落ちしか、はた満々たる海洋山野原沢をおおうかとばかり思われ緑波は遠く翠風至る所に満つ、目を放てば野も山も豊々穣々これをして幸いに風水の災なからしめば日清後の物価上騰は今年一年にしてもとに立ち返りなん」(旧九月一六日)という記事がある。この年の湯田村は大豊作だった。二才組時代の同輩からの書簡であり、青壮年の若々しさとともにインフレの世情が伺われる。以下、本項を終えるにあたって湯田村の一八九八(同三一)年一月から一二月までの農事の日程だけを列挙しておく。

二月一七日、喜之助の家では旧暦正月二三日の「夜待」で宿をつとめた。書簡では、大雪のなか特に喜之助と同輩の「二才中」を招待して宴席を設け、「実に面白き事にて御座候」という一夜の様子を伝えている。この便りの終わりに「本年は麦作も今は充分満作にてこれ在り候　又本年も湊町焼酎がし糞も取り入れ申し候」とあって、麦作の見込みと村を流れる大里川を八キロほど下った湊町(現・市来町湊町地区)から焼酎粕と人糞尿を入手したことを報じている。さきに、県内の先進地だった日置郡でも東市来村はとくに進んでいた一例として「当地に於いては中々農事改良事件やかましき事に御座候、農事上一大目に付くものは煙草作にて本年如きは非常に盛大に御座候」(一八九九、明治三二年六月二日)という記事を引いた。煙草は養分の消耗が激しく、また麦も窒素肥料を必要とすることから、横枕の薫陶を受けた喜太郎が肥料づくりに励んでいる様子が伺われる。

麦刈りまでの記事は少なく、二月中は一七日に「当地に於いては毎日雨にて何の仕事も出来申さず候　且つ又麦作も当分は満作に候えども余り長雨にてはクサルル憂いもこれ在り候」とあるだけで、三月は記事がない。四月には二通の書簡に記事があり、麦の出穂を伝える「当地に於いては麦作もはや田麦は出揃い申し候」(六日)という記事から、南家では乾田も所有し水田に麦を裏作していたことが分かる。また、一八日の「今や西瓜は二つ葉を出し申し候　又麦は来る旧後の三月十五日頃には赤く色のつくものあらんと考えおり候　豆も二つ葉出し申し候」と稔りの様子を伝えている。収穫期の五月には、一六日に「麦刈りの儀は今は田麦取りは全く相済ませそれより畑麦に於いては屋敷・原口の畑を刈り申し候」という記事があり、翌六月一六日にも「祖母死去〔五月一〇日——引用者〕一週間ばかり前相済ませおり申し候　麦作に於いては満作にて三十四俵これ有り候ところ未だ代価は知れ申さず候」と、麦刈りが五月初めだったことを伺わせる。なお、豊作だった麦の代価については七月二三日の書簡に「麦一俵の代価二円十銭ばかりに御座候」とある。

一八九八（明治三一）年の麦づくりの記事は以上ですべてだが、晩秋には翌年の麦づくりが始まる。「〔一一月――引用者〕十五日より田鍬をはじめ申し候ところこれも首尾良く十八日までに相済ませそれより麦のこえだしと相なり二十二日までに相終わり二十三日は例年の通り二才講にて御座候」（一一九日）とあるのがそれである。この「田鍬」に関連して、犂耕については足掛け七年に渉る書簡に全く見られず、稲株も「田鍬」だけで耕起されたと受け取れる点が興味深い。引用してきた『東市来町行政沿革史』の岩重手記（抜粋）での「改良農具の普及方法」の項には、「一、改良起し〔改良犂――引用者〕は一八九九（同三二）年頃郡農会の勧めにより之の購入を奨励し」（東市来町一九五九　四〇五）とあって、日記に記された頃が改良短床犂の導入時期だったことが分かる。「教授人」横枕の教えに忠実だった喜太郎の書簡にさえ犂耕の記事が登場しない点は、湿田の乾田化工事が本格普及の前提だったことを示している。

同じ一一月一九日の書簡には、さきの記事に続いて「本年より麦作改良法なかなか難しく国道より一町掛かりの内は必ず麦の畦幅五尺以上六尺までと致し図の如く長く畦を切り申し候」という記事もある。「麦作改良法」とは、横枕が伝えた菊鹿盆地の麦作法を指すものだろうが、「国道より一町掛かり」のくだりは短冊苗代の一件を思わせる高圧的な指導がこの年から本格化したことを伺わせる。その他、畑麦の耕地では熟し始める前の三月三〇日に「豆の肥え交ぜを致し申し候　豆植えは来る旧十四、五日頃〔三月二二日頃――引用者〕ならんと考えおり候」と、条間に大豆を作付けしている様子を伝える記事がある。この大豆は七月二三日に収穫されたが、引き続いて一〇日余り経った八月五日に粟が植えられた。粟は同一四日と一五日の二日間で「中打ち」（中耕）をおこない、九月二四日から二九日にかけて収穫された（一一月一九日）。この書簡には、「九月二十八日は初めて霜降り申し候　今や我々毎日の仕事は粟畑打ちに御座候　去年貴君と夜畑打ちも思われ今や切手上の畑ばかりに相なり近々の内には畑麦も植付ける考えに御座候」とあって、麦―大豆―粟という「一年三作」という輪作の形態を確認することが出来る。

一二月三日、喜太郎は「今や私上野松平地方〔八キロ余北方の山中――引用者〕『カヤ』を二十五駄切り方にて毎日二度ずつ行き方に候」と便りを書いた。「上野山に行き北天を望めばうたた心中に感ずるところ有り申し候」と、新妻を残して志願した弟を再び想っての書簡である。「北天」とはのちに勇名を馳せる第六師団の置かれた熊本を指している。一九〇四（明治三七）年六月、父・紋右衛門は喜之助のひとり娘について「『シゲ』もなかなか大元気にて日々あちらこちら歩き歌などうたいなどして誠に賑わしくこれあり候」と近況を書き送った。その夏の八月三〇日、工兵軍曹・南喜之助は有名な遼陽会戦で戦死する。ともに従軍した二才組の同輩が紋右衛門に出した便りでは、敵陣地の機関砲めがけた突撃の繰り返しで先ず連隊長以下将校連が全滅し、二〇名ほどの下士官兵だけが生残ったなか「喜之助も遂に右より左のこめかみのところを敵弾に貫かれ」という惨状だった。

(3)　中堅人物の形成と農事小組合

さきに農会の結成と系統化および「報効農事小組合」の結成（一九〇四、明治三七年）等の施策は、改良技術の普及だけでなく「青年ノ風儀」までも「改良」の対象と見なしていたことを指摘した。『鹿児島懸史』の認識では、この「小組合」は日露戦争の勃発を期に「戦時に於ける将兵の緊張せる精神、統制ある肉体上の訓練を農村に植付け、以て農業の開発に効果を致さんとした」（鹿児島県一九四三　六九三）もので、関連して「虚礼廃止」「貯金規約」（同）という目標も設定された点が注目される。いっぽう、この時期には政府の地方改良運動の展開に際して東海地方で成果をあげていた報徳社運動が脚光を浴び、一九〇五（明治三八）年に結成された中央報徳会が農村の勤倹貯蓄運動の一翼を担っていた。(31) 政府も一九〇八（同四一）年に有名な「戊申詔書」を発布したが、これは戦勝後に若者を中心に見失われた感のある国家意識と質実醇厚の風の再興をはかったものである（E・H・キンモンス一九九五 二二八−二三三）[32]。農業現場では地方農会の系統化のために最高機関としての帝国農会が一九一〇（同四三）年に結成され、県知事時代に先駆的な実績を挙げた加納久宜がその長となって府県知事や郡長を各農会長と兼務させる体制が確立したことも前述のとおりである。

ここで加納知事時代の日置郡の農会が「奨励シタル所ノ各事業」をふりかえると、技術改良による米麦の増産に代わって、出荷米の品質向上や養蚕と煙草作のほか園芸作物をとおした現金収入の増加などが模索された点から、一八八六（明治一九）年に熊本県より「教授人」を招聘して二〇年間足らずで農政の転換期を迎えていたことが分かる。改良技術の普及が軌道に乗るにつれて課題は主穀の増産から作付けの多様化と農家の経済的安定に移行したのであり、報効農事小組合の結成も小規模農家の経営破綻への警戒感を伺わせる出来事と考えることができる。横枕の顕彰碑（一九二二、大正一一年）には「茲に産業開発の基礎全く成るに及び〔中略――引用者〕今や本村の産業は漸然頭角を顕はし県下に其の名を知らるるに至る」といった技術的成果に続いて「明治二十九年三月職を辞し故山に帰封せらるるや、尚君をしたって其の故郷に至り教を求むる者あり、村内有力者は概ね君の訓陶を受く」と刻まれており、精神面の足跡がこの時期に再認識されているかのようである。

その「教」は、南喜太郎をはじめとする村の青年層に影響を与え、三〇年後には少なくともこのような碑文を刻ませるような認識が定着していたが、彼らの眼前には生産者としての名声を競わせる共進会や競犂会の制度が用意されていたことも書簡で確認した。本項では、「教」や制度によって系統化され農作業への新たな動機を「獲得」してゆく担い手像を伺わせる資料として、排水工事の起工式に催され喜太郎も二等賞を獲った「馬耕競犂会」や、弟・喜之助と同年輩の「二才組中」の書簡を改めて参照したい。

二五歳になった喜太郎が「工事掛」を命ぜられ、「実に家事上コマリ居る次第に御座候」と記した一八九九（明治三二）年一一月二日の追伸（「三伸」）に、「此の度我が鹿児島県下馬耕術実地会これ有り候に付いては私も村農会長よりの達示にて出耕致す筈にて御座候」という記事がある。同月一日が第一回郡競犂会で、五日には県競犂会が旧・鹿児市近郊の荒田村（現・鹿児島市荒田）で開催されたが、二四日の書簡にも「此度第一回に御座候えば各農学校生徒及び各小学校生市中の人民実に見物の多き事は筆舌に尽くし難く御座候」とある。競技内容は、与えられた幅一丈の畑を二畝に盛り上げるもので「その術甚だ難しくして馬耕の規則も多く御座候」と苦心の様子が分かる。出場者数については記されていないものの東市来村からは計六名が出場している。競技自体は午前七時から夕方四時頃にはすべて終わり、五時頃から県農会長（加納知事）による賞状授与式である。翌日が起工式のために「身体は実に疲れ候えども同夜十時頃鹿児島を出発し翌六日午前四時無事帰宅仕り」（同、二四日）と、無理を押して昼からの式に参列し宴会のあと再び四時頃から「馬耕術これ有り候」という強行軍である。喜太郎は二等賞を獲って賞金三〇銭を拝受したが、競技内容は県大会と同様に長さ一二間、幅一丈を二〇分間で二畝に盛る作業だった。これは標準的な裏作麦の畝である四尺五寸幅の畝立て作業で、第三章第二節でも説明した競犂会の規格とほぼ同じである。

横枕に全幅の信頼をよせた「村農会長よりの達示にて」第一回鹿児島県競犂会に出場させられた彼は、「教授人」に最も熱心に師事した門弟の一人と見なすことが出来る。さきの松本氏の一九六二（昭和三七）年の聞き書きでも、「先生の指導を受けたものの中で、南喜太郎、福元治吉、も一人の名前は忘れたが、この三人は農業技手になって田布施〔現在の日置郡金峰町田布施――引用者〕などに赴任して農業の指導にあたった。南喜太郎さんはあとで市来の村の農会長をつとめた人だが、横枕さんは農業の指導だけではなく、指導者を育てることにも力を注いだ先生だった」（松本一九七〇　五五）と農村青年の育成にも力を入れたことを報告している。師が帰郷したあと、冨田甚平が自ら手配した耕地整理事業の委員に選ばれ、その排水工事に際して現場の「工事掛」を拝命したのも当然の成り行きだった。

ところで、「報効農事小組合」に関して、先述のように「鹿児島懸史」では農村を戦場に読み替えて生産性を上げるとともに「貯金規約」の制定や「虚礼廃止」をはかったと解説しているが（同、六九三‐六九四）、日露戦たけなわの段階では「先日方向《ママ》大演説会相催し西市来学校々長外諸殿集会にて近来になき盛大をきわめ申し候」（一九〇四、明治三七年三月二〇日）という南家の寺の住職からの便りが見つかるだけである。これは二月の旅順港奇襲で日露戦争が始まり、初戦の勝利を祝うとともに朝鮮半島に上陸していた喜之助の活躍を期した小組合の催事だった。

麦作の見込みと喜太郎の肥料づくりに触れた二月一七日の書簡で、南家は旧暦正月二三日の「夜待」で宿をつとめ喜之助と同輩の「二才中」を招待して宴席を設けたことにも触れた。「実に面白き事にて御座候」という一夜の様子が記されていたが、この出来事は同輩からの書簡にも特記されている。「正月廿三夜待ちには君の家内中、二才中皆々君の身の為と思い貴宅方より二才中申し遣わし度という心皆家内中おきりそれより二才中に使者遣わし下され二才中大喜びにて皆二才中貴宅へ出張に相なり大ゴヂソウ《ママ》にて三味　太鼓　踊りは二才中はもちろん君のヂヂババ様はじめその他兄妹近き上下の親類オヂオバ様まで大なぐさめにて御座候　当地方に於いてはこれだけのオモシロキ事先ずはこの段御返答として御通知御引合いまで」（三月二日）という記事である。この件に関しては、ほかに「二才中皆々呼ばれ御馳走にあずかりながく賑やかなり」（二月二日）と書き送った同輩も居り、皆が心から楽しんだことが分かる。

喜之助を送り出した家族の「二才中申し遣わし度という心皆家内中おきり」の心情は、「ここに一羽の烏後ろの山の木に来たり書面の届く日には知らせ申し候間　烏の鳴く日は祖母ども待ちおり申し候」（同一七日）というくだりにも伺うことができる。また、彼と「二才中」の青年たちとのやり取りでは「面白き事」ということばも注意をひく。たとえば「貴君〔喜之助――引用者〕の余修舎に出舎致され候節は甚だ面白かりしに今は寂しく相なり候」（一八九七、三〇年一二月一〇日）、「熊本市内又は軍隊中にも変って珍しきことこれ無き候や　又台湾地方に於いても変って面白きことこれ無く候」、あるいは喜太郎が書いた「只私郷里に於いては何事も面白き事これなく日々農事上の仕事を楽しみおり候」（五月一六日）や「〔石灰の禁止と作付け品種の制限によって――引用者〕スズメの害多からんと考え申し候　当地においては何も面白きことは無く御座候」という記事などである。

もちろん、これは当局が戦後に危惧した社会思潮の弛緩ではなく「変って珍しきこと」「日々農事上の仕事を楽しみおり候」からも伺われるように、いわゆる話題性のある事項という意味である。ただし、精神と経済両面での「戦後処理」が懸案になると、とくに内務省の地方改良運動を中心に「地方」＝農村の中核となる青壮年の「改良」が課題になった点は見落とせない。日置郡では、一九一六（大正五）年一月一四日に旧来の「二才中」または「二才組」（ニセグミ）を母体にした青年団の上に日置郡聯合青年団が設置され、「補習教育ノ奨励武道並各体育的競技及優良団体ノ表彰」等にあたったが、この連合体は「大正十年二月郡、村青年団ノ組織ヲ系統的ニ変更シ年齢等も十五才乃至二十五才マデトシ綱領宣言及実行問題等ヲ決議シテ専ラ青年ノ修養機関トナリ思想ノ善導体育ノ奨励等勉メツツアリ」（日置郡役所一九二三　二四〇-二四一）と、産業組合の実働機関としての農会同様に、強固な系統的組織体に改編されていったのである。(33)

郡内一三カ町村に設置された青年団の年齢層は、一五歳～二五歳までが最も多く「二才組」を母体に各々数個の分団に分かれ、総勢七千七百三七名の青年を擁していた。東市来村の場合は一五歳～二〇歳と二才組の旧慣にならい、九百八〇名が七カ分団に分かれて「補習教育体育鍛錬」を「事業概要」に掲げていた。他の町村では、「貯金奨励」「撃剱」「角力」「体操」「共同耕作品評会」「見学」(34)そして「雄弁会」などもあげられているが（日置郡役所一九一三　二四一-二四二）、一九二一（大正一〇）年二月に決議された日置郡青年団の「綱領」では「自治精神ノ涵養」(35)「智徳体力ノ向上」「経済観念ノ養成」「公共共同ノ実修」が掲げられ、重ねて四月には「時間ノ尊重及励行ヲ期スルコト」「団体及個人貯金ノ励行ヲナスコト」「補習教育以上ノ必修ヲ期スルコト」「各種体励マス激励披露育振興ノ方法ヲ講スルコト」が「実行問題決議」となっている（同、二四一）。

一九一〇年代（大正期）に着手された青年のこのような「改良」と、一九〇四（明治三七）年四月の知事訓令により全国に先駆けて設置された報効農事小組合の小組合長等が「中堅人物」[36]と称され、彼らを統括した岩重や横枕などの村長、農会長、技手が「中心人物」と位置づけられた流れとは、戦勝後の地方改良運動を挟む一連の流れと見なすことができるだろう。競犂会を終えて弟に書き送った「今より私も一層国家の為勉強以て来年も県下に参会する考えに御座候」「農事改良は日に進め事業も至って多忙を致し来したるも矢張り国家の為」（二四日）といった戦時の社会思潮を反映した言辞からは、本格化した「改良」機運に対する喜太郎の素直な感応性を伺うことが出来るようである。事実、彼は農業技手を委嘱され村の農会長もつとめたことは先述した。このような、農村青年への動機づけの精神史は日露戦後の喜太郎をして農会長に押し立て、系統化された農会や青年団などをとおして「中堅人物」を養成させることになる。[37]この意味で、喜太郎の人生は国家を意識しつつ技術改良に追われた「改良」の人生だったといえるだろう。

続いて同地方の農事小組合に移るが、加納知事時代（一八九四～一九〇〇、明治二七～三三年）には技術改良による米麦の増産から出荷米の品質向上、養蚕と煙草作のほか園芸作物をとおした現金収入の増加など、農家の経済的安定を重視する農政への転換が試みられていた。これから取り上げる報効農事小組合は、横枕が帰郷した年に公布された鹿児島県農会規則（一八九六、明治二九年）が定める「農事共同作業組合」に由来する農事の作業単位である。[38]翌年には九百六組合の農事共同作業組合が報告されているが、加納は一八九九（同三二）年に「九州・沖縄八県聯合共進会」が鹿児島市で開催されたのを期に一層の成果を期すべく「幾回トナク各郡市町村農会長農事巡回教師ヲ〔県農会に――引用者〕召集シ指示又ハ協議ヲ重ネタリシカ偶々其議題トシテ村農会ノ下ニ普ク農事小組合ヲ設置セシメ之ヲ〔農事改良の――引用者〕実行活動ノ機関ト為シテ大ニ農事改良ノ実績ヲ挙ケシメントノ事ヲ決議シタリ」（鹿児

島県一九〇九　二五）とあるように、これを「農事小組合」に改編し二年後の三四年には一七六七組合、三六年には二一〇三組合と普及させている[39]（同、二六）。

加納農政の指導力を示すものだが、後継の千頭知事はさらに日露戦争の勃発（一九〇四、明治三七年）という時局を逃さず、

「農事ノ改善生産ノ増殖ヲ企図スルハ交戦国民ノ努ムヘキ最大急務ニシテ一面幾多忠勇ナル軍人ノ偉績ニ酬ユル所以ナリトテ既設ノ農事小組合ヲ報効農事小組合ト改メ未設ノ地方ニハ之カ設立ヲ促シ〔中略――引用者〕準則ヲ制定シ島庁郡市村ニ訓令シテ大ニ奨励ヲ加ヘタル」（同）という方針を採り、一九〇九（同四二）年には「其組合数四千九百五十三、其貯金額参拾壱万余円ニ達シ〔中略――引用者〕組合設置以来一般ニ勤勉ノ気風勃興シ殊ニ青年ノ風儀改善シタルカ如キ大ニ喜フヘキ現象ナリトス」（同）。

という実績をあげている。さきの「実行活動ノ機関ト為シテ大ニ農事改良ノ実績ヲ挙ケシメン」の部分から明らかなように、農事報効小組合は系統農会を通して降りてくる方針の「実行機関」だったが、ここでは青年層を中心とする「風儀改善」も称揚されている点に注目したい。

これに関連して、農政経済史家の我妻東策は「部落青年の団結力はその強靭性のゆえに、野性的形態においては往々にして部落発展の障害とさへなるのであるが、さりとて青年に活力のない部落は生命力のなき死せる部落にも等しい、青年の活力の合理化こそ農家小組合進展の鍵である」（我妻一九三八b　四八）と指摘し、在来の青年集団を否定せず「青年会」に改編して小組合活動の成果があがった例を全国から七例紹介している。ここで二例だけ抜粋しておくが、まず東市来村から一七キロ余り南に下った「日置郡伊作村（現・吹上町伊作）中之里報効農事小組合」の、

「本部落ハ久シキ以前ヨリ二歳組名目ノ下ニ規約ヲ結ビ種々ノ方向ニ於テ活動ヲナシ居リタルガ、明治二十九年三月中之里共正〔矯正――引用者〕組合ナルモノヲ組織シ、矯風勤倹ヲ以テ目的トシ、青年ノ怠慢放逸ニ流ル、ヲ責メ、且ツ身分不相応ノ装飾、夜遊又ハ猥褻ノ行為ヲ厳禁セリ。又組合ヲ十区域ニ分チテ各区ニ取締二人若ハ三人ヲ置キ、毎年一月通常総会ヲ開キ農事教育衛生ナドニ就キ聴講或ハ協議ヲナシ品行ヲ矯正シ勤倹力業ノ動機ヲ起サシメ事業改善ヲ容易ナラシメタリ」（鹿児島県一九〇二　六三-六四）[40]。

という資料で、在来の青年集団（「二才組」）の改編が農事小組合活動の契機になったことが分かる。また、農事面では村農会で決議した「殖産物保護規約」の遵守と、専売作物である煙草の私用禁止や転売への「違約金」の課徴を進めた結果「葉煙草量目査定納付ヲ許サレタルガ如キ矯正組合活動ノ好果ナリ」と総括している点も注目される。

二例目の「愛知県東春日郡小牧町三ツ淵原新田農事改良実行組合」では、青年会活動が「農民の気風」を一変させたとする資料があげられている。すなわち、

「明治四十二年青年一同〔集落の――引用者〕経済急迫の甚だしきを知り、余りに借財の多大なるに驚き共に将来如何にして此れが救済の途を講じ挽回の策を講じるやに就き協力一致工夫研究の結果、青年会を組織して組合員の緊張自覚を促すと共に一面愛知県農会の指導により産業組合を創立し経済的団体を強固にし、共同苗代を設けて殖産の途を講じ、従来の流行的娯楽用諸道具一切は悉く他に之を売却して遊惰の風を矯正する等、心機一転し農業に精進するに努めたり。其の後農民の気風一変し各々農業に精励するに至り[41]」（農林省農務局一九三六　六〇四）。

という、「地方改良」の実をあげたとする例である。

このような全国的な取り組みの中から、一九二〇年代（大正末～昭和初年）に入ると第五章第一節で紹介するような農村振興のための「基本財産」を蓄積する本格的な経済活動の例が出てくる。「茨城県稲敷郡生板村生板字内野農家組合」の例であるが、そこでは一八九九（明治三二）年に区長のもとに年齢無制限で全世帯一名宛の「若衆組」を組織して「郷土芸術御神楽（囃）」を結成し、その公演収入や水田二反歩の共同耕作等によって基本財産を蓄積している。この「若衆組」は、一九一九（大正八）年に「青年会」に改編され規約も改められ、一九二四（同一三）年には基本財産から四一二円を支出して電灯を引くのである（茨城県農会一九三六 三七）。「若衆組」や「青年会」が年齢無制限であることは「小部落の事とて」という事情が考えられるものの、農村振興にあたって青年集団の団結力へ期待が寄せられたことを示す例だろう[42]。

一九〇九（明治四二）年に四九五三組合を数えた鹿児島県の「報効農事小組合」は、我妻論文（一九三八ｂ）によると一九一四（大正三）年に五六七七組合、一九三三（昭和八）年には七八五五組合と順調に増殖した[43]。地方改良運動期（一九〇六～一〇年代前半）から農山漁村経済更生運動期（一九三二～四三）にかけての三〇年間余で六割近く増えており、「その後他府県は多く小組合の普及奨励に関しては範を同県に求めて今日の盛況を齎らした」（同、三〇）という全国的な展開の先駆けとなる[44]。全国的に「農事実行組合」「部落小組合」等とも呼ばれたこの小組合制度は、更生運動が始まった一九三二（昭和七）年には産業組合法の適用を受ける法人登記の途を獲得し、八年後の一九四〇（同一五）年には系統農会への加入の途も開かれる。表向きは任意団体だったもの、農家の生計が「部落」毎の共同性と不可分である農事を大前提にしていた点で、任意性の余地などなかっただろう。

小組合制度は、このように在来の「結合力」に期待した点では青年集団の改編と同じ意図に由来する農政の産物だった。農事の実行単位、あるいは作業単位として府県郡市町村という行政機構に沿って系統化された農会の末端細胞でもあった。

ところで、一九〇三（明治三六）年の「農商務省諭達」では「就中左ニ例示セル事項ハ其実行最急ヲ要スルモノナルヲ以テ農会ハ須ク地方ノ状況ニ応シ会員ニ向テ之ヲ奨励誘導シ又実行上ノ媒介ヲナササル可ラス」と農会の責務を強調し、計一四の改良項目を発令している（我妻一九三八b　三〇）。とくに、①米麦種子の塩水選、②麦黒穂病の予防、③短冊形共同苗代、④通し苗代の廃止、⑤正条植の五項目について市町村農会で規定を設けることを命じているが、一四項目のほとんどは農商務省が一八八一（同一四）年に内務省から独立して以来二一年間も掲げられていた目標であり、すでに養鶏畜産や産業組合といった経営収支の改善に類する項目が重要懸案となりつつあった段階での当局の焦燥が伺われるようである。

一八九四（明治二七）年、鹿児島県では加納の着任とともに鹿児島県農会規則を定め郡町村農会の設置が強力に推進された。全国各地の農会を全国農事会（一八九四、明治二七年～。一九一〇年、同四三年から帝国農会）のもとに系統化してゆく大勢に沿うものだったことも前述のとおりだが、この流れは内務省勧農局の殖産政策のもとに着手された共進会事業が、地方では産品の展示と参観に流れがちで持続的な勧農成果として定着するところが少ないことへの批判に発していた。また、農会系統化の実行は諸事業を地方農会に移管して一定地域内での効果を追求すべきとする省察が動機だったことに留意せねばならない。その一例は、大臣官房参事官樋田魯一の出張報告書『欧米巡回農商務感覚録』（一八八七、明治二〇年一一月）での、

「共進ノ実ヨリモ却テ共進会品ヲ製出スルノ傾キニアリ甚シキハ他人ノ産品ヲ購入シテ会場ニ陳列スルカ如キモノアルニ至レリ〔中略――引用者〕農業共進会ノ如キハ其区域ノ大ニ失センヨリハ寧ロ感覚ノ密接ナル区域ニ止メテ共進セシメ其事ハ農会ニ委ネ而シテ之ヲ農業監督官ニテ監督ス蓋シ如斯ハ実益アルモノト信スルナリ」。

という記事であって、関連して先進地フランス等では地方農会が共進会の事務を担当していることや「巴里府ニ古来仏国農会ナルモノアリ全国農業上進ノ淵源」（農林省農務局一九三九　一七四五-一七五二）となっていること等も報告している。[45]

農業の「共進」を地方農会に分担させるという発想は、小規模で多様な営農形態の具体相においても実質的な成果が希求されるようになったことを示すものである。民間では、一八九〇（明治二三）年の東京府下北多摩郡で大日本農会員の池田謙蔵が地元老農とともに郡村連合の品評会を催した先駆的な例もあった（西村一九一一　一〇）。また、一八九〇～九二（同二三～二五）年には京都府知事のもとに町村の農談会、農事会、興農会、農事奨励会といった民間の自主的諸団体が合議し、規約や京都府農会および試験場が設置されている（桑原一九五四　四二〇-四三四）。[46]いっぽう、政府でも農商務大臣井上馨のもとに系統農会制度が懸案となり、[47]一八八八（同二一）年から翌年にかけて学識経験者を中心とする農学会（一八八七、同二〇年創設）との間で諮問と答申のやり取りがおこなわれた。そして一八九一（同二四）年に農学会によって『興農論策』（農林省農務局一九三九　一七六四-一七七九）[48]がまとめられ、年末には農会の系統化を盛り込んだ農会法案が上程された。鹿児島県時代の加納農政の特質は、このような中央の流れを直ちに具体化する即応性と強権性にあった。

当時、いわゆる農会に類する各地の農業団体数は、一八八六（明治一九）年が三四、一八九一（同二四）年が四七五、一八九二（同二五）年が五五〇有余、一八九三（同二六）年で二〇四七団体と急増しており、同じ一八九三（同二六）年の府県農会二六、郡市農会二一八、町村農会一八〇三団体のうち過半が系統的な体裁を採っていた（我妻一九三八a　三五、小倉一九五四　三五二）。[49]とくに一八九〇～九一（同二三～二四）年頃の民間の活発さが伺われるが、農商務省の外郭団体として創設されすでに府県支会を設けていた大日本農会が、中央機関として各地の民間諸団体の統合を企てることは当然の成り行きだった。[50]一八九三（同二六）年、同会では農務局長や次官を歴任した前田正名を幹事長に迎える。松方蔵相だけでなく陸奥宗光農商務相とも対立し下野していた彼は、有名な『興業意見』や各府県『農事調査』のあとを承けつつも未だ萌芽的な段階にあった町村是（調査）運動の展開のために全国を遊説していた。その中心的な主張は、農村振興と地方産業の育成ならびに関係諸機関の組織化であって、大日本農会設立の主旨を最もよく体し得る適任者だったといえる。

就任後の一八九四（明治二七）年、前田は第一回全国農事大会を開催して府県是の画定と前述の全国農事会による地方農業会の系統化を決議させ、農会への加入と会費徴収を強制化する農会法を要求する運動を開始した。ただし、上程前年の第六回大会（一八九八、同三一年）で法案を決議し議員立法で成立させるという政治への深い関与にもかかわらず、前田等は国庫補助制度の獲得と引き替えに加入を強制することを断念せねばならなかった。成立した農会法は、附則の施行期日を除いた全五カ条のうち三カ条が補助とその上限に関するものであって、「農会法というよりも農会補助金法」と評されるほどだったという（小倉一九五四　三五八-三七七）。実質的な地主団体にこのような強制権を付与することを当局が警戒したとも理解されるが、ともかく農政の実行と伝達の機構は政府主導で系統的に整備されてゆくこととなる。第一回と第七回大会（一八九九、明治三二年）で決議された全国農事会と系統農会による府県是の画定と村是調査事業に彼が軸足を戻し、政治運動から離脱し始めたのは、このような当局の警戒と挫折感の自覚があったと考えられる(51)。

一八九九（明治三二）年の「農会法」、「耕地整理法」そして地方農会が運営を断念した農事試験場制度に係わる「府県農事試験場国庫補助法」、あるいは翌年の「産業組合法」の公布と一九〇三（同三六）年に地方農会の責務を強調した「農商務省諭達」などは、技術改良や生産基盤の整備から販売・流通にいたる農事全般を官庁が管掌主導してゆく方向性の確立、すなわち近代農政の確立を象徴するものである。

これに対して、前田が展開した町村是運動は、国家の農業部門のこのような意味での政治的編成の達成のなかで、内務省の地方改良運動と通底する途を当初から孕んでいたことに留意せねばならない。彼のもとで『興業意見』（一八八四、明治一七年）[52]作成に従事した農務局員田中慶介は、前田の解任のあと一八九二（同二五）年に福岡県生葉・竹野郡長に転じ同年から一八九四（同二七）年にかけて『福岡県生葉竹野郡是』（福岡県生葉竹野郡一八九四）、翌一八九五（同二八）年に郡内各町村『調査書』を完成させた。「前田農商務次官ノ調査法ニ準拠シ」（同、序）、項目は一八九〇（同二三）年の各府県調査の『福岡県農事調査』をほぼ踏襲したものだが、この時期の前田にとっては貴重な追従者であり、田中に「感状」を贈って激賞している（佐々木一九七一　三四-三五）。

この郡是画定にあたっての調査は、郡役場書記を町村に派遣し「当業者又ハ老翁ノ口碑」（福岡県生葉竹野郡一八九四　凡例）から直接聴取させ、また町村役場での資料収集なども交えた出張調査を実施して信頼度を期していた。前田の説いた「是」とは「財産ノ不平均ハ常ニ驚クベキ恐慌ヲ現出ス方今ノ形成富者ハ益々富ミ貧者ハ愈々貧シク貧富ノ懸隔年ヲ逐フテ其度ヲ進メ」（同、二九）といった現状把握から始まり、中産以下の農工商者の余業奨励、とくに商品作物と副業、信用組合の設立と「勤倹貯蓄」の奨励、あるいは「豪産者」への資本運用の指導、町村共有原野の活用等々の指針と達成目標である。[53]また、各世帯の基本的な収支から管内の経済情勢を分析した部分も資料的価値に富むものだが、例えば郡内町村版の『模範調査』として一八九三（同二六）年に実施され一八九五（同二八）年に完成した『柴刈村是』（八三六世帯、四四三二人）の自小作の土地所有関係をみると、村内四六五町歩から「他町村ヨリ所有権アルモノ」（一一二町歩）を差し引き、逆に「他町村ニ所有権アルモノ」（六一町歩）を加えて「本村人ノ所有権アルモノ」すなわち基本的な生産基盤四一三町歩を算出したうえで、「他町村ヨリ」から「他町村ニ」を差し引いた五一町歩の流出価値について地租で六三〇円、小作米（「余米」）で六〇三円、米代金で四二二〇円の赤字と見積もっている（佐々木一九七一　三五-三六）。

調査地の総合的な経済力という、複雑で測定困難な問題を平明な収支決算の形で表現するために、「郡是」では七三葉の表と円グラフを掲載している。いずれも単純な構成だが、「前田農商務次官ノ調査法ニ準拠シ（中略——引用者）統計ハ本調査ノ精神ナリ」と「序」で宣言しているように、統計によってのみ「郡是」が画定されるという考えでの調査であった点から、図表が完成するまでの労苦は大きかったものと思われる。前田が感激した所以であるが、府県是の画定から進んで第七回大会では全国農事会の事業として村是調査の敢行を決議し、みずから「町村是調査標準」（一九〇四、明治三七年）の作成にかかり、一九〇二（同三五）年の第五回内国勧業博覧会に二七〇点の村是調査書が出品されることとなる（佐々木一九七〇　二九-三〇）。これらの村是は、土地の賃借や生産、総合的な消費統計等をもとにした全国調査であり、とりわけ行政村の斉一な統計調査として画期的なものだった（佐々木一九八〇　一〇六-一〇七）。

いっぽう、全国農事会の「調査標準」のほか福岡県でも一九〇五（明治三八）年一月に県知事訓令で県下一円の市町村是調査を開始させ、「市町村是調査様式」「下調様式」そして「訓令書」を製本し参考資料として他府県にも送付し、新潟県などそのまま踏襲する例があった（佐々木一九七八a　三三-三五）。地方講演を繰り返した前田の活動と並行して町村是調査が全国的展開を見せたのは、系統農会の充実とともに地方当局の先駆的な取り組みもあった点は注目される。日露戦後の増徴と民力疲弊に最も苦しんだ地方農村にあっては、時期的にも新任の田中郡長などがそうであったように、新しい行政村の実態把握と管内の民力の把握および戦費償還のための負担の上限を知ることが地方自治の重要課題だったのである。その調査は、戦後経営としての「地方自治」を財政面から受け止めようとしたものでもあったが、戊申詔書（一九〇八、同四一年）を機に始まる地方改良運動の一環として、内務省によって一律指導がなされた後年の町村是運動[54]とは特質を異にしていた。

以上、農政の視野が農村青年の育成という内務的な領域にまで拡大された一八九〇年代（明治中期）以降の「改良」思潮を跡づけた。これが系統農会と実働単位である農事小組合制度として結実し、並行して地域振興・地方自治の町村是運動も展開されたことを述べたが、続く第五章ではこのような「自治」と農業経営の自律的な取り組みを、小組合や多角的な小農経営で実現しようとした具体的事例にそって論考を進めたい。

注

（1）第五章第二節で言及するが、運搬と移動は労力と時間の面で大きな位置を占めていた。また、稲刈り後に乾田で乾燥や脱穀・選別などが出来るようになることの労力の軽減や分散も、生産性向上を支える要素として無視できない。

（2）「是」とは町村ごとの産業面の達成目標で、実態を統計的に把握する調査が先行した。実態の把握と解決のための目標を地元の側にたてさせ、町村経済が客観化してゆくことを通して、財政や経営改善への動機を主体的に涵養させる意図も含み込まれていた点で、広義の国民運動であり社会政策だったといえる。それによって、どのように「近代的な」後継者が育成されたのかは今後の研究課題である。

（3）地主層のこのような動向については、農会活動や産米改良事業、町村是運動等への関与の面から地域ごとに事例研究を重ねてゆく必要がある。

（4）石川県の「意見書」では、事業展開を妨げるものとして所有者全体の同意を得ることが困難な点を指摘している。また、これに対しては所有者の過半数の同意が得られ、または賛同者の合計地価額が事業対象地の地価総額の過半を占めるときは施工を開始できるような法律を期待している。区画については、工事完了後の地価据え置きを大蔵省に願い出た知事の「伺」によると、県下の耕地は一筆が平均一畝一五歩。所によっては一畝に過ぎないとある（小川一九五三 二三一–二三五）。

（5）同地では「湿田」について一般にムタ、フカダ、ジュッタンボと大別してきた。ムタは水田の底から湧水をみるいわゆる強湿田で、本来はバン（耕盤）を持たないために牛馬を追い込んで犂耕をすることができない「ソコナシ」の田。フカダは湧水は少なくバンがあるために犂耕は出来るものの低地であるためにアトサク（後作）は不可の田。ジュッタンボ（汁田圃）は、地下水位が高くて後作ができない以外はいわゆる乾田と変わらない田である。なお、同様の聞き書きを加味した歴史地理的分析により近代農法の揺籃となったこの地方の技術史的意義を考証したものに久武（一九九三）がある。

（6）施工面積は全六二・九町歩のうち二二・八町歩で、おもに台地を刻んで菊池川に通じる支流のムタだった。傍らに建立された記念碑には「湿田その十分の九に居り内約四町歩は涯棹深く胸に及びしが今や全部麦作の美田二十町五反二畝二十九歩となれり」とある。胸まで沈むソコナシ田が、とくに湿気を嫌う麦のアトサクさえ出来るようになったことを謳ったものである。なお、冨田甚平は「暗渠排水講話」（『冨田式暗渠排水法』一九〇六年所収）で、ここでは反当り八斗増収したと紹介している。収穫のない年も珍しくはなかった水田で、二俵余の増収は画期的な出来事だったと考えられる。

（7）亀尾地区を含む清泉村では、明治期に七カ所で計九一・三町歩の湿田に工事が施され四％の増歩（三・八町歩）が得られたが、一九五〇（昭和二五）年の『世界農林業センサス』でも二〇・四％の「一毛作田」が残されている。

（8）最初の改修は一九三七（昭和一二）年で、改修の契機は土管の破損や接合部のゆるみ、埋めた「柴」の腐敗、そして「暗渠の両側の麦がとび抜けて収量が高かった」ことによる（水本一九七五　二三-二四）。水本氏も指摘するように、トクマイ（小作米）に取られる稲よりも現金収入の麦増産が追求されことを物語っている。

（9）この地域では、明治期の工事でアトサクが出来るようになったら反当り小作料が二俵から四俵に上げられたといわれる。反六俵という田も珍しくはなかった湿田地域としては極めて高い小作料であり、いわゆる分配の構造が変革されない場合の技術改良の成果が、社会のどの部分で享受されたかを示している。

（10）一八八八（明治二一）年に公布された町村制によって、台村ほか計九カ村で砦村（一八八九～一九五四、同二二～昭和二九年）が誕生する。

（11）試験した年は、名目上の共著者である建野保によって一八七八（明治一一）年と「緒言」に記してあるが、冨田自身の「湿気抜方法書」（一八八八、明治二一年）では一八八〇（同一三）年としている。

（12）もっとも、「農具便利論」でも排水溝を一カ所に集めて竹木や石の筒に栓をはめて貯水する原理が述べられており、暗渠の工夫は在来技術のひとつだったといえる。また、冨田は「暗渠排水講話」で、近隣の来民地区で天保年間（一八三〇～四四）に土管を使った排水工事による増歩の例を紹介している。この話には異説（江上一九五四　六三一）もあるが、竹木を埋設する排水法は同地方の在来技術であり、河川技術者として技師の来日を仰いだオランダでも粗朶や岩石を埋設する暗渠排水が古くからおこなわれていたという（須々田一九八五b　三一八）。
(13)『鹿児島懸史』（鹿児島県一九四三）では、一八八四（同一七）年からの五カ年平均で稲の反収は九斗一合としているが（同、三七〇-三七二）、いずれにせよ反当り二俵余という最少の出来である。
(14)農業教授となった春木敬太郎が、妻をともなって三年間指導した種子島の南種子町茎永（くきなが）地区に建つ「馬耕記念碑」（一九一四、大正三年）によると、春木は「肥後国山鹿人」で馬耕と神力種を普及指導して「農業更新之端」をひらいたという（松本一九七〇　五三二）。また、正条植と緑肥大豆も伝えたともいうが、薩摩半島での事跡に関する聞き書き調査では未確認である。目加田（勝次郎）は、先述の菊池郡七城町亀尾地区から西へ四キロ余の鹿本郡植木町色出（しきで）地区の出身と思われ、薩摩郡南部で川内川下流域の樋脇町で七年間指導にあたっている。この地は往年の菊鹿盆地と同じような強湿田地帯であり、目加田の指導は、排水工事、馬耕と改良犂、正条植（一九〇二、明治三五年頃に全面普及）、堆肥製造と堆肥舎、裏作麦の奨励など、県の指導項目と共通していた。
(15)江上一九五四では六五名。松本一九七〇では六七名を数える。
(16)さきの碑文も撰した村長兼初代農会長・岩重政恒が、一八九六（明治二九）年頃に書き付けた覚え書きがこの「沿革史」に抜粋・整理されている。大蔵卿松方正義のいわゆる「サーベル農政」（一八九〇～一九一〇年代前半、明治三〇年代～大正初期）は、このような警察力による正条植などの強制だったが、加納知事は松方の地元でこれを先取りしていたといえる。また、村長と農会長を兼ねる各地の例は、行政全般のなかで農事の比重の重さを語っている。
(17)一八八五（明治一八）年、同会は『報徳記』（富田高慶）の版権を取得した。当局が技術の改良普及から農村の振興と「自治」の前提である経営や制度、そして勤労の動機や生活規範にまで対象を広げてゆくことを物語る一事例と考えられる。
(18)後述する一八九九（明治三二）年の書簡のなかに「本年は麦作も田甚だ改良に改良を加えて田麦などは植付くる時より新道より一町目の所にては縦畝にて中打ちは五六度すべしとの申し渡しにて畑麦の如きはワラジ又はゾウリをもって踏むとの申し渡しこれあり候」という記事がある。縦畝と数度の中耕培土、麦踏みなどはいずれも個別の在来農法として各地に散見されたが、すべて採り入れた形で新道（国道）より一町以内の目につきやすい耕地での「申し渡し」は、それが菊鹿盆地の農法だったかはおくとしても東市来郡にとっての改良農法であることを語っている。

(19) もっとも犂耕の実業教師と同じように、派遣先で心酔者を増やし指導の効果を高めるためには、大仰な振る舞いも必要だったろう。松本氏は熊本県農業改良課長や鹿児島県農村センター所長を歴任し農政史の研究にも携わった技術職員である。

(20) 一八九七（明治三〇）年一二月から、喜之助が遼陽郊外の首山堡攻撃戦でロシア軍の「有名なる機関砲」のため進退きわまり、分隊長として戦死する一九〇四（同三七）年八月までの七年間の文通のうち、遺品として南家に返送され仏壇に保管されてきたものである。「第二軍第一野戦局」扱いの「軍事郵便」として無料で郵送された。内訳は過半が兄・喜太郎から、そして父親や親類縁者がこれに次ぎ、同年輩の「二才中」からの便りも散見される。内容は家族の近況報告、農事の様子や村内事情などを報じたものである。毛筆の候文で記されているが、文中に口語体が交じる例も二通ある。また、文体同様に同じ書簡に旧暦が混用されている例も散見され、民間での変革過程の実例として興味深い。なお、一九八八（昭和六三）年に当主の南和郎氏によって私家版『御座候』として編集・刊行されている。

(21) 一八九八（明治三一）年七月二七日の同輩からの書簡では湯壷を四個に増設した件を報じ、「先月中は旧藩知事磯の島津公爵若君なども御来浴なされ実に湯之元の為一段の面目を加え申し候」と記されている。

(22) 旧・九月一六日の大豊作を伝える書簡では「野も山も豊々穣々これをして幸いに風水の災なからしめば日清後の物価上騰は今年一年にしてもとに立ち返りなん」と記されており、一八九五（明治二八）年に終わった日清戦争以来、農村でもインフレが意識されていたことが分かる。

(23) 代表的な関連事項を列挙すると、一八九七（明治三〇）年〈労働組合期成会〉、一八九八（同三一）年〈共和演説事件―尾崎行雄文相の拝金主義批判演説が舌禍事件に発展して辞職〉、一八九九（同三二）年〈横山源之助著『日本の下層社会』〉、一九〇〇（同三三）年〈治安警察法公布〉。

(24) 当時の喜之助は、師団のある熊本で「第一中隊第五休養班」に編入されていた。また、安永の出身地は冨田家に伝わる直筆の「名簿」によると玉名郡大原村（一八八九～一九五五、明治二二～昭和三〇年）肥猪（こえい）で、山鹿から西へ八キロ程の畑作地帯である。「農事巡回教師」は、日置郡では一九〇一（明治三四）年に三名の教師が配置され、郡予算三九一五円七九銭余のうち、実に三分の一の一三七九円四〇銭が彼らの制度的運用に充てられた（日置郡役所一九一三　三〇七）。そのうちのひとり安永順蔵は横枕とともに県の「教授人」だったことが冨田の「名簿」で分かる。

これによると、彼は西曽於郡東国分村に赴任し、もう一人の「氏森」三蔵は菊池郡台村に隣接する加茂川村の出身で財部郡財部（たからべ）村に配されていた。安永は、一九〇七（同四〇）年に湯田村（地区）の西隣の大里村島内の排水も巡回教師として手がけていることが記念碑の銘から分かるが、工事の内容や諸元は不明である。なお、排水工事は一九〇九（同四二）年に県直轄の事業へ昇格するまで県農会の委任事業だった。ただし、それ以前の事業も県レベルの奨励事業として県知事・技師などの積極的な関与があったことが想像される。

(25) 冨田も当時の老農や勧農社の林遠里同様に、普及や啓蒙の途として講演や著述の内容を反映したチョボクレや歌謡を創っていた。技師の口を経て湯田村の工事現場で歌われ始めたのだろう。

(26) 前田正名は、大蔵卿・松方正義と同じ元・薩摩藩士で、一八八四（明治一七）年に殖産興業の指針である『興業意見』書を上申したものの、翌年松方と対立し農商務省を辞した。また、一八九〇（二三）年に同省次官として復帰した四カ月後にも陸奥宗光農相と対立して再び下野し、後述する農業団体の系統化や町村是（調査）運動、地方商工業団体の組織化等に取り組んだ。鹿児島県の加納農政は、農法改良と農業団体の系統化の点で前田の発想と似たものであり、警察力を動員した手法では松方のいわゆる「サーベル」農政にも忠実だった。加納県政は、制度面の先駆性において熊本県ほか他府県を抜いていた。

(27) 麦の「縦畝」播きは「新道より一町目」だったことを前節の農事実行小組合など農村経営の部分で注記した。正条植の指導の力のこもり方の違いだろうか。

(28) 徳永一九八七のなかで、堀内部落外園家所蔵文書」と分類されている文書のうち、「明治参拾参年四月廿八日日置郡東市来村湯田　下原　堀内　上原　雀納帳　南喜太郎」。同様の納帳は九月参拾日、参拾四年四月の計三冊あり、前者の表紙には「但シ一戸ニ付五匹ヅツ」というノルマが書き付けられ、文書の末尾には「惣戸主　百戸、内　不納者　四拾九戸、同　納者　五拾一戸」と記してある。なお、「明治三十四年旧七月廿二日　堀内上原下原耕作田蒔数取調帳小組長外園金太郎」によると、喜太郎家の田は五反五畝、喜之助家は五反一畝七歩で、畑と小作に出した田畑については不明である。全般に鹿児島県は水田が狭く、大字湯田全百戸のうち五反歩以上の家は九戸だけであって、両家は上層の部類に入る。「蒔数」とは田の面積の意で、湯田地区在住の徳永氏によると、藩政時代は多少違うものの当時は一反歩が「六升蒔」にあたり、一反ごとに七銭の金を徴収して雀を追う火薬代にしていたという。

(29) 六月一六日の書簡に「肥後稲」とあるのは、この手記でいう「万観寺」にあたる。

(30) 肥料の改良や「純粋養分」すなわち合成肥料の導入によって決定づけられたこの種の「近代的」宿命は、農家の手間を省く農薬への期待感を培養することになる。

(31) 石田一九五四、鹿野一九六八、宮地一九七三など参照。地方的な互助組織である報徳社運動と、ある意味で「系統的」な中央報徳会との対比。また中央報徳会が地方改良運動を推進するにあたって、執筆陣に内務官僚を動員し広報活動を展開した『斯民』誌（一九〇六、明治三九年発刊）での信用組合論をめぐる柳田国男と岡田良一郎との論争なども見落とせない視点だが、地方改良運動そのものも含めて今後の課題としたい。

(32) キンモンスは、とくに日露戦後の青年層の「都会熱」や「立身」への志向性を分析する著書のなかで、帝国農会が機関誌『帝国農会報』で農村生活に縛られた青年たちの閉塞感をたしなめ、農家としての名声を追求する途を奨めている点を指摘する。

(33) 一九一六（大正五）年と一九二一（同一〇）年の施策が、各々前年の内務、文部両大臣訓令およびそれを承けた県知事訓令によった点について、『鹿児島懸日置郡誌』では一九一五（大正四）年九月一五日、一九一八（同七）年五月三日、一九二〇（同九）年一月一六日の両大臣およびこれらを承けた県知事の「各訓令ニ基キ其趣旨ニ適合スベク内容ノ改善ニ注意スルニ至レリ」（日置郡役所一九二三　二四〇）と明記している。なお、日露戦後の地方青年団組織の系統化という画期を、当時の社会風潮の弛緩や地方改良運動と連動して把握することは、研究上の定説である以前に当事者の認識であり政策そのものだった（平山一九八八（第二部）八-一〇）。

(34) 「見学」は他町村の農会や産業組合事業の視察を指すが、講師や指導員の招聘、派遣などと同様に、村内諸団体を末端とする一大系統が全国規模で確立されることは、「見学」の利便性を増進させるものだった。

(35) 「自治精神ノ涵養」は、とくに町村制（一八八八、明治二一年）以降に大量創成されたいわゆる行政村の課題であり、一九〇〇年以降（明治三〇年代）に本格化していた前田正名の町村是運動でも叫ばれたかけ声である。

(36) 「中堅人物」の社会思想に関しては、在来の青年集団の改編の問題もふまえて第五章第一節で取り扱う。書簡によると、湯田村内の「二才宿」はすでに「余修舎」と改称され、「二才中」に替わって「舎友」ということばが散見されるようになる。また、喜太郎は一八九八（明治三一）年三月一日から『鹿児島新聞』を購読している（三月一三日付書簡)。柳田国男は『時代ト農政』(一九一〇〔一九〇九〕)で「日本の内地にはちつとも新聞を見ぬ人がまだ四千五百万ほど居ります。親の田畠を親の農法で耕作して些かも外界の経済事情に適応することが出来ず又適応しやうとも力めずに、唯世渡りは骨が折れるとばかりで兀々と働いて居る人が存外に多数なのです」(開白)と記している。当時の喜太郎は、識字力の面でも農村「中堅」だったといえるだろう。

(37) 一九一〇~二〇年代前半(大正期)には農民(修錬)道場という精神主義的な夜学の類が村々に設置されたことについて、農業政策との関連性を分析した研究も散見される(野本一九八六など)。

(38) この「単位」の規模について、一九三〇(昭和五)年および一九三三(同八)年の農林省農務局『農家小組合ニ関スル調査』によると、平均組合員数(世帯数)は二三・七人である。なお、農事(農家)小組合の制度的沿革と史的特質に関しては竹中(一九七八)で簡潔に整理されている。代表的な文献・資料としては我妻(一九三八a・b)、棚橋(一九五五)、全国農協中央会(一九五七)等のほか、基本資料として農林省農務局(一九三六)、産業組合中央会(一九四一)、帝国農会(一九四三)等がある。

(39) 竹中(一九七八)は、さらに町村制以前の旧村内の「部落」=ムラ、またはそれ以下で完結する小組合について全二三万五千三六組合中八八・七%。昭和一六年の帝国農会の調査では全三一万二九一四組合中八六・一%。敗戦後の全国農協中央会の調査(一九五六、昭和三一年)では、八万五八七六組合中八四・一%という比率をあげている。また、農家小組合が農村の生活と農事の基本単位である在来の「部落」の範囲で編成され、技術普及と農政の末端、地主小作間の協調機能、系統農会の最小単位といった当局の要求に応えた史的特質を指摘する。なお、この一九五六(同三一)年の小組合数の激減は新制の農協組織のもとで統廃合が徹底した地域と、旧来のままの地域との二極化を示すものだろう。第五章で扱う事例は統合前の実態を示す例である。

(40) 「夜遊又ハ猥褻ノ行為」とは所謂「夜這」の類を指すのだろうが、ほかに盆灯篭の贈答や墓前への飾り付けの禁止、応召青年への餞別募金、歓送迎、応召家族や傷病兵への慰問もあげている。本書の第五章では「節倹規約」の規定で応召青年への対応が規制された例を紹介する。

(41) 我妻(同、四九)に引用。農務局編『農家小組合ニ関スル調査』の各年度版を通覧する限りでは、小組合に関してはこの一九三六(昭和一一)年度の調査報告書が質量ともに充実している。すでに食糧増産が懸案になっていた時期にあたって、農村恐慌と農山漁村経済更生運動の流れのなかで大展開した小組合政策を総括する時期の調査事業と理解することも可能だろう。

(42) 我妻も指摘した「部落青年の団結力」に関連して、第五章第一節で述べる福岡県粕屋郡青柳村農会の折目技術員は、地方改良運動に際しての一方的な農村娯楽の廃止を批判している。その趣旨は、農村振興における可能性の面から、娯楽の廃止を青年層の団結力や活力を削ぐ誤った措置とするものである。

(43) 我妻論文では一九〇九（明治四二）年の数字を五二九一組合としている。

(44) 小組合活動の萌芽的な事例として、棚橋初太郎は前掲『農家小組合の研究』で一九八四（明治一七）年に滋賀県が公布した農事規約の例なども注記しているが（棚橋一九五五　四-六）、後述する折目技術員（技手）の著書にも記されているように、九州の農政担当者などの間では鹿児島説が大勢を占めていたようである。

(45) 一八八六（明治一九）年から一八八七（同二〇）年にかけて谷干城農相に随行し、耕地整理の必要性を説いたことでも樋田の『感覚録』は先駆的だったが、彼は一八九〇（同二三）年に前田正名次官とともに辞職し全国農事会の活動に従事した（小倉一九五三　九〇）。

(46) 一般に、この種の民間団体は松方正義蔵相（一八八一〜九一、明治一四〜二四年）のデフレ政策による農村経済の窮乏にともなって創成されたとされている。なお、一八七五（明治八）年京都府紀伊郡「種子交換会」等を記録上の嚆矢とする地方農談会の萌芽的段階については、農務局『明治十四年三月農談会日誌』解題（『日本農業発達史』一、一九五三所収）で小倉倉一（農林省農林経済局長）が概説している。

(47) 外務大臣当時の井上が極端な欧化政策の主唱者であり、大農論（大規模経営論）を掲げていたことは知られているが、この時期の農会系統化の問題は、在村の手作地主や豪農に期待した大規模経営論が、地主と小作農との両極化傾向のなかで中農層に重きをおいた系統化論や産米改良事業（地主の米価収入に留意して米の商品価値を高める俵装米の改良事業）に変質していった流れにおいて捉えられねばならない。なお、農会付設の試験場は地方財政からの補助が充実しなかった点もあってもっぱら官府の事業として継続された。

(48) 東京帝大に転じていた農商務省ＯＢの横井時敬の起草で、興農手段、農学校、農事試験場、農会　附農事会議、附言の五大項目からなり、分量的には農学校と農事試験場の制度が過半を占める。「四　農会　附農事会議」では、系統農会と併せて行政府の諮問機関としての農事会議も系統的に設置すべきことを主張している。

(49) 同様に、一九〇〇（明治三三）年の農会法成立を控えた一八九八（同三一）年に至ると各々府県四一、郡市五〇五、町村八八〇六、計九三五二もの数に達していたが、一八九一（同二四）年の計四七五団体は法案の「理由書」であげられた数字である。

(50) 一八八一（明治一四）年の全国農談会の後を承けた大日本農会が、農商務省の外郭団体として発足した官制団体であることは序章でも触れたが、町村制（一八八八、明治二一年）の「地方自治」新秩序のなかに地主層を取り込む意図を農会法案のなかに読み取ることによって、この団体の特質を理解することもできる。

(51) 農会系統化の理論的基盤は横井が起草した『興農論策』だったが、彼は前田を幹事長に迎え当初は手足となりながらも、官僚出身という立場から同会が政府や議会への圧力団体となることに反対する。表向きの論拠は、宮家を総裁に戴きながら行政に手を染めるのは「不敬」という理屈であり、前田は追従者を率いて別に全国農事会を構えた。なお、柳田国男も関与した全国農事会や後身である帝国農会、中央農業会などが敗戦後に解体されたのに対して、教育啓蒙的な色彩を強めていった大日本農会は、現在も「宮家」を総裁に戴きつつ存続している。

(52) 一八八四（明治一七）年三月から農務局員総出で地方視察と調査書作成にあたり一二月に完成させた意見書（前田一八八五）。一八八〇年代後半（同一〇年代中頃）の僅か二〜三年間で税収総額が倍近くに伸びた一方で、米価が半額となり農地の過半が抵当に入るに至った現状などの記述が府県毎、項目毎に報告されている。農談会や農事巡回教師制度の提案も盛り込まれており、泰西農学と経験的な在来（老農的）技能との結合という農政的転換を預言したと評価されている。なお、彼の政策構想に関する代表的な先行研究として祖田修（一九八〇）、輸出振興と農業振興とに整理し再検討を加えた鈴木裕二（一九八八）等も参照した。

(53) 引用箇所は「第一編　総論、第三章　人民経済ノ概況、第一　所得ノ分配」。また、「信用組合」については帝国議会に上程された信用組合法案の提案理由書を引きながら、備荒貯蓄と抵当地の失亡の予防を強調している（「勤倹貯蓄ノ志想ヲ勃興シ徳義心ヲ涵養シ自助ノ精神ヲ養成シ終ニ豪産者ト共ニ立チテ生存競争場裏ニ併進連歩」同、五八-五九）。

(54) 一九〇九（明治四二）年に内務省地方局主催の「第一回地方改良事業講習会」で、柳田国男が「実際農業者が抱いている経済的疑問には直接の答が根っからない」と批判し、「一種製図師のような専門家が村々を頼まれてあるき、または監督官庁から様式を示して算盤と筆とで空欄に記入させたような」（柳田一九〇九　三〇）、形式的で当事者性を欠いたものだった。形骸化の一例としては、栃木県が一九一五（大正四）年「大正天皇御大典記念事業」として町村是運動を採択し、各町村の官社で神前「奉告祭」を挙行させ「是」の実行を祈念させたこと（佐々木一九七八b　一二−一三）などがあげられる。

第五章　担い手の特質

第一節　農事小組合活動と担い手の形成

競犂会制度と農事小組合制度の展開・普及の事例を扱った第四章では、技術の普及という出来事を当時の青年たちはどのように認識し、新時代の担い手（農業後継者）が形成されたのかについて述べた。農村青年にとっての普及とは、犂耕技能の修得と乾田化工事や農事小組合制度への参加を意味したが、そのことをとおして彼ら「二才」たちに新技術や新制度の指導者＝近代的な後継者へと育ってゆく道筋が示されたといえるだろう。ところで、農事小組合という制度について、当局は「組合設置以来一般ニ勤勉、気風勃興シ殊ニ青年ノ風儀改善シタルカ如キ大ニ喜フヘキ現象ナリトス」と自賛していた。農事小組合をめぐる官民双方の取り組みは、改良技術の普及・受容によって世帯ごとの農業経営を維持・改善するという側面だけでなく、地域社会の生産性を追求した国民形成（統合）過程として捉え直すことができないだろうか。このような観点から、本章では福岡県粕屋郡青柳村での一九一六～二四（大正五～一三）年の例と、近隣の小野村（ともに現・古賀市）での一九五一～五二（昭和二六～二七年）の例を対比させ、両者に通底するもののなかに担い手として育成され、あるいは自己形成した後継者の特質を見出したい。

(1)　農事小組合と担い手の形成

第四章第二節では、村農会の結成と系統化および「報効農事小組合」の結成（一九〇三、明治三七年）、関連して生活規律の強化について簡単にふれた。戦時下の一九四三（昭和一八）年に刊行された『鹿児島懸史』の認識では、この「小組合」は一九〇四（明治三七）年の日露戦争の勃発を期に「戦時に於ける将兵の緊張せる精神、統制ある肉体上の訓練を農村に植付け、以て農業の開発に効果を致さんとした」（鹿児島県一九四三　六九三）もので、一九〇六（同三九）年の報徳会、一九〇八（同四一）年の戊申詔書の発布と呼応するかのように「虚礼廃止」「貯金規約」という目標も設定されていた（同、六九四）。また、村々に結成された系統農会の最高機関としての帝国農会が一九一〇（明治四三）年に結成され[1]、鹿児島県知事時代（一八九四～一九〇〇、明治二七～三三年）に先駆的な実績を上げた加納久宜が会長となっていたことにも言及した。

さて、一八九〇年代（明治中期）以降おもに町村制（一八八八、明治二一年）以前の旧村内には農家小組合が結成される例が出始めたが、本格的な普及は産業組合法が一九〇〇（明治三三）年に成立し信用、販売、購買などをとおして小規模農家の保護が模索されるようになってのことである。また、一九二〇年代（大正末期）以降は全国購買組合連合会など全国団体が設立されて農会と同様に系統化され[2]、一九二八（昭和三）年には農家小組合も総数一五万余に増加し、産業組合法改正（一九三二、同七年）では上部団体としていわゆる行政村毎に設けられた農事実行組合に法人格での加盟が認められた。この改正に際しては、抜け駆け的な出荷など定款の規約に違反した組合員に対して「制裁を為し得る」という統制的な規程も付加されるほどに市場経済を意識したものだった点が注目される（八木一九九五　四一-六三）。このような法制化の流れと全国の村々での取り組みは、農村の「自治」と「振興」の名のもとに農家をムラごとに管理しようとする当局の意図を示すものであり[3]、同様に系統化されつつあった青年団組織が農家の経営を担う農村「中堅人物」の養成をめざしていた点にも留意したい。

第六条　旧盆會ノ俄手踊ハ上下ニ各一ヶ所宛ト定ム　其場所ハ初盆ノ向キノ家宅内ニ撰定スルコトヲ禁ス抽選ヲ以テ定ムルコト　但俄手踊組ヘノ謝議ハ初盆数戸アルモ最高ニテ一組ニ油蠟燭ノ外金二拾銭以内ヲ投與スルハ妨ナシ

第二十条　軍人入営ノ際及満期帰郷ノ節等ノ見立並ニ迎客ハ親族及四隣限リトス　肴立ハ左ノ如シ酒茶碗二ツ取

リ肴弐種挟肴三ツ

追記　廿条　同年此限リアラス代理人上ノ時ハ下ヨリ三人親族四隣限ト雖モ協議員代理員ノ見送附モ差支ナシ　但シ此処ニ記載シタルハ明治三十九年五月九日村山清次郎帰郷ノ節ニ改正ス　軍人帰郷之節ハ青年客ハ上ノ人帰郷時ハ同所青年全部下ニアル時ハ合議代トシテ長送ハ三名トス(4)

この文書（抜粋）は、本節で取り上げる福岡県粕屋郡青柳村（一八八九～一九五五、明治二二～昭和三〇年）と隣接した小野村（同）の上米多比地区（一八八九、明治二二年まで米多比村の字）に保存された「節倹規約書」（一九〇二、明治三五年）である。一般に戊申詔書（一九〇八、明治四一年）の意を体した形で年中行事から諸催事にわたって「節倹」を定めた文書は近隣町村にも類例が多く、「村是」関係文書にも節倹や勤倹貯蓄の条が盛り込まれているものがあり、この地域で「節倹思想」の浸透がはかられていた状況を伺うことができる。文書を管理する地元の村山武氏の奥さん和子氏によると「結婚当時（一九四八、昭和二三年）も節倹規約のことは皆が憶えており、結納金は四千円まで。大箪笥は駄目。鏡台、小箪笥だけということだった。実家では既に大タンスを注文しており、挙式後半年をおいて搬入した」などといった思い出が聞かれ、影響は「節倹規約」ということばとともに半世紀も残存していたことが分かる。(5)規約自体は盆踊りや兵役に際しての奢侈を戒めるもので、勤倹貯蓄が叫ばれていた当時の農村生活への管理的な視線を垣間みることができるが、その点について青柳村農会技手（一九一六～二四、大正五～一三年）として小組合活動を指導した折目六右衛門の著書（折目一九二九）から関連する部分を引用したい。

「第四、報徳を中心とする上米多比小組合　（一）沿革　本組合明治十年の頃は、四十五戸にして田三十二町歩畑十二町歩を有し一戸平均一町歩足らずの耕作をする純農村なりき、随つて一家の生活状況豊富なりしが為組合員は朝な夕なに星を戴く勤勉の美風は何時しか失せて太平を夢み奢侈文弱に流れたり、偶々明治廿七年の頃文明化し諸物品騰貴し加ふるに労力不足を来すや稍貧弱状態に傾きたる者あり。明治三十七年日露戦争起こるや当時不景気の到来とともに愈々借財は山をなし遂如何せん五町歩の田地を他村に売却せざるべからず止むなき状態に陥れり、此時に当り組合員有志は将来を憂慮し奮起自覚し耕作不足の為六町歩の耕地整理を実行し得る処あり此間相当の収穫は得たれ共工費の払込容易ならざりき、大正七年の頃は愈々借財は積もりて一戸平均壱千円の巨額に上れり、於茲組合員相図り困難中に起ち農事研究会を組織し農事の研究怠らず或は先進地の視察をなし貯金思想の養成に努め以て会の隆盛を図りしに一般も亦之に準ひ少額の貯金を見るに至れり。大正九年四月県郡農会農事組合を奨励するや従来の研究会を小組合に引直し益々組合の充実発展策を講ぜり」（折目一九二九　三四九―三五〇）[6]。

この部分は、恐らく折目技手が当時の農家から聞いた話であり、また近隣の村是や大字内の小組合是が沿革を記した部分の内容と似通ったところも多いが[7]、おりから成長し始めた炭坑や製鉄所、あるいは商都博多に向けて働き手が流出し、農作に支障をきたす農家が出てきたこと（農林省一九五四　二六七―二六八）[8]。また、日露戦後の農村の困窮で三二町歩中五町歩もの田が村外に流出し、一九〇七（明治四〇）年には対策として合計二〇町歩の耕地整理工事を竣工させたものの（粕屋郡一九二四　三〇〇）、今度は費用の捻出に行き詰まって一〇年後の一九一八（大正七）年頃には一世帯平均一〇〇〇円もの負債を抱えるようになったことが分かる。この時期は「農村景気」とも呼ばれていたのだが、実態は「近年に於ける一般物価の騰貴、農具、肥料などの騰貴は著しく農業者の負担を加重ならしむるにかかわらず農産物価格の騰貴は之と其の歩調を一にせず」（農商務省農務局『小作争議ニ関スル調査　其ノ二』大正一一年、小倉一九五五　一五五）という価格低迷が恒常化し始めていた。このような構造的矛盾が第一次大戦後の不況で再び顕在化し、在地の富農層が地域的な資本家に成長するいっぽうで小作争議が頻発したことは周知のことである（暉峻一九七〇　二八五）。

内務省も翌一九一九（大正八）年の調査報告で「農家の大多数たる自作及び小作農は何等経済上好況の余恩に浴してゐぬのみならず寧ろ困難を感じてゐる。かくては思想上に及ぼす影響が尠くない」（大原社会問題研究所『地主対小作紛争解決対策に関する調査』小倉、同）と警鐘を鳴らしていた。対策のひとつとして一九二二（同一一）年にいわゆる新農会法が公布されたが、これは既存の農会に農家に対する加入と会費徴収の強制権を付与したものであって、技術や収益性の改善（農業経営）とともに農村生活への関与まで含む農村経営を目指した点が注目される。上米多比地区での「農事研究会を組織し農事の研究怠らず」という取り組みが示唆するように、近代農法が現場に定着し稲作も一九二〇〜三〇年代（大正末〜昭和戦前期）の単収拡大期にさしかかっていた。さらに、小作層の予備軍である次三男層の工業部門への流出、生産や消費水準の上昇によって相対的に低下した小作料、地主資本の金融・産業部門への流出などによって自小作層が増加し、田畑合わせて一町歩足らずの「中規模農家」の増大傾向が顕在化していた[9]。小作争議の解消のためには、裏作や商品作物の積極的な拡大をとおして、村外流出や棄農の瀬戸際にある自小作農をいわゆる資本主義体制の一角に安住させることが農村経営上の課題であって、そのためには彼ら自身を主軸とする小組合活動が成功の鍵を握っていたのである（大門一九九四　一九四−二〇〇）[10]。

(2)　旧・粕屋郡青柳村の農事小組合活動

青柳村農会の折目技手が村内で企図した小組合活動は、大字毎にあった旧来のクミを改良農法や経営・生活改善等に向けての実践単位としていた。世帯毎に多数の審査項目について農事を中心に点数換算し、競争心を煽りつつ二月末の審査報告会で集計。小組合毎に表彰し世帯間の連帯感と競争心を植え付けることによって村全体の生産と復興をはかるものである。その推進のために一九一八（大正七）年四月に創設された「連続共進会」は、一九二四（大正一三）年に折目技手が著した「成功せる農村振興策」（折目一九二四）[11]によると「一村全體を同歩調で改善する仕組み」と記され、補習教育や風紀改善、青年たちの応召準備などまで事業内容とする包括的なものだった。「青柳村連続共進会会則」（同、一三八-一五三）では、まず「教育勅語、戊申詔書の御趣旨を遵奉し会員の智徳を進め、実業の改善を図り本村の向上発展を期するを以て目的とす」（第一條）と定めており、第三條では村外地主を廃して「本村現住者を以て組織す」「事務所を役場内に置く」と、これが達成目標としての「村是」[12]の具体的な達成法を画定する機関であることを謳っている。

農村が農産主体の組織体である限り、これを主眼とした村是の達成に農会長も兼任する村長が責任を持つことはいうまでもない。同様に、「共進会」の会長も兼任することになるのは当然だが、達成のための「活動方案」一切を審議する評議員会は、村長（農会長）を筆頭に産業組合長、学校長、青年会長、処女会長、軍人会長、消防組頭で構成され、画定した方案は一九の小組合を内包する五つの大字の区長それぞれがつとめる「部長」をとおして小組合長に降ろされてゆく（第四条）[13]。先述のように、共進会の「事業」は「村事、農事、産業組合、教育、軍人分会、青年会、処女会、消防組　但し当時或事項を欠く事あるべし」（第五条）と村政一切を含んだ点が特色だった。「小組合の任務」についても「生産的、経済的、教育的、社会的、精神的の各方面に渡って大改善をなし村民をして挙つて共楽共栄の実を結ばすること」と規定し、「其の実行者は一戸内のものであるから、其の指導奨励事項を各団体が個々別々に実行をすると、其間に矛盾を生じて之が農村の平和を撹乱するのみならず、其余波は一家内にまで及ぶ」（折目一九二九　四八-四九）[14]と、行政の縦割り原理を否定している。これは村事がおもに内務省、農事は農林省、教育は文部省といった個別機構の受け皿として村当局が調整機能を果たし得なかったか、あるいは受動的な調整機能にとどまっていた反省をふまえたものと考えられる。

共進会の活動は、村の教師や在郷軍人まで動員する包括的な取り組みの点で一九三二（昭和七）年から始動する農山漁村経済更生運動と共通性がある。[15] また、共進会が村是の達成法である活動方案を画定し、審査報告会を開催して小組合毎の達成度を評価するという図式においては、村内諸団体が各々独自に当局の縦割り的な指導に対応することはむしろ不可能となることも特色である。諸団体が対応すべき当局の指導一切を、共進会の評議員会で調整し優先順位を付したものが毎年の活動方案として小組合に降ろされるために、各団体は会員としての個々の小組合や農家との接点機能を共進会に預ける形になっていた。折目の小組合活動の特異性は、錯綜した接点機能の統合・調整が共進会の規約で明文化され制度化されていた点にある。また、村是だけでなく小組合是、個人是の画定までも要求する折目の構想は、日常的な家計や暮らしを各世帯に省察させて農村の経済更生に参加する当事者意識を植え付けようとするものだった。関連して、このような改良普及活動の展開に際して「学校郵便」の制度を設けていることも見落とせない。これは役場の係員が学校に届けた文書が当番の生徒によってその日のうちに村内一九人の小組合長に届く仕組みである。

一九二二（大正一一）年の農会法の改正については先に触れたが、一九三二（昭和七）年の改正産業組合法では農事実行組合に制裁権も認められ、文字どおりの実行単位である小組合の規制力が強化されていた。農会長も兼任する村長を会長に仰ぐ青柳村の「連続共進会」制度は、農事小組合を実行単位とする身近な「政府」だった。

つぎに、折目の「成功せる農村振興策」（一九二四）に綴られた実践や主張を、①小組合の意義本質、②記帳・調査・村是・統計、③点数主義、④審査報告会、⑤青年・婦人の役割、⑥文化・娯楽、⑦技術・経営・小作・地主の七項目に整理し、小組合活動の実態を伺ってみたい。[16]

小倉街道沿いの青柳村は、宿駅が置かれた大字青柳町を中心に藩の保護も受け栄えた村だった。彼を招請した当時の村長は「住民の気風は他村と異り宵越の金は使はぬと裸体一貫の痩我慢を張り通す所謂雲助根性と云ふ悪弊でありました。其の中に人となりまして、生活の安定を顧るが如きは誰一人としてありませんでした」（折目一九二四　二四〇）と評している。青柳村に隣接し山を背負った純農村である小野村の上米多比地区でさえ「勤勉の美風は何時しか失せて太平を夢み奢侈文弱に流れたり」（折目一九二九　三四九-三五〇）という維新以来の一般的な状況のなかで、青柳村では藩の保護もなくなり下手の海岸沿いに国道（現三号線）と鉄道（同、鹿児島本線）が新設されたこともあって衰亡していた。[17]折目の「物質は減じ徳義は頽り、難村として他より擯斥を受け悲惨の状態」（同、一一九）というくだりが、小作争議の「策源地」として現在でも古老の語り草である村の実態を語っている。

第四章第二節の東市来村に見たような「中心人物」（村長）と「中堅人物」（小組合長）の共働が切望されたのであり、郡役所を辞して帰村した村長と折目技手との熱意と労苦は横枕技術員と村長のそれに通じるものだった。第五章第二節では、山あいの上米多比地区で敗戦後に小組合長をつとめた村山武氏の『農家日記』を資料とするが、先代の甚次郎氏について折目は模範的な中堅人物として次のように紹介している。「小組合是は死物、活動の要素は人である、[18]『不文実行』之が小組合活動の信条でなくてはならぬ、今や世人から小組合活動の中心地と目される席内村には、廿五人の小組合長がある、小野村には十三人の小組合長がある〔中略――引用者〕米多比小組合には村山甚次郎君が居る〔中略――引用者〕余は繰り返して云う、小組合是は死物である、如何に六つかしき漢字を羅列しても、亦如何に活動方策を樹立しても、之を運用するものは人である、小組合活動の半面には必ず人のあることを決して忘れてはならぬ」（折目一九二九　四〇九）。

さて、一九一六（大正五）年から一九二四（同一三）年までの八年間、彼が青柳村農会の技手をつとめていたことは先述した。兵役を終えて郷里の宗像郡上西郷村で青年たちと農事改良に打ち込み、やがて月俸一七円の契約で近隣の東郷村農会の技手を二年間つとめたのちのことである。[19]西隣の粕屋郡農会技手で青柳村の信用組合長だった知人の要請に応えて、彼は「不肖なりと雖も赴任の上は日本第一の理想郷を建設して「理想郷を建設するまで」といふ本を一生一代に書き度き心願有之候へば少くとも十ヶ年の約束ならば応じ可申候」という抱負を書き送っている（折目一九二四　四七）。「今思へば慚愧の至り」と、赴任八年で書き上げた「成功せる農村振興策」のなかで自省しているが、一九二二（同一一）年度で「小組合活動に必要なる丈の班長や小組合長は既に養成し得たのである」（同、四八）と自認し、「各個教練」から「部隊教練」への転換という表現を採っている。

この軍隊用語は、歩兵、騎兵、砲兵、工兵、輜重兵といった各兵科が、司令官の命令のもとに兵科によっては全滅を期してさえ全軍の目標を達成するような軍隊機構の譬えによって連携の大切さを説くときに用いられている。第四章「理想郷の建設」の第三節「農村に於ける各種機関の提携」では「青柳村にも種々の団体があるが、其最終の目標が農村振興にあるならば、例へ或団体の犠牲となっても全村から打算して其の方が利益であるならば、甘んじて犠牲となる大雅量があつて欲しいのである」（同、一一〇）と訴える。これは、農会の増産奨励策が市況を考慮せずひたすら増産に励んだ結果、市場に同じ産物があふれていわゆる豊作貧乏をきたすことが多い実態を指摘したものである。それゆえ、農会は盲目的な奨励を自戒し、また作物毎の個別の増産指導や統計調査ではなく「全体を綜合した方針の下に各専門家を適当に按排せねば実際に適合した奨励は出来ない」として、主体的な判断と戦略をとおした農家経営の収支改善が活動の最終目標であることを強調する。(20)

同じ第三節に「農村の展開せぬ理由」という一項を設けて、農会と産業組合との対立に代表される村内各種団体相互の孤立主義を批判し、「是が農村が行き詰まった病根である」と断罪する。「農村内の総ての各団体を統一して、命令一下直に村是に向かつて一糸乱れず突進される組織にすることである。是が余の農村振興方案の最後の理想なのである。余は実に此の大抱負が実現したさに農業技術員になったのである〔中略――引用者〕猫額大の農村内に前記の如き各団体が孤立しては、時々其の村民が犠牲に供せらるることがあるから、会と会の境界を撤廃して一団となし、一号令の下に村是に向つて突進する会を、其の農村の状況に応じて組織することが、農村改良の根源であるのである」（同、一一八-一一九）という主張に「共進会」制度の本旨が表現されている。また、「茲に於いてか吾村では村一斉に小組合を設けて其の連合会事務所を役場内に置き、名けて青柳村連続共進会と言ふ。言はゞ村が本家で小組合は分家である」（同、三四-三五）という部分に、これが増産と改良技術の普及を超えた総合的な農村復興運動であることが明言されている。

「余は常に絶叫して居る。教育的方面は学校の仕事だ、社会的方面は青年会処女会の事業だ、経済的方面は産業組合の仕事だ、生産的方面は農会の仕事だとして各自が自己の持場を明らかにし、而して他の方面には一歩たりとも一手たりとも出さないと言ふ孤立した態度を執る必要はない」（折目一九二四　一一〇）という主張は、先に述べたように事務局を役場に置く「青柳村連続共進会」が農村の包括的な運営主体であることを物語っている。その運営に従事するのは、雇用された吏員ではなく個々の農家であって、後述する作業記録と帳簿の記帳やそれらを基にした組や小組合毎の統計の作製、そして更生計画に相当する小組合是と個人是の画定作業等をとおして、農村生活の客体化と経営主体としての意識が浸透し、先述のように広義の管理または政治としての農村経営が達成される仕組みだった。したがって、それは達成の目標と段取りを定めた「法」であるだけでなく、法を自ら定める意識の覚醒と実行を呼びかける啓発的な社会装置でもあった。地方改良、経済更生の運動等は、経済振興策にとどまらず「勤倹貯蓄」の理念を啓蒙普及する社会政策だった点で共通性があるが、折目の村是や小組合是の捉え方は外在的な啓蒙ではなく農産の実践のなかで、農家としての自己形成が進展するという、いわゆる報徳理念に支えられていた。

一例として、前項で注記した青柳村東部の大字今在家上組（第五区）の小組合是は、基本財産の蓄積を目標に掲げているが、「備考」で「當区は前述〔「沿革」――引用者〕の如く出稼者を生じ幾分の分家はありたるも戸数増加せず、為に小作田不作地を生じ荒廃を来せり。此地を〔小組合で安価に――引用者〕購入し小組合員の努力によりて良田たらしめんとするものなり」（同、八五-八六）と補説している。「小組合是」の内容は、先ず一九二二（大正一一）年度に小組合で不作地一町二反歩を「共同小作」し、その小作米を差し引いた六〇俵（三斗四升入）の収益によって「基本田」三反五畝歩を購入する。次に、ここからあがる毎年の純益一八〇円（四斗俵相場が一二円を見積）余で一五カ年間に渉り「基本田」を買い増して基金を作り、一九二六（大正一五）年度以降は「基本田無料貸与規定」[21]を制定して所有面積が平均以下の組合員に貸与し、これで下組内の小作田を購入させ自作農を創生してゆく計画である。また、本家と分家の権利を同等と定めていることは（第五条）、農家間の経済力格差の拡大を防ぐという政策理念の顕れでもあった。

次に「個人是」では、四カ条のうち「第一」で「本組合は本年より向ふ三十ヶ年間に一戸平均一町五反歩以上を購入せんため、当区の節約実行規約及び小組合個人是を厳守すること」（同、八六）と定めている。次に「第二」では、小組合是の付表「個人別貸借一覧表」[22]で明らかなように一戸平均三〇〇円の負債を整理し、さらに前記一町五反歩の田畑購入を実行すること。「第三　家計簿」では家計簿によって「入るを計って出ずるを制するにあり」という「経済の第一義」の原則を明示し、「第四　蓄積法」では全戸均一の貯金を小組合長が携えてくる「宝筒」（貯金箱）に投入することと、村の信用組合の預金制度の遵守を定めている（同、八七）。折目が指導した小組合活動は、自家の経営状況の客観化と管理思想の内面化を推進するものであって、当局の町村是運動の本旨をよく捉えたものだった[23]。

その理念と構想は、平常の生活では月例会と掲示板の形で現出する。すなわち、月例会は「廻り座」で「座元」をうけた農家が茶と漬け物を準備する会合であり、小組合長がその月の重点目標や行事に関する注意事項、あるいは村内諸団体の現状を報告するほかに、貯金箱をまわして各々自家の立てた貯蓄計画分の金額を投入し、前月分の家計簿や勤労簿（勤労日誌）や調査用紙等を提出して散会するといった内容である（同、八八）。集まった家計簿と勤労簿は、小組合長が小組合全体の家計簿や勤労簿および統計台帳として集計するやり方の他に、小組合内の班長が自分の班をまわって記入用紙を回収して集計する班もあったようである。折目が労働を収入以外の精神的な価値に置き換えることはせず、経営改善の見地から勤労の重要性を説いたことは先述したが、勤労簿もこの家計簿の収支と対照させて自ら計画を立てさせるための記帳作業と位置づけている。(24)

一例として彼は「第一章　小組合組織の動機」で「農村の疲弊する原因」という項を設け、「極めて真面目に労働し」という農家の「勤労簿」から「農事」「家事」「休」の三項で月毎の延べ日数を集計した表を根拠にして、「家事」に費やす時間と労力を副業に傾けるべきことを説く（同、一八―一九）。折目のいう「家事」は、「客事」すなわち招き招かれの宴会であって早くから「節倹規約」で戒められてきた事項だが、精農でも出費が多ければ「負債を生じつゝある」ことが家計簿や勤労簿の記帳によって簡単に了解されるというのである。(25)

折目の主張は、自主的な記帳＝調査をとおした現状の把握と対策という明解な論理に則っているが、事前調査の重視については一九一三（大正二）年と一九一四（同三）年の両年度に帝国農会の「農家経済調査委員」を委嘱され、自村の戸別調査に従事した体験が彼をして「始めて農村の行きつまつて居る原因を発見した」（同、一二）といわせるほど大きく影響している。この調査の一端は、同じく第一章の「三、農業組織の改善（基本調査の必要）」で「平素最モ勤倹ニシテ家計費ニ於テハ是以上節約スルノ余地ナシ」と結論した農家の事例として使われている（同、一二―一七）。すなわち、田畑が計二町六畝余に山林が六反八畝程の上層の中規模農家で、往年は近代農法の範を示したような篤農家が、二カ年で一五〇円余の赤字をつくり現に「行きつまつた原因」を例示した部分である。三三歳の長男夫婦ともに高等小学校を卒えた一家であって、次男は師範学校に進学させるほどの家だったが、折目が「是以上節約スルノ余地ナシ」と認めたのは平常の評判のほかに二年間で五一円余の被服費の大部分を子守の衣類（「仕着せ」）に費やし、家人の分はほとんどないことに加えて住居の営繕経費も僅か六円に抑え本格的な補修費を見込んでいないためである。

実際、同家の収入の表から耕地全体の作付けを割り出しても、収益性の良い「甘藷」作を広げる位の余地しかなく、彼は次男の師範学校進学を断念させるか副業収入を増すことを打開策と結論している（同、一七）。この「教育費」の項は毎年一〇〇円前後も嵩んでいるが、これは麦類と菜種や粟の全収入（出荷額）を上回る金額である。毎年七〜八〇円前後の副業収入の増加だけで解決は困難と考えられるものの、一家あげて多彩な作付けの農事暦に追われる日常では、勤労が赤字を生む経営体質を客体化して収益性の面から作付け配分を再考することは、いずれにしても家計簿等の記帳抜きには不可能である。精農が働けば働くほど負債を生むという当時の農村一般の現実を、本人たちに納得させるためには第三者による調査結果の報告よりも自ら記帳した数値項目を分析し納得させることが最も効果的だったと考えられる。当事者による帳簿類の記帳と分析という経営管理の常識が、折目の「農村経済調査」の体験をとおして青柳村の小組合活動で奨励された例は、やはり町村是の本旨を着実に実現した例として評価される。

ところで、日頃から小組合長が集計・管理し個々の農家が記帳を習慣づけておくべき帳簿類には、①会則簿、②小組合沿革誌、③統計台帳、④小組合是、⑤会計簿、⑥出席簿、⑦照会状綴、⑧協議事項綴、⑨会報綴、⑩耕作者土地台帳、⑪収穫物台帳、⑫自給肥料簿、⑬施肥量調査簿、⑭勤労簿、⑮家計簿、⑯貯金台帳、⑰小組合成績簿、⑱表彰簿、⑲役員名簿があった。[26]なかでも⑰の「小組合成績簿」は、小組合長が日頃から全世帯の実績を二一項目にわたって評定し、その「審査台帳」を「小組合の例会毎に小組合員に示して一層の奮励を促すべし」（同、七五）というものである。**表5-1**に見るように農業、産業組合関係の預金、集会出席率等を百点満点で採点し、各世帯の合計点数を競わせる一覧表だが、折目の「点数主義」の独創性は年間の小組合活動を比較表彰する「青柳村連続共進会」という特異な制度の根幹をなすものだった。[27]

農事の改良実績を表彰展示していた旧来の共進会は、第四章第二節でも触れたように農会の行事として各県や郡が回り持ちで開催することが多く、全般的な啓蒙効果は否定できないものの、地元や一般の農家にとっては一回性の展示会で終わる傾向があった。農産品毎の個別の品評会も、折目は同様に受賞を目標とした分野のみに執心して他の農事を顧みず、農業経営全体としては赤字体質の受賞農家が多かったことを指摘している（同、一九九）。「連続共進会」は、農産品の表彰展示ではなく青柳村内一九の小組合間で点数競争を恒常化し、全農家の資質を日常的に向上させる意識改革の制度である。彼が説いた「連続」とは、前述の農会と産業組合との事業上の連続、すなわち増産や経営改善の総合的取り組みを指していたほか実践の日常化であり、競争心にもとづく連帯責任を農家間、小組合間に植

表5－1　小組合成積簿「例　第十六区小組合審査台帳」

	青柳一郎　11.5反	青柳二郎　8.8反	青柳三郎　8.5反
農業（六割）			
麦作	89	71	75
紫雲英	65	71	48
苗代	75	56	80
堆肥	90	68	86
稲作	82	79	81
稲掛	100	46	59
産米	17	0	0
病害虫	2	3	2
勤労	100	100	100
随意科目			
紫雲英	—	—	—
桑園	—	—	—
果樹	—	—	—
竹林	—	—	—
合計	610	491	529
歩合	370.8	294.6	317.7
産業（三割）			
貯金	100	100	1,000
回収金	100	98	100
肥料	102	100	100
互譲	—	—	—
家計	100	100	100
増口	100	84	100
合計	502	482	500
歩合	150.6	144.6	150.0
（其他一割）			
義務	100	100	100
集会	100	100	100
合計	200	200	200
歩合	20	20	20
合計	541.4	459.2	487.4

出所：折目1924，pp. 75-76。

え付ける意識改革の意図も込められていた。またこのような総合性、継続性と連帯性に加えて、村内の各単位間の評価や表彰の基準に普遍性を持たせる点数制度という仕組みも特徴的だった。年度末に開催される「審査報告会」は、この普遍的な点数制度に則った個人是（目標）の画定や毎日の勤労簿の記帳の一年間を全村規模で評定するもので、当局が管掌してきた評価や表彰の制度を村独自に運営していることを外部にも示す特異な行事として毎年七〜八百から千人の視察者を迎えたという（同、四八）。一九二一（大正一〇）年二月一八日に開催された一九二〇（同九）年度の「審査報告会」は概略次のようなものだったことが「農家小組合活動の実際」に記されている。

青柳尋常小学校の講堂で午前九時に開会だが全戸の戸主と主婦、青年会、処女会、婦人農会員の出席を課し、出欠の成績は次年度の成績に加算する。敷物と報告会後の余興のための手料理を持参させ、男子には寄付の酒と女性には婦人親睦会用の補助金を分配し、八時までに集合した小組合には福引券を配布する。前日は各役割と小組合毎に準備に追われ、持参する手料理は深夜までかかって準備するために朝七時の「出発合図の太鼓」まで一睡もしない家がある。八時半には千百余名が参集し、定刻どおり折目技手の審査報告、褒賞授与、婦人農会総会そして余興。余興は産業組合から賞品の寄付を受けた福引きで、「青柳肥料や大豆粕を釣り上ぐる毎に、会場の揺ぐ許りに、どっと鯨波の声をあげ」[28]と盛り上がる。各小組合で七時に「出発合図」が出るのは、この肥料目当てであることが分かる。その後持参の重箱と「浪花節」を肴に寄付の酒で宴会を楽しみ、夕刻五時半頃散会。そして各小組合に戻って婦人農会が主催する親睦会だが、先述のようにこの親睦会への助成は郡農会が青柳村の小組合活動に対して交付した補助金が充てられる点も特徴的である（折目一九二九　一一〇-一一四）[29]。

折目の審査報告では、評価項目は毎年彼が再検討して入れ替え一括の「活動方案」として告示したが、この年度は苗代と苗作り、麦作は各々大麦、裸麦、小麦の作付面積と施肥量、反当り小組合平均収量と個人の収量、蓮華の作付面積や堆肥など自給肥料の製造量、稲の平均反収と個人の反収、稲の掛干の普及率だった。以上を彼が風刺画と図表

写真２　（折目『成功せる農村振興策』より）

を使って平易に解説し（**写真２**）、小組合や個人間の優劣の理由を徹底的に理解させ、講評をとおして資質の向上に努めていることが注目される。とくに税金や小作米と関連させた小作と自作との収入の比較や養蚕の手間、裏作の肥料代等と稲作との収益の総合的比較は、小農経営では切実な要因であるだけに強い説得力を持っていたものと考えられる[30]。

ところで、審査報告の冒頭で彼は報告会の後の余興について「農村の祭日（どんたく）」と呼び、親睦の効用を説いている。また、このような慰労会にとどまらず娯楽の積極的な一面としてこれを重視する主張もあって、一九〇〇年頃（明治末期）の青年時代を追想して「今日〔一九二九、昭和四年——引用者〕より二十余年前の昔、余がまだ燃ゆるが如き活動の念抑えがたき頃であつた。当時は余の持論と正反対に、当局者が農村的娯楽を全廃した、余は青年会幹部として極力反対したが、遂に力及ばなかつたのである、余は屈せず雑誌『宗像』で持論を主張したことがある」（折目一九二九　一二一-一二三）と述べた部分もある。引用部分によると、彼は一九一二～一三（大正元～大正二）年にかけて同誌に投稿しているが、たとえば「青年堕落の主要なる原因」と題した論文では在来の若者組を青年会に改編したことについて実際的な見地から批判する。すなわち「農村には従来よりそれぞれ其の地方に適当したる種々の農村的娯楽ありし也。然るに之が最近拾数年間に於て、種々なる所謂文明的見地よりして、昔日の若衆組を打破すると共に、其娯楽をも全廃して青年会を組織したる部落少なからず」（同、一三－一四）と指摘するのである。

そして、「その名目に於てその外観に於て頗る整斉完美せりといへども、未だ青年会の不完全なる所謂若衆組と比較して、その事実、その内容は如何」と、実際面での改編の成果に疑問を表明し「農村的娯楽の盛大なる青年会は元気潑剌意気沖天の勢あるに反し、然らざる青年会は反て優柔浮薄の姿あるは事実也。即ち農村発達の試金石たる品評会に見よ、深耕、堆肥、苗代、仔牛、繭其他の品評会に於ける月桂冠は常に後者にあらずして前者にあることを」（同、一四）と断言して青年の娯楽の効用を強調する。第四章第二節で一九〇〇年頃（明治末期）から農会の系統化とともに系統的な青年団組織が普及し始め、農村経営を担う「中堅人物」の養成が図られていたことを指摘した。折目のこの一文も「若衆組」、鹿児島県の「二才組」のような在来のいわゆる青年集団を当局が青年団に改編し、「中堅人物」の養成を企図する過程で彼らの特権的な娯楽を規制していたことを非難したものである。

さきに引用した米多比村「大字上米多比」の「節倹規約」（一八九二、明治二五年）では、盆踊りなど在来の娯楽が規制を受けていた。隣接地域の上西郷村でも同様の思潮に見舞われたことが伺われるが、「教育家」が農村生活や青年の気風を理解しようとせず「模範青年会」への改編を強行するため一方的に「自己の理想を行ひ、以て在来よりの農村的の娯楽を全廃したるの結果田園生活の無趣味となりたれば也。農村が余りに寂寞となりたれば也。何等の娯楽無ければ也。約言すれば青年が日々に田園を厭ひて都会に走り、或は労働者となり或は女工となり、或は堕落して業務に勉励せざるの理由は、農村に娯楽機関の欠乏せるが為なりと断言するもの也」（同、一五）と、青年層流出の要因として批判している。

折目は、「連続共進会細則」の主要事業で「青年会処女会に関する事項」を定め、青年たちに修養、風紀、社会奉仕、実業教育等を課した。これは経営的見地から浪費につながる奢侈を戒めたものであって、農村生活を教導する「教育家」の啓蒙理念とは別の見地に立つ主張だった。「成功せる農村振興策」の「緒言」で、「同じ此の土地に生まれて此の土地に死する運命ならば、此処を住みよい極楽浄土と化して真に人間らしき生活がして見たいのである。其の人間らしき生活即ち文化的生活をなすには如何なる方法を取ればよいか。夫れには古くから有り来たりの小組合の活動を許ればそれでよいのである」（折目一九二四　三）と述べた彼の「無趣味」「寂寞」という語句は、「若衆組」の特権でもあった伝統的な農村娯楽を教育や「文明」の見地から否定する一方で生産に参加せず、農家個々の生計に責任を取らない俸給生活者としての「教育家」への反感を表している。

また、彼の「文化的生活」とは衛生や健康と直結する「人間らしさ」の最低基準として、小組合で改善・達成すべき社会政策的な課題として捉えられていることにも留意したい。たとえば味噌醤油の麴製造改良や甘酒麴の講習の結果「各家庭に随時甘酒を製造し、滋養の飲料となして居る」。あるいは台所改善では「台所品評会」を開催して各地から台所の視察を受け入れたり、風呂釜は人造石張りで底は鉄板の「早く湧いて清潔」な共同風呂の建設。その二階は青年娯楽場で公休日には朝湯で「真に文化的である」といった内容である（同、三四〇−三四二）。生活を「文化」のキーワードで実体化した彼であるが、娯楽については盆踊りや自前の宴会、「審査会」の余興で演じられる「安来節」といった一般的なものにとどまり、映画や浪花節のような都会の施設娯楽を農村に持ち込む発想はみられない。「文化」そのものを客体化する強い意志[31]は持たなかったという意味においても、彼は郷土研究（民俗学）に従事するような「教育家」ではなく農事の技手・技術員だった。本項を終えるにあたって、娯楽と農業経営とを農村の日常性において等価・不可分のものと考える折目の認識の一端を紹介しておきたい。

前項で注記した青柳村東部の「大字今在家上組」では、毎年一二月中旬の小組合総会を祭日（どんたく）と定めていた。当日は一町二反歩の共同小作田から小作料を引いた残米六〇俵を小組合町宅の庭に積み上げ、地主も招いて総会と宴会を催すという。小作の労苦や地主の地代負担を両者「打ち解けて見れば始めて」認識し「茲に小作争議なるものは洗ひ去られる」として、彼は小組合の結成と共同小作の効用を説く。また「余は各小組合員の全財産の少くとも四分の一丈は共同にして置く主義である」（折目一九二四　一六六）ともいうが、それは「是非個人の最低財産が田五反歩、畑二反歩、山林二反歩、貯金が二〇〇〇円及び之に相当する住宅や納屋の設備がしたい」（同、九七-九八）という眼前の窮状の打開のためである。しかし「或る県の或る所で実行しつつある協同的経済、協同的炊事の如きは余の絶対に取らぬ所である。余は国家中心主義、家族中心主義であるから共同的方面は作業だけに止むる者である」（同、九九）という発言から分かるように、彼の構想する娯楽と農業経営は改良主義的な発想によるものだった。

一九一三（大正二）年に制度化された青柳村の農事改良技術員、一九一六（大正五）年三月から一九二四（同一三）年三月にかけては村農会技手としての成果のうち、「成功せる農村振興策」（一九二四）に現れているのは準備期間を経た一九一八（同七）年度から五年間の成果である。すなわち前記「各個教練」時代の成果であるが、当初の村内自作田地が計二七七町歩、自作農家八五戸、自小作農家一二二戸、小作農家一二五戸、小組合の共有財産が田地二・八八町歩、預金は七八〇〇円だったのが、各々の増加分は一九一八（同七）年度との比率で田地一一・七％、自作戸数八・二％、自小作二五・四％の増であり、小組合の財産は田地二七・八％、預金七六・九％の増、小作農家だけ二八・八％の減というのがおもな成果である。作物の増産面では同様に反当り収量で稲一九％、麦八六％、菜種一六・九％、緑肥（レンゲと間作大豆）二二・五％、果樹四％（金額）の増で、麦や菜種など稲以外の副業作物と山林作業などの賃収入を主とする副業収入の合計は五二％、貯金も九九・五％へと激増している（同、一三四）。このような成果は、例えば屋敷地を活用した「婦人農会」の果樹栽培、堆肥とレンゲや間作大豆の増産による肥料代の節減、藁加工など副業への就労時間数の増加に起因している。旧守的な農村にあって、女性だけで農会を組織し、農作業で最も基本的な要素のひとつである肥料と就労時間を変革することは指導を受ける農家にとって革命的なことであり、彼の労苦もひとかたならぬものだったことが容易にうかがわれる。

自作農創設を実現しようとした折目の連続共進会は、小組合活動による競争原理の日常化をとおして全農家の関心を総動員し、更生への動機を与えた点で技術普及の職分を遥かに超えていた。彼は経世家として精神の動員を目指し、「改良」への動機を創出したのである。(32)

注

（1）一八八一（明治一四）年の全国農談会に発する大日本農会は、帝国農会（全国農事会）が地方農会を系列化して政治色を強めるにつれて教育啓蒙団体の性格を強めていった。

（2）東洋社が、農器具を統制的に買い上げ販売していた全購連と取引を再開し、二段耕犂と水田砕土器で大躍進したことから分かるように、販路の拡大を狙う犂の製造業者にとって農村のクミ（小組合）にまで浸透したこのような組織団体の指定を受け、あるいは特約の契約を結ぶことは決定的な意味を持っていた。

（3）いわゆる小作争議への対策の側面も想定されるが、本書では具体例によってそれを提示する用意がない。なお、本章の「農事小組合」は産業組合法の改正で行政村ごとに公設された農事実行組合の下部組織を指す。

（4）「明治三十五年正月　節倹規約書　大字上米多比」。村山武（大正一〇年生）家蔵。

（5）節倹規約の類例は、宗像市史編集委員会による民俗資料集・二『宗像　むらの記録』（宗像市一九九四　一一-九一）など。この問題に関連して、民俗学関係では地方改良運動から敗戦後の生活改善運動といった社会政策と農村の産育習俗の変容とを、事例を交えて包括的にまとめた野村（一九九六）の仕事があげられる。

（6）「報徳を中心とする」と章題にあるのは、日露戦後の地方改良運動における内務省と中央報徳会との役割を反映したものと思われる。なお、一九〇九（明治四二）年に内務省地方局主催の「第一回地方改良事業講習会」で柳田国男がおこなった町村是批判の講演「農業経済と村是」に代表される彼の所説の再評価や、その後の小作争議に際して各地の組合で展開された経営分析と農事改良の活動などをめぐる事例研究は将来の課題としたい。

(7) 例えば折目技師が指導した青柳村の大字今在家の通称「上組」の第五区小組合是には「数十年前は富裕の組合なりしも、明治二十七八年戦役後の奢侈淫靡の余風を受けて組合員中に労働生活を厭ふ者次第に殖え、一攫千金を夢みて炭坑、篠栗山林購入などの投機的事業に着手し、又一面には酒食に耽溺し、是が失敗の結果は従来の小作米の割増をなして田地を売却したり、尚又窮しては或は小作問題を起こし或は都会地炭坑地へ出稼者を生じ部落は日一日と退廃するに至れり。茲に後継者たる青年は大いに覚醒し勤勉刻苦して虚栄浮華の風を去り、特に酒食を謹み浪費を省きたれば徐々に家産を起して生活の安定を得るに至れり」(折目一九二四 八三)とある。このように、日清戦後に「文明化」した近隣地域の村是、小組合是は、一九一九〜二〇(大正八〜九)年頃の好不況の大波のなかから「覚醒」や「自覚」が生まれ、「奮起」「刻苦」の風が起こるなかで村も復興したと説明する類例が多い。

(8) 同報告書によれば、一八八八(明治二一)年と一九三九(昭和一四)年の統計数値を比較すると、粕屋郡の農家戸数と耕地面積はこの五〇年間で各々七%、二%ずつ減り、一戸当り耕地面積は一・五反歩増加している。対して、東隣の宗像郡では各々二九%と六%の減、三・八反歩増という激変ぶりであり、八幡製鉄所を中心とする工業都市域への流出が顕著である。折目の活躍したのは、この郡境地域だった。粕屋郡は商都博多の近郊農村だが、商業部門への流出と農家戸数の減少に伴って村外からの投機的買収に田畑を蚕食された。なお、農商務次官であった前田正名の有名な『興業意見』調査(一八七八〜八四、明治一一〜一六年)の地方版として、一八八九(同二二)年から各府県知事への訓令のもとに開始された『農事調査』(『福岡県農事調査』は一八九〇、同二三年提出)を通覧しても、同様に鉱工業部門への労働力の流出傾向が伺われる(農林省一九六六)。この傾向は一九一〇年代(大正期)に入って高まったと考えられ、全国的にも一九一五〜二〇(大正四〜九)年にかけて年間二〇万人を数えたという推計がある(梅原一九六一 一五八-一六四)。当時の流出問題については、ほかに渡辺(一九三八 二三三-二九九)、暉峻(一九七〇 一八五-二九〇)を参照した。

(9) 筆者の「中規模農家」という標記に関して、農業経済の分野では例えば「一〜二町歩の中農層」「自小作農」といった標記が採られている(八木一九九五 一七九-一九〇)。ただし、これは九州地方ではむしろ村の上層に近い規模であり、折目は青柳村で「個人の最低財産が田五反歩、畑二反歩、山林二反歩、貯金が二〇〇〇円」という自作経営を最小目標としている。全国統計でも、一九四〇（昭和一五）年の農林省『農事統計表』（除、北海道）では、総農家数に対する〇・五町歩未満経営の農家数比は三三・九％、〇・五～一町歩が三三・七％、一～二町歩が二五・一％、二～三町歩が五・六％。一九四五（同二〇）年の『世界農業センサス』（同）では各四一・六％、三三％、二一％、三％であり、七反を小農経営の大まかな標準とすることは全国の実態に近いものとしてよいだろう。なお、ここでの田の面積自体は戸数約三九〇戸に対して約二七〇町歩と、平均約七反程だった。

（10）大門は、一九二〇年代のこの種の「小農組織」の特質を経済と政治との両側面から整理したが、折目六右衛門が指導した青柳村の小組合活動を、小作争議による農村荒廃からの復興の役割を果たした典型と解釈している。

（11）この年、彼は青柳村での成功と小組合活動の一応の定着を確認し、隣の席内村（一八八九～一九三八、明治二二～昭和一三年）農会の技師に転じるにあたって自身の成功例をまとめた。序は帝国農会副会長、同・幹事そして両者の前任者だった山崎延吉ら三名が草している。当時官職を辞して「興村行脚」の志のもとに全国を視察講演中だった山崎は、改良農法の普及指導や産業組合活動の推進あるいは青年団活動に尽力し、愛知県碧海地方を「日本のデンマーク」と呼ばれるようになるほど振興させたことで知られていた。折目は彼について「吾人が常に崇拝して居る」（折目一九二九）と記している。なお、五年後に刊行された『農事小組合活動の実際』は赤坂区田町の「龍吟社」、この『成功せる』は「財政経済学会」の発行だが、両者の住所地番と「発行兼印刷者」は同一である。

（12）折目は、まず「村勢調査」によって現状を把握し、達成目標としての村是を画定する必要を強調する。同様に小組合の基本調査も活動の大前提としているが、これは一九一三～一四（大正二～三）年度に帝国農会の「農家経済調査委員」を委嘱されて郷里・宗像郡上西郷村の調査に従事した体験からきている（折目一九二四　一二－一一）。この調査は、各世帯の生産基盤を家族構成（労働力）と田畑山林（生産財）の面から実態把握し、同様に把握し得た収入と支出と照合して可能性をはかるための基礎作業だった。中小農保護を目的としたこの調査事業に際して、農林省に入省したばかりの加藤完治は洋書の翻訳と関係雑誌への抜粋掲載を担当し、ほどなく山崎延吉の安城高等農林学校へ転出したことが知られている（綱澤一九七四　八五－一三五）。

（13）折目は、青柳村の村是遂行を五〇カ年計画。転任した席内村は八〇カ年計画と設定している。共進会が毎年掲げる

「活動方案」はその手段であり、小組合は実行機関であった（折目一九二九　五一-五三）。

(14)「同、細則」の第三條「事業に主要なるもの左の如し」の第一項「村治に関する事項」では社会奉仕、神社と農事（催事）、風紀改善（時間励行、服装制限）、衛生、土木、納税（期限厳守）、基本財産の蓄積の七種をあげている。同様に第五項「青年会処女会に関する事項」では修養、風紀（節酒、禁煙、服装限定、会食制限）、社会奉仕（起床合図）、実業練習（藁細工夜業、日誌整理、農事の研究）をあげ、ほかに第六項「軍人会に関する事項」では応召準備、軍人家族の慰籍。第八項「其他」で掲示板利用をあげていること等が注目される（折目一九二四　一四一-一五三）。掲示物は月三回程取り替え、他に月一回の小組合報、村農会報もあった。掲示物に関して折目は「世が文明に赴くに従い細字は見ない様になった。一般的には漫画入りの大字で要領のみを書いた方が歓迎せられるのである」（同、一八四）と、興味深い指摘をしている。

(15)　この運動で村が整えるべき組織・機構の「雛形」は滋賀県の経済更生主務課長発案とする見解もあるが（産業組合編纂会一九六五　四一一）、折目の実践との共通性は現場の発想における偶然の一致とみてもよいだろう。

(16)　折目は「農事小組合は福岡県の誇りとして居る所である。大正十一年度の調査によれば二千九百八十余ヶの小組合がある。其内容を調査すれば概ね生産的方面のみの小組合が大多数を占めて居る」（折目一九二四　三四）と記している。他の部分にも農会の事業が生産面に関わるだけで経済的、社会的方面は手薄で農家の収入を顧みないことの指摘が散見される。彼が増産技術の普及にとどまらず小規模農家の農業経営を課題としていたことが伺われる。なお、全国の小組合数は一九二一（同一〇）年に三二府県で四万一七五三組合という資料があり（竹中一九七八　一八二）、県内の小組合の普及率は三二府県平均の二倍以上だった。

(17)　折目は、軌道に乗った小組合活動が多くの視察者を迎えていることに関連して青柳村界隈の地の利について次のように記している「山陽本線の終点、下関駅から連絡船で門司に上陸し、九州本線に乗って已に九州の大都市博多駅に達せんとする頃に古賀駅がある。列車の発着毎に自動車の便がある、青柳村へ十分間、席内村へ五分間、小野村へ二十分間であるから、半日の隙を裂けば略三ヶ村の概観だけは想像がつくから視察者が絶えぬ」（折目一九二九　四一二）。青柳村は、次節で扱う小野村大字米多比と同様に蔬菜や柑橘類の大消費地（博多）と農業労働力を吸引して止まない八幡製鉄所を中心とする工業地帯にほど近かった。農村更生に成功した更生指定村や模範村の多くは、市場や出荷の好条件に恵まれていたことに留意したい。なお、折目は地方講演に招聘されることが多く、高知県と北海道では「折目式審査報告」の講演録を公刊したというが未確認である（同、四一一）。「興村行脚」で知られた山崎延吉らに限らず、一九二〇～三〇年代（大正・昭和期）の「視察」の盛行は鉄道網の充実に支えられた事項だが、農法・農器具の普及統一も大衆文化時代の「旅」や生活様式等の均質化の問題と絡めて国家政策以外の側面からも考える必要がある。

(18)　町村是運動については先述したが、折目は村内の小組合でも実態調査と営農方針の策定を農家みずから実行することを説いた。「小組合是は死物、活動の要素は人」の主張は、柳田の町村是批判の主旨と全く同じである（柳田一九一〇三〇）。

(19)　自宅から東郷村まで往復四里。そして終日村内の各地区を五～六里も歩き回る毎日で、現場の指導員に徹して靴を履くことはなかったという。帰宅が明け方四時になることもあったが、折目は東郷村に泊まることをしなかった。技手や技師として農村を客体化する「通勤者」の意志とも理解できる。彼は、村人が今回の技術員は人に見せられぬ物が身体に出来ているので泊まろうとしないと噂されたと記している（折目一九二四　一二）。

(20)　着任した彼は、まず家庭果樹園や菜園の産物を共同出荷し、学用品に換金する活動を成功させて村民の生産意欲を喚起し、次に本来の田畑で増産と経営改善の指導に移ったという（同、四六）。

(21)　「第一條　本組合基本田付口米百俵以上に達したる時は左の規定により無料貸輿をなすこと、す。第二條　当組合員にして組合平均所有田畑以下の所有者にして他町村持田畑を購入せんとする者及び特別有利の事業経営をなす者と認められたる者。第三條　当組合員にして役員に於て特に模範組合員と認められたる者。第四條　前條項の一に該当したる者に対しては一戸五俵付口以内の無料貸付をなし、其の期間は三ヶ年以内とし役員会に於て其の程度を決定す。第五條　本組合員にして分家したる者は本家同様組合基本金持分権利を有するものとす。」（折目一九二四　八六）。

(22)　折目の著書には「節約実行規約」は引用されていない。また、本書では折目の『成功せる農村振興策』『農事小組合活動の実際』ともに著書の章だてに沿って各小組合の事例を紹介しているが、節のなかのある項で引かれた事例が隣の項と同じ小組合の例であるかは不明であり、特定の小組合活動の全体像を再現することは出来ないし存命の話者もいない。

(23)　著書では省かれているが、さきの注記のように村や小組合の沿革に言及した資料のほとんどすべてが明治後期以来の農家の疲弊から回復していない状況を語っており、小組合活動の第一段が「小組合調査」による世帯毎の負債の把握であった点は共通している。

(24) 家計簿は、稲、麦、菜種だけの「本業収入」。商工業などからの賃収入や養蚕、果樹、蔬菜、養鶏、藁細工などの「副業収入」。山林立木の売却代金や金利などの「雑収入」に大別して集計される。支出は、同様に肥料代等のほか生活費や田畑の購入費等の項目があった。集計結果は「小組合家計簿」として小組合長がまとめる統計台帳の基礎資料となる。労働日誌も家内の働き手の就労実績を記入させたものを集めて月毎に小組合全体として集計された(同、七一―七二)。また、勤労簿も同様に一家の年間就労日数と純益との比較のほかに、例えば春秋の繁忙期の労働分散を各戸で検討させる材料とするためのものである。

(25) 家計簿や農業簿記などが、経済更生運動のなかで普及した点については、博文館の日記帳の商品化等と併せて大衆文化時代の社会・経済の背景を明らかにするひとつの糸口と考えられる。

(26) 「青柳村連続共進会表彰規定」に基づいて連続三年受賞すると「老農として表彰簿に登録し長く其の偉名を伝ふ」(同、七六)という制度が設けられていた。この「規定」の「合格標準」は「イ、稲作、麦作は反当たり四石以上とす。ロ、菜種は同じ弐石五斗以上とす。ハ、苗代は坪三合播にして満点のもの。ニ、堆肥は一町作に付弐坪以上にして品質満点のもの。ホ、稲掛現作反別全部。ヘ、産米一反に付乙の一三俵以上。」の六項だったが、平均水準の向上を見込んで三年毎に更新された。折目は「現在の学理を応用する技術者の技量は未だ確実に最良最善の方法を案出し指導し得る域に達せざれば」(同)と記しており、技手という改良農法の指導者の肩書ながら現場では体験的な技能の向上を重視していたことが分かる。

(27) 帳簿類の整備と記帳が、一九三〇年代(昭和期)の経済更生運動での内務省や県郡の「優良町村」表彰の選定基準に数えられたのも、それが「経営」の第一歩という認識があったためである。

(28) 青柳肥料は、各種肥料を産業組合と連携して単品で購入し、「青柳式麦作法」など収益性を追求した独自の作付法に適合するように共同作業で配合(混合、梱包)したものである。米多比肥料、蓆内肥料など近隣の村でも独自に調製しており、作付法にも各々同様の固有名があったことから、土質や作付法と並んで共同購入の実をあげるための肥料だったことが分かる。尤もこれらの固有名は、現在の「組合飼料」等と同様に事業者名を表すものでもあって、内実は隣接地域相互の違いは小さかったものと考えられる。満州産の大豆粕は、過燐酸石灰と同様にこの頃には広く普及していた肥料であり、菜種の裏作で有名だった一帯では比較的早くに定着していたものと思われる。なお、「青柳式麦作法」は第三章第二節で触れた権田式が、極端な収穫増を目指して平畝に株を密生させるために土壌の風化作用が不十分な一方で購入肥料の出費が多かったのを改め、幅六尺の高畝を盛って一・五尺間隔で二条播きにとどめて両側には間作大豆を播いて地力を温存するやり方である。同時に表作の田植えを繰り下げて大豆のすき込みを遅らせるが、これは堆肥舎からの肥出し作業や田植えに時間的な余裕をもたらし、作業を入念に出来る効果があった。地力を消耗する麦の次は、菜種、蓮華と毎年転換して地力維持を図ったという。

(29)　折目は、嫁同志の競争心と夫への影響力が個々の農家の増産や経営改善にあたって大きな牽引力を発揮することをよく認識し、発会後に「其年から農作物の出来具合が一変した」(同、八八)という婦人農会の功績や家計簿の記帳について二つの著書で度々言及している。

(30)　折目の説明は、読む限りでは豊富な事例と体験にもとづく説得力のあるものだが、彼は報告会(**写真2**)の講評について「満堂水を打つたが如く咳一つする者がない、只余が一挙一動を凝視して居る、余は亦余が一言一句は果して全村民に如何なる反響があるか、亦如何なる印象が残るかと思へば、其刹那は感慨無量である、実際此審査報告は農会技師としての試金石であるから、寝食を打ち忘れて数十日間を費して作製して居るが、前夜は心配して寝られぬ、愈々演壇に立てば腹はしみわたり胸はドキドキして鼓動の頻りなるを覚ゆる」(折目一九二九　一一―一二)と熱情と緊張を吐露している。

(31)　折目の著書では在来の博多仁和加のほかに安来節(泥鰌掬)が注目されるが、後者は全国標準的な「郷土芸能」が創生され定着した一例である。経営や生活に埋め込まれた在来の農村文化としての民俗が、客体化の意志のもとに画一的に普及した例ともいえるだろう。この意味では、折目もまた民俗研究に従事した「教育家」たちと同じ思潮を生きる同時代の人だった。

(32)　大門が指摘するように、当局の農家小組合の位置づけは小農経営の改善だけでなく「階級闘争ニ依ル農村ノ破壊等ヲ農家自身ノ協力ト考察トニ依ツテ之ヲ打開」(農林省農務局一九三〇　緒言)させんとするものだった点は留意しておかねばならない(大門一九九四　二〇六)。

第二節　農家日記にみる担い手像

青柳村の隣村、小野村（一八八九～一九五五、明治二二～昭和三〇年）の米多比地区は、折目技術員の薫陶を受けた「中堅青年」村上甚次郎が居した上米多比と、下米多比（ともに三六戸。敗戦当時の農家戸数）との二集落で米多比村（～一八八九、明治二二年）を構成していた。両者はそれぞれ二つのクミ（小組合）に分かれ、日常の農事や催事その他のつきあいはこの「小組合」ごとにおこなわれた。前述のように、同地区の農事実行小組合は折目の指導によって甚次郎が創設したもので、農会・産業組合と村役場の実質的な下部組織として農家の生産生活を包摂する文字どおりの共同体でもあった。甚次郎の先代まで一町五反歩の中農だった村山家は、一九〇〇～一〇年頃（明治四〇年代）に先々代が借金の保証人になったことが災いして小作農に転じ、勤倹生活をとおして甚次郎が「中堅青年」となる動機が形成された。敗戦後の農地解放にあたって地主が速やかに土地を返してくれ、現・当主の村山武氏（一九二一、大正一〇年生）も比較的若くして小組合の長に選ばれたのは、実質的な創設者として成果をあげた父・甚次郎への信頼もあるが、地区の青壮年の半ばが復員しなかったことと師範学校や軍隊そして教職に就いていた氏に視野と見識が期待されたためである。

本節では、この村山氏によって夜毎に記された一九五二（昭和二七）年および一九五三（同二八）年の『農家日記』を資料として、いわゆる勤倹思想で律せられ効率的な経営を追求してきた小組合活動が、一層の米穀増産が要請された敗戦当時も片鱗をとどめていたことを確認したい。またこれまで言及できなかった個別農家の営農実態をみるが、とくに犂耕を成立させた稲刈りと菜種や麦の移植や播種、後二者の収穫と田植えの時期的な重複がもたらす農繁期の模様を記述する。この小組合活動と営農の実態確認をとおして、近代日本の改良・普及政策が農村経営の側面に

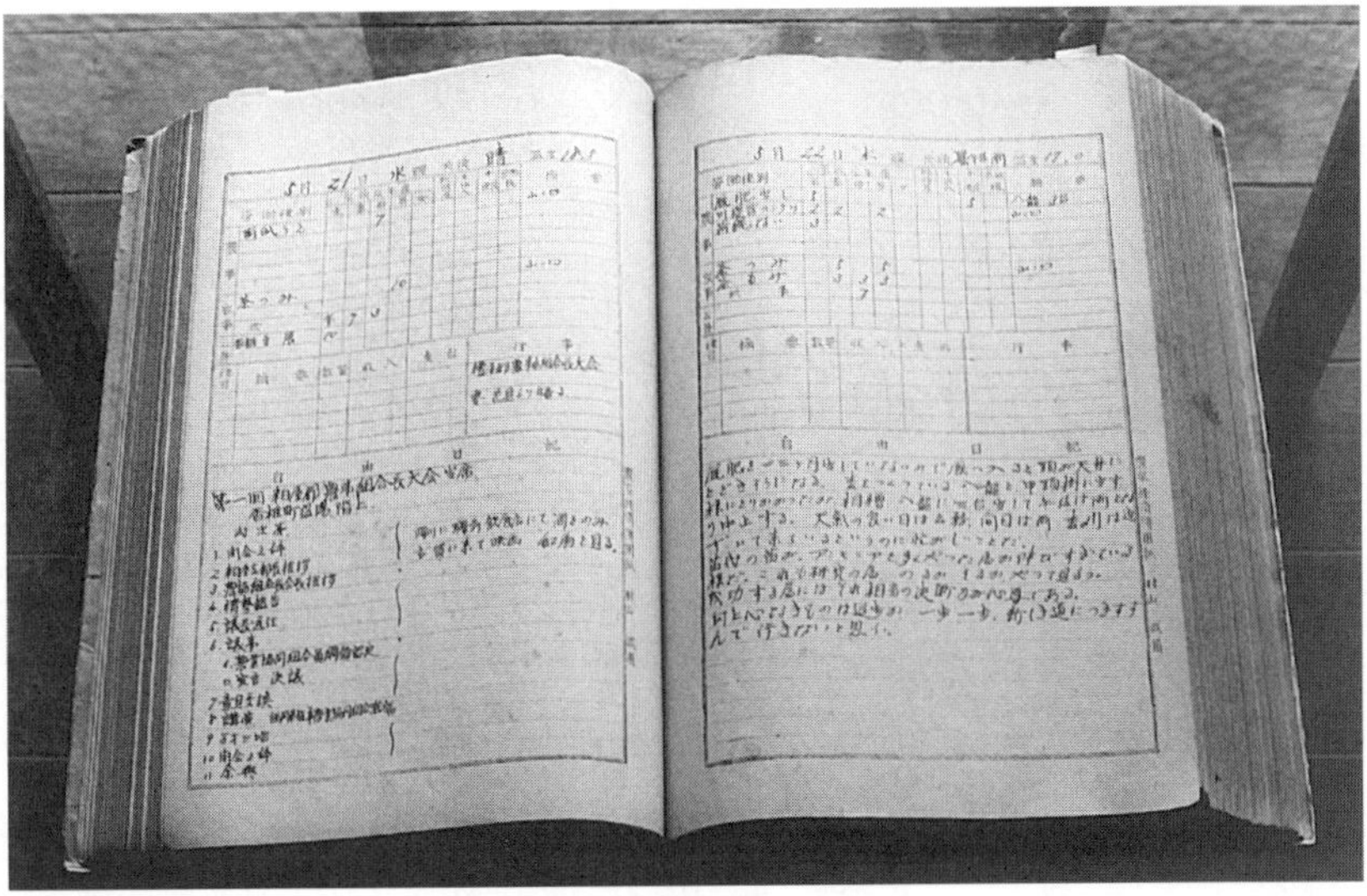

写真 3

おいて担い手の形成過程をどのように規定し、結局どのような担い手（後継者）を形成したのかを示したい。

取り上げる日記の題名は『昭和二七年　農家日記』および『昭和二八年　農家日記』（**写真 3**）である。村山氏自身による謄写版印刷の用紙を綴じた頁ごとの構成は、上段の「農事」「家事」「公務」の記録と風聞や新聞報道などに言及した短文。下半の「自由日記」と題された集落や家庭の出来事をめぐる私的なメモ。上半三項では家族や雇人一人ごとの作業就労時間数を内容の概略まで記入され、その下欄には農事を主とする購入・出荷の収支欄が設けられており、この上下の欄から村山家の生活と就労状況や経営の両面を辿ることができる。また、技術・政策・社会情勢との関連のなかでひとつの農家や小組合がどのように運営され、経営されたのかを生き生きと汲み取ることができる点で優れた資料と考えられる。ここでは、主に一九五二（同二七）年『日記』の記事のなかから表作の稲と裏作の菜種および麦に関する部分に注目し、補足説明を求めるかたちで実施した聞き書きをまじえて村山家の営農実態や小組合活動の展開を解明したい。

なお、ここでの記述は同家の農作業の内容を完全に網羅したものではない。すなわち、上米多比地区のような各戸の耕地が分散した立地条件で大きな部分を占めた移動・運搬作業の時間は独立した項目として書き出されていないのである。耕地毎の作業時間のなかに含み込まれているものとするほか検討や記述の途がなかったが、各項目間の時間数の相対的な比率は話者たちの回顧談と概ね合致している。

(1) 稲作と農繁期

「日記」の作業欄は、各人毎に一時間単位で就労時間数を記入し、欄の左側には「労働種別」、右側の「摘要」には耕地名等を記して、その日誰がどこで何時間働いたかを記入者（村山氏）本人に確認させる仕組みになっている。一九五二（昭和二七）年「日記」の作業欄に記された村山家の人々の年間作業時間数は五四六〇時間（「雇人」「臨時雇」の分も含む）と集計された。配分は、面積一町二反四畝の稲作に二〇三二時間（三七・三％）、菜種九五三時間（一七・四％）、柑橘類七八五時間（一四・三％）、麦六四六時間（一一・八％）、ほか一〇四四時間（一九・二％）である。準備や移動の時間も含み、なによりも一時間刻みで家族と「雇人」全員の時数を記入した大まかな数字であるが、先述のように比率そのものは個別の作物に関する複数者からの聞き書きに照らしても意外に信頼できる数字だと考えられる（**表5-2**）。

また、稲作の反当り時間数は単純計算で一六四時間となるが全国的には二百時間余だった。一九五〇年代後半（昭和三〇年代）以降の経済成長にともなう労働力の流出と、人手不足を補うための農薬や機械力の導入によって、とくに一九五五～六五（同三〇～四〇）年で時間数が約二割も減少している（井上一九九三　三一二-三一五）。村山家の一六四時間は一九六一（昭和三六）年頃の数値であり、外地からの復員や引揚で人手が余っていた当時の一般的な農村事情にあって生産性はかなり高い。ただし、夫婦と雇人で田畑一町五反二二畝、山林一町二反という中規模農家の

表5－2　昭和27年『日記』記載の耕地名，面積，作業内容と時間数等

(1)　面積計

田：12.4反ー麦4.7，菜種6.3，雑作（馬鈴薯豆雑穀）0.4，苗代0.5，休耕0.5反（作年度大水での流失のため）

畑：5反　ー麦0.7，菜種0.9，野菜0.2，果樹3.2反

(2)　時間数計．全5460時間

稲．2032時間(37.3%)ー[「田植え」511時間/25.1%，「稲刈り及び穂掛け」576時間/28.4%，「田の草」「稗ひき」390時間/19.2%，薬剤散布56時間/2.7%，他499時間/24.5%]

菜種．953時間(17.4%)，麦．646時間(11.8%)

柑橘．785時間(14.3%)

他．1044時間（19.2%)

(3)　耕地ごと集計

長葉山［田．945-1番地　1反6畝11歩（1反4畝14歩）　畑944番地　5畝1歩（4畝22歩）（山8畝)]

661時間：主．172（26.2%)，妻．132（20.2%)，雇人．182（27.7%)，臨時雇．35（5.3%)，手伝人．68（10.3%)，牛．68（10.3%)，原動機．0（0%)

菜種．105時間（15.9%)：主．25（23.8%)，妻．33（31.4%)，雇人．37（35.2%)，臨時雇．3（2.9%)，手伝人．0（0%)，牛．7（6.7%)，原動機．0（0%)

麦．　173時間（26.2%)：主．40（23.1%)，妻．25（14.5%)，雇人．54（31.2%)，臨時雇．17（9.8%)，手伝人．13（7.5%)，牛．17(9.8%)，原動機．7(4.1%)

稲．　286時間（43.3%)：主．84(%)，妻．49.5(17.4%)，雇人．60(21%)，臨時雇．15(5.3%)，手伝人．50(17.5%)，牛．27(9.4%)，原動機．0(0%)

胡麻．73時間（11%)　：主．17(23.3%)，妻．18(24.7%)，雇人．22(33%)，臨時雇．0(0%)，手伝人．5(6.9%)，牛．11(15.1%)，原動機．0(0%)

甘藷．24時間（3.6%)　：主．6(25%)，妻．6(25%)，雇人．6(25%)，臨時雇．6(25%)，手伝人．6(25%)，牛．6(25%)，原動機．6(25%)

九郎次谷「田1反5畝］

346時間：主．88（25.4%)，妻．61（17.6%)，雇人．111（32.2%)，臨時雇．35（10.1%)，手伝人．27（7.8%)，牛．24（6.9%)，原動機．0（0%)

菜種．136時間（39.3%)：主．29(21.3%)，妻．27(19.9%)，雇人．52(38.2%)，臨時雇．14(10.3%)，手伝人．6(4.4%)，牛．8(5.9%)，原動機．0(0%)

麦．　53時間（15.3%)　：主．7(13.2%)，妻．(%)，雇人．(%)，臨時雇．(%)，手伝人．(%)，牛．(%)，原動機．0(0%)

稲．　151時間（43.7%)：主．52(34.5%)，妻．21(18.5%)，雇人．35(23.2%)，臨時雇．15(9.9%)，手伝人．18(11.9%)，牛．3(2%)，原動機．0(0%)

長崎白菜．6時間（1.7%)：主．0(0%)，妻．3(50%)，雇人．3(50%)，臨時雇．0(0%)，手伝人．0(0%)，牛．0(0%)，原動機．0(0%)

山ノ口［田3反4畝26歩　畑6畝16歩（前年年月7月に土砂流入)]

1223時間：主．261（24.8%)，妻．216（20.5%)，雇人．380（35.9%)，臨時雇．60（5.7%)，手伝人．88（8.4%)，牛．24（2.3%)，原動機．25（2.4%）＊水害後復旧作業は除外

菜種．137時間（13%)　：主．26（19%)，妻．30（21.9%)，雇人．67（48.9%)，臨時雇．6（4.4%)，手伝人．7（5.1%)，牛．1（0.7%)，原動機．0（0%)

麦．　121時間（11.5%)：主．42（34.7%)，妻．13（0.7%)，雇人．37（30.6%)，臨時雇．0(0%)，手伝人．4(3.3%)，牛．0(0%)，原動機．25(20.7%)

稲．　376時間（35.7%)：主．90（23.9%)，妻．65（17.3%)，雇人．105（27.9%)，臨時雇．54(14.4%)，手伝人．49(13%)，牛．13(3.5%)，原動機．0(0%)

柑橘類．228時間(21.6%)：主．77（33.7%)，妻．46（20.2%)，雇人．0（0%)，手伝人．20（8.8%)，牛．10（4.4%)，原動機．0（0%)

馬鈴薯・甘藷・玉葱・南瓜・ピース．135時間（12.8%)

：主．18（13.4%)，妻．47（34.6%)，雇人．62（46.1%)，臨時雇．0（0%)，手伝人．8（5.9%)，牛．0（0%)，原動機．0（0%)

表5－2　続き

茶摘み・薪取り・櫨の実ちぎり．57時間（5.4%）
：主．8（14.3%），妻．15（26.2%），雇人．34（59.5%），臨時雇．0（0%），手伝人．0（0%），牛．0（0%），原動機．0（0%）

＊水害後復旧作業：流入バラス除け．主．13，妻．45，雇人．85。橋架け．主．10，雇人．10。堤防コンクリ．主．2，妻．2，雇人．2

炭釜［田4畝13歩　畑6畝2歩　山2畝］

549時間：主．148（27.0%），妻．97（17.7%），雇人．195（35.5%），臨時雇．0（0%），手伝人．53（9.7%），牛．53（9.7%），原動機．2（0.4%）

菜種．45時間（8.2%）：主．13（28.9%），妻．13（28.9%），雇人．14（31.1%），臨時雇．0（0%），手伝人．0（0%），牛．5（11.1%），原動機．0（0%）

麦．61時間（11.1%）：主．21（34.5%），妻．8（13.1%），雇人．19（31.1%），臨時雇．0（0%），手伝人．1(1.6%)，牛．10(16.4%)，原動機．2(3.3%)

柑橘．273時間（49.7%）：主．95（34.7%），妻．31（11.4%），雇人．70（25.5%），臨時雇．0（0%），手伝人．47（17.3%），牛．30（11.1%），原動機．0（0%）

甘藷．170時間（31.0%）：主．20（11.8%），妻．45（26.5%），雇人．92（54.1%），臨時雇．0（0%），手伝人．5（2.9%），牛．8（4.7%），原動機．0（0%）

水呑谷［畑6畝］

90時間：主．33（36.6%），妻．28（31.1%），雇人．19（21.1%），臨時雇．0（0%），手伝人．5（5.6%），牛．5（5.6%），原動機．0（0%）

柑橘．85時間（94.4%）：主．33（38.7%），妻．23（27.1%），雇人．19（22.4%），臨時雇．0（0%），手伝人．5（5.9%），牛．5（5.9%），原動機．0（0%）

野菜豆あげ．5時間（5.6%）：主．5（100%），妻．（%），雇人．（%），臨時雇．0（0%），手伝人．（%），牛．（%），原動機．（%）

先城倉［畑1畝18歩　山8反5畝11歩］

339時間：主．81（23.9%），妻．116（34.2%），雇人．122（36%），臨時雇．5（1.5%），手伝人．15（4.4%），牛．0（0%），原動機．0（0%）

稲(架材切出).23時間(6.8%)：主．5(21.7%)，妻．0(0%)，雇人．5(21.7%)，臨時雇．5(21.7%)，手伝人．8（34.9%），牛．0（0%），原動機．0（0%）

柑橘．48時間（14.2%）：主．7（14.6%），妻．17（35.4%），雇人．17（35.4%），臨時雇．0（0%），手伝人．7（14.6%），牛．0（0%），原動機．0（0%）

里芋．75時間（22.1%）：主．19（25.3%），妻．30（40%），雇人．26（34.3%），臨時雇．0（0%），手伝人．0（0%），牛．0（0%），原動機．0（0%）

檜植林．40時間（11.8%）：主．10（25%），妻．10（25%），雇人．20（50%），臨時雇．0(0%)，手伝人．0（0%），牛．0（0%），原動機．0（0%）

薪取り．153時間（45.1%）：主．40（26.1%），妻．59（38.6%），雇人．54（35.3%），臨時雇．0(0%)，手伝人．0（0%），牛．0（0%），原動機．0（0%）

八竜［田2反2畝2歩―うち裏作の麦：1反8畝］

675時間：主．154（22.7%），妻．120（17.7%），雇人．169（25.1%），臨時雇．89（13.2%），手伝人．80（11.9%），牛．55（8.2%），原動機．8（1.2%）

菜種．98時間（14.4%）：主．21（21.4%），妻．0（0%），雇人．24（24.5%），臨時雇．24（24.5%），手伝人．14(14.3%)，牛．15(15.3%)，原動機．0(0%)

麦．134時間（19.8%）：主．29（21.6%），妻．53（39.6%），雇人．46（34.3%），臨時雇．4（3%），手伝人．2（1.5%），牛．0（0%），原動機．0（0%）

稲．436時間（64.4%）：主．102（23.4%），妻．65（14.9%），雇人．96（22%），臨時雇．61(14%)，手伝人．64(14.7%)，牛．40(9.2%)，原動機．8(1.8%)

小豆．6時間（0.9%）：主．1（16.7%），妻．2（33.4%），雇人．3（49.9%），臨時雇．0（0%），手伝人．0（0%），牛．0（0%），原動機．0（0%）

紫雲英．1時間（0.2%）：主．1（100%）

池ノ下［田1反4畝4歩］

340時間：主．97（28.6%），妻．57（16.7%），雇人．76（22.4%），臨時雇．65（19.1%），手伝人．17（5%），牛．18（5.3%），原動機．10（2.9%）

表5－2　続き

菜種．164時間（48.2％）：主．66（40.3％），妻．34（20.7％），雇人．11（6.7％），臨時雇．40（24.4％），手伝人．13（7.9％），牛．0（0％），原動機．0（0％）
稲．　176時間（51.8％）：主．31（17.9％），妻．23（13.1％），雇人．65（37％），臨時雇．25(14.2％)，手伝人．4(2％)，牛．18(10.2％)，原動機．10(5.6％)

三十六［田1反6畝28歩］
384時間：主．77（20.1％），妻．62（16.2％），雇人．87（22.6％），臨時雇．92（23.9％），手伝人．17（4.4％），牛．39（10.2％），原動機．10（2.6％）
菜種．128時間（33％）：主．24（18.8％），妻．23（18％），雇人．24（18.8％），臨時雇．30(23.3％)，手伝人．6(4.7％)，牛．21(16.4％)，原動機．0(0％)
稲．　256時間（67％）：主．53（20.7％），妻．39（15.2％），雇人．63（24.7％），臨時雇．62(24.2％)，手伝人．11(4.3％)，牛．18(7％)，原動機．10(3.9％)

甲頭掛［田1反4畝］
380時間：主．96（25.3％），妻．24（6.3％），雇人．75（19.7％），臨時雇．91（24％），手伝人．39（10.3％），牛．19（5％），原動機．14（3.7％）
菜種．60時間（15.8％）：主．13（21％），妻．0（0％），雇人．15(24％)，臨時雇．18(30％)，手伝人．8（13.3％），牛．7（11.7％），原動機．0（0％）
麦．　104時間（27.4％）：主．35（33.7％），妻．28（26.9％），雇人．26（25％），臨時雇．0(0％)，手伝人．7（6.7％），牛．3（2.9％），原動機．5（4.8％）
稲．　216時間（56.8％）：主．48(22.2％)，妻．18(8.4％)，雇人．35(16.2％)，臨時雇．73(33.7.7％)，手伝人．24(11.1％)，牛．9(4.2％)，原動機．9(4.2％)

熊本［田1反9畝5歩　山4畝］
473時間：主．162（31.3％），妻．134（26.3％），雇人．115（22.3％），臨時雇．2（4.2％），手伝人．46（9.5％），牛．25（5.3％），原動機．5（1.1％）
菜種．80時間（16.9％）：主．39（51.1％），妻．24（32％），雇人．2（0.3％），臨時雇．2（0.3％），手伝人．8（10％），牛．5（6.3％），原動機．0（0％）
稲．　112時間（23.7％）：主．44（38.3％），妻．24（21.2％），雇人．4（3.6％），臨時雇．0(0％)，手伝人．20(19.1％)，牛．15(13.3％)，原動機．5(4.5％)
柑橘．151時間（31.9％）：主．36（21.8％），妻．59（37.1％），雇人．51（31.8％），臨時雇．0(0％)，手伝人．10（6.2％），牛．5（3.1％），原動機．0（0％）
甘藷・牛蒡・大根・櫨の実．130時間（27.5％）：主．45（34.6％），妻．27（20.8％），雇人．58（44.6％），臨時雇．0（0％），手伝人．8（％），牛．0（0％），原動機．0（0％）

(4)　耕地毎，月別就労時間数．単位：時間。（　）内は月別時間数比．単位：％。総計5,460時間。

	1月	2月	3月	4月	5月	6月	7月	8月	9月	10月	11月	12月	計
長葉山	6 (0.9)	13 (2)	14 (2.1)	0 (0)	3 (0.5)	177 (26.7)	56 (8.5)	56 (8.5)	64 (9.7)	107 (16.2)	112 (16.9)	53 (8)	661時間
九郎次谷	10 (2.9)	0 (0)	21 (6)	0 (0)	18 (5.2)	66 (19.1)	20 (5.8)	37 (10.7)	4.5 (1.5)	99.5 (28.6)	43 (12.4)	27 (7.8)	346時間
山ノ口	14 (1.1)	66 (5.4)	122 (10)	21 (1.7)	152 (12.4)	272 (22.3)	108 (8.6)	38 (3.1)	85 (7)	81 (6.8)	143 (11.7)	121 (9.9)	1,223時間
炭釜	15 (2.7)	27 (4.9)	35 (6.4)	21 (3.8)	49 (9.1)	19 (3.5)	66 (12.4)	22 (4)	84 (16.2)	12 (2.2)	0 (0)	18 (34.8)	1,549時間
水呑谷	0 (0)	21 (23.3)	0 (0)	0 (0)	27 (30)	0 (0)	0 (0)	4 (4.4)	5 (5.6)	0 (0)	0 (0)	33 (36.7)	90時間
先城倉	91 (26.8)	45 (13.3)	105 (31)	25 (7.4)	24 (7.1)	0 (0)	31 (9.1)	0 (0)	0 (0)	0 (0)	18 (5.3)	0 (0)	339時間
八竜	9 (1.3)	53 (7.9)	9 (1.3)	0 (0)	38 (5.6)	188 (27.9)	57 (8.4)	33 (4.9)	19 (2.8)	29 (4.3)	135 (20)	105 (15.6)	675時間

表5-2　続き

	1月	2月	3月	4月	5月	6月	7月	8月	9月	10月	11月	12月	計
池ノ下	4 (1.2)	0 (0)	8 (2.3)	0 (0)	8 (2.4)	106 (30.9)	24 (7.1)	16 (4.7)	14 (4.2)	0 (0)	143 (42.2)	17 (5)	340時間
三十六	24 (6.3)	3 (0.8)	19 (4.9)	0 (0)	8 (2.1)	93 (24.2)	11 (2.9)	18 (4.7)	4 (1)	54 (14.1)	129 (33.5)	21 (5.5)	384時間
甲頭掛	10 (2.6)	33 (8.6)	5 (1.3)	0 (0)	41 (10.8)	118 (31.2)	11 (2.9)	34 (8.9)	0 (0)	19 (5)	82 (21.6)	27 (7.1)	380時間
熊本	6 (1.2)	94 (19.9)	2 (0.4)	0 (0)	74 (15.6)	15 (3.2)	135 (28.7)	20 (4.2)	3 (0.6)	64 (13.5)	9 (1.9)	51 (10.8)	473時間
計	189 (3.5)	355 (6.5)	340 (6.2)	67 (1.2)	443 (8.1)	1,054 (19.4)	521 (9.5)	278 (5.1)	287.5 (5.3)	465.5 (8.5)	814 (14.9)	646 (11.8)	5,460時間

経営は、機械力と農薬が六〇年代ほどには普及していなかったことを考えると、雇人労働力の確保が焦点だったと思われる[1]。

さて、五月末の菜種や麦の収穫から六月末の「田植え」が終わるまでの一カ月間は、この辺りの農家にとって最も忙しい時期である。次項で触れるように年間の作業時間の二割が集中し、月並みの二倍以上の作業時間が必要だったのに加えて、五月早々から特産の柑橘類の除草、消毒、施肥などにも追われており、一般に同じような農繁期とされる「稲刈り」や「稲こぎ」(脱穀)から裸麦などの「播種」が続く一一月をはるかに上回るきつさだったことが数字の集計だけからも伺われる。ここでは、村山家の田畑では一番下手にある「八龍」の稲作りを「日記」に従って追ってゆきたい(図5-1)。

上米多比地区がふたつの組(小組合)で成り立っていることは先述したが、二反三畝二〇歩の「八龍」の田は村山氏の属す「薬院組」ではなく「谷組」を流れる川筋の道端にある。薬院組への道はこれと合流して「八龍」まで下っており、「かかり」[2]の悪い村山家にとって水利と移動運搬の両条件をみたすただ一つの耕地である。その年の出来高を左右する種まきと育苗は、毎日の目配りのために自宅に隣接した場所に苗代を設けるのが便利だが、村山家の苗代は遠い「八龍」に設けてあることからも、この田の条件の良さがうかがわれる。慶長年間(一五九六~一六一五)におこなわれた粕屋郡の検地をはじめとして、石高による「村位」で高い評価を得た薬院組の耕地のほとんどが、鉄砲水の危険を承知で水系の

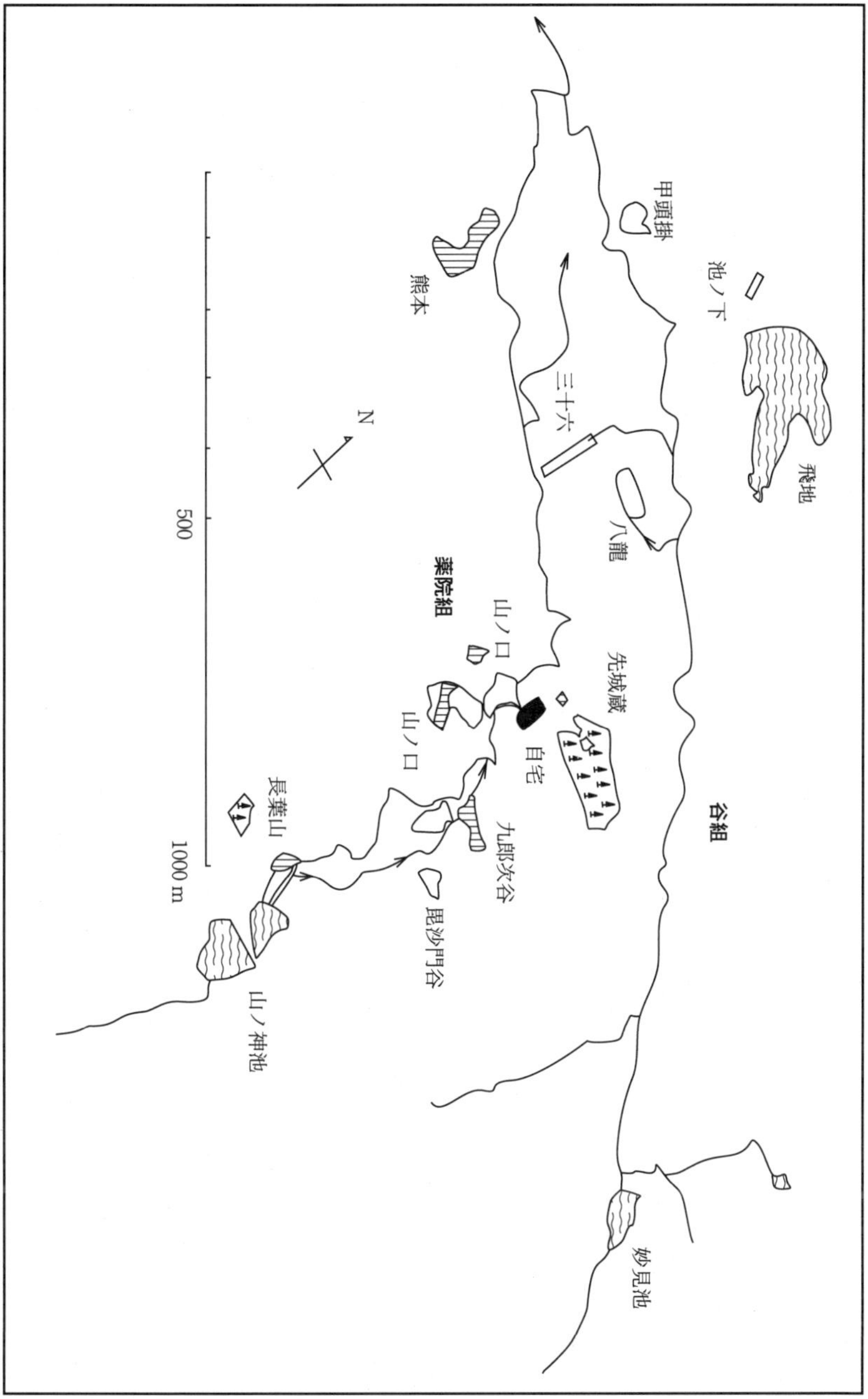

図5−1　村山家　水利と耕地配置図

最上流部に立地していた。一帯の中下流部は砂礫質で保水力が弱く、上米多比地区の川もこの「八龍」の辺りで河床だけのいわゆる水無川になる。一七七八（安永七）年には遥か下手の川床を掘って赤土を埋め込んだ地下ダムが築かれており、地区でも四箇所の溜池で水不足に対処してきたのだが、小石ばかりの扇状地に水留めの赤土を敷いた「八龍」の宿命は変えることができなかった。

順序が逆になるが、ここで収穫をおえた年末一二月一〇日付で村山氏が受け取った文書をあげておきたい。

「昭和二十七年度産米穀の政府買入数量指示書　政府買入数量（空欄）玄米換算瓩一二石五斗玄米換算升　政府に売り渡すべき昭和二十七年産米穀に関する政令第三條第一項の規定により政府買入数量を右の通り指示するか昭和二十八年二月末日迄に政府に売り渡されたい。昭和二十七年十二月十日　糟屋郡小野村村長飯尾午郎〔村長印――引用者〕村山武殿」。

この「指示書」の制度は、大戦下の一九四二（昭和一七）年に公布された食糧管理法によるものである。米の場合は、一九五五（同三〇）年に供出割当制から予約買付制度に転換され生産者価格の維持へと趣旨も変わったが、この時点では農家に向けられた「供出」圧力の強さを示すものといえる。(3) 翌日一一日の「自由日記」欄でも正月用の「蜜柑ちぎり」に来てくれた知人との話に関連して「一部の農家にあっては十何俵も闇売りをした。こちらは買って食わねばならない。そこに何か、割当に対する不当性がある様でたまらない」と記され、供出に応じるための農作業のきつさが不公平感と重なった深刻な問題であることが分かる。とくに上米多比は小野村内で最も収量の多い地区と等級づけられているために割り当てがきつく、氏は各農家に降ろす立場の小組合長として制度の矛盾と不公平を誰よりも強く感じていたのである。

村山氏は、このような遣りきれなさのなかで五月七日の浸種から米づくりを開始した。この日の「自由日記」欄に「稲作付計画表」が書きつけられ、「八龍」では「宝」種と「旭」種を二反二畝作付けすることが計画されたが、後者は県による原種の委託栽培である。(4)これに従って六日後の一三日に播く予定で全七カ所の田に作付けする「宝」「旭」「農林一二号」「同三七号」種の種籾が坪当り一合平均の割で浸種されている。

さて、「八龍」は先述のように自宅の川向うの「山ノ口」と並んで苗代にも使われていた。九日にはその「苗代準備」で「主」(村山氏)「妻」「男」(雇人)の三人で一〇時間ずつ、牛を牽き出して「田すき」で「紫雲英(レンゲ)切り」「うねもどし」「地ならし」を済ませた。これは犂で前年の稲株を耕起して土を反転させ、再度反転させて土塊を砕いて均す作業である。他に「石のけ」(小石拾い)も記されているのは、扇状地に拓かれた「八龍」固有の手間であり前年の集中豪雨で「山ノ口」に入り込んだ小石を除くためである。一一日がいよいよ「苗代しろかき」で「主」が五時間。水を入れて苗代の土を入念に練り上げる作業で、しろかきとは別に「田整地」で「雇人」と「手伝人」(村山氏の弟)が五時間ずつ従事した。

翌一二日は牛を使役して村山氏夫妻と「男」八時間ずつで「苗代ふみ」。九日と一一日に大体仕上がった苗代に青草を踏み込んでならし、長方形の区画に四尺八寸間隔で溝を切って上面が真平らな短冊形に整えておく。これは籾を均一に播いて歩く通路であり、水位の管理を円滑にするための手だてでもある、籾を播く面が完全な水平面でないと籾が浮かんだり水分が不足したりで均質な苗に育たないために気を使ったという。一三日が苗代作業の仕上げで、上記四種類の「水稲種まき」をおこなった。一二升六合の種籾を夫妻と「男」で計二二時間もかけて丁寧に播いたが、「苗代に種をまく方法も幾通りでもあるものである。どの方法がよいかわからないが各人が自分の好き勝手にやっている」と記されている。種まきに関しては、近世の農書類にも二粒ずつあるいは三粒ずつなどと細かな指示が散見し、苗代の水位が上がりすぎた際に種が浮き上がらないよう苗代の面に向けて強めにまきつけるのがこつだという。もっとも、この記事からは道具の操作法として対象化の容易な技能とは違って、種まきのような個々人の指先や手首を使う身体的な技能（身体技法）は、教習のための標準化が出来にくい勝れて個人的なものであったことが分かる。

種まきを終えた後の一週間ほどは、一般の農家では「夏柑ちぎり」や蜜柑園の「草きり」を毎日八時間ほどやればほかに大した作業もなく、近くの「鷹野（町）どんたく」見物（五月一八日）などで比較的のんびりと過ごすことができる。「日記」でも二二日の苗代見回り以外に農事の記事はめっきり減っている。しかし、農閑の頃には「第一回粕屋郡農事組合長大会」や「小組合役員慰労会」、同じ小組合で収穫を間近に控えた裏作（小麦、裸麦、菜種）の「立毛（出来具合）審査」、あるいは「殉国の碑」除幕式への出席、消防団「慰労会」の開催を「せがまれる」等といった催事が集中しており、薬院組の幹部である村山氏は休むことができない。

この二二日の苗代見回りについてであるが、「苗代の苗が、アンモニアを多くやった為か伸びすぎている様だ。これも研究の為、のるかそるかやって見よう」と記されている。また、二四日に「立毛品評会」の審査で村内の小組合長たちと麦や菜種の出来具合を見て回った際には、「上米多比が、良い地力を持ちながら何故にこんななさけない成績に終わったのか。小麦が十五組合の中一二番、裸麦が六番、菜種が一一番。これは努力が足りないといへばそれきりだが、縄ないがたたっているらしい。作物に力がない。アンモニヤで出来た感がする。もっと荒肥を入れなければならないのだ」という厳しい認識だった。その頃、地区では軒並み製縄機を据えつけ、本来は農作業のために雇い入れた「雇人」をはりつけて縄をなわせていた。過度に余業を重視する経営[5]が「荒肥」（藁）での土作りを軽視して速効性の化学肥料に傾いたという認識である。藁は地力を回復させる基礎肥料だが薬院組では田畑には施さず逆に余所から購入して販売用の縄に加工していた。

朝日新聞社は、一九四九（昭和二四）年から二〇年間にわたって「米作日本一表彰事業[6]」を実施した。その第二回目の一九五〇（同二五）年度には、敗戦前から菜種づくりの名人として各地から視察団を迎え、村山氏もいろいろと教わってきた村山勇氏が米作部門で全国二位を受賞している。もともと一帯は県内の産業組合活動の先進地であり、菜種や柑橘類といった現金収入の営農にも積極的で研究熱心な気風があったために、青少年期に薫陶を受けた村山氏等の世代も新規の技術に対しては貪欲だった。しかし、このような多忙な経営は購入する肥料や農薬への関心の偏りを生み、前述のように厩堆肥や緑肥（芝や青草）、あるいは藁のような持続性の肥料による「土づくり」という地道な側面を後回しにする傾向を生んでいた。この基本抜きに「日本一」になることは不可能で、各年度の「日本一」受賞者は反あたり平均一・八トンもの堆肥を投入し、さらに五百キロの藁を追加した例も報告されている（朝日新聞農業賞事務局一九七一　七-一三）。

一九四六（昭和二一）年。戦時下の米増産をめざして農林一号と同二二号との間に雑種第一代（Ｆ一）が生み出され、一九五六（同三一）年にいわゆるコシヒカリ（農林百号）に発展する。これは敗戦前から米作農家を悩ませてきた稲熱（いもち）病に弱い上に肥料が多すぎると丈ばかりが伸びすぎて倒れやすい品種で収量も多くはなかった。古米の過剰在庫や火力乾燥といった後年の品質低下要因が全国に拡大してその相対的な評価が上がるまでは、食味も抜群の評価を受けることがなかった品種に過ぎない。欠陥の多いコシヒカリが、その後数年ごとに作付面積で一〇万町歩も広がり続け、一九八八（昭和六三）年度には四一万八〇〇〇町歩（水稲作付面積の二二・三％）にまで普及した理由は、米の過剰生産と後継者不足という高度経済成長下での新たな状況が、先の品質低下要因を拡大したためである。村山氏が指摘した「アンモニヤ」（窒素分）の過多によって倒れてしまうという一種の警告作用が、当時の農業指導の現場で評価されたという解釈も出されている（粉河一九九〇　一〇-一八、六九-八一）[7]。

さて、『日記』によると村山家の反当り収量は三一五・六キログラムで、一帯の平均も一九五〇（昭和二五）年にようやく三四〇キログラムを超えたばかりだった。この年に二位を受賞した村山勇氏はすでに七六八・二キログラムを収穫し、『日記』の年の「米作日本一」は九一五キログラム、一九五八（同三三）年には遂に一トンを突破している（朝日新聞農業賞事務局一九七一　一‐五二）。これは、例えば首都圏の分譲住宅が三〇坪として、その一〇軒分の敷地から三食とも米食でとおす一世帯分の飯米が二年以上にわたって供給されるという驚異的な成績である。(8) 各年度入賞農家の、同時期の一般の農家と比べた場合の技術的な共通事項としては、まず土作りのために深く耕し堆肥などの基肥を十分に施すことは旧来の常識と変わらないが、早めに化学肥料による追肥重視へと施肥方式を切り替えていることが特徴的である。品種は各自で多収品種を選択し、とくに苗代での育苗に念を入れ、田植えは六月下旬から五月下旬と早めに着手する。また、一般的な土用干しに加えて水の「かけひき」を度々おこない、ホリドール（パラチオン）や二、四‐Dといった新しい除虫剤や除草剤も発売当初から積極的に採用していることも共通する。現場では多肥化がもたらす病虫害に応じて当局が降ろしてくる化学製品の施用技術にも敏感に対応していたのである。当時の「中堅」たちは、書籍や雑誌で独習するほかに農政当局の試験場技師や農協の改良普及員などの助言を受け、積極的に講演会や勉強会に参加していたようである。(9) 追肥重視や頻繁な水の「かけひき」に代表される入賞技術には、その後の当局によって追試公認されて指導項目として採用されたものが多く、その基盤は一九五二〜五三（同二七〜八）年頃、ちょうど村山氏の『日記』が記されている頃に確立された点に留意すべきだろう。

ふたたび『日記』に戻ると、二二日は「厩肥出し」で牛を使って荷車に三台の厩肥を「八龍」に施している。天気が悪く午前中に五時間かけると昼から雨になり、納屋で「荷縄ない」を三時間やって雨が上がると自宅前の「山ノ口」のところの「川堤防コンクリ」に二時間をあてた。運搬具や用水は先述のような暇な時分に予備を作り、あるいはその都度補修しておくものだが村山氏はその暇を公務に取られていた。「厩肥を二三ヶ月出していないので厩へ入ると頭が天上にとどきそうになる」という記事も同様の事情を物語っている。この「厩肥出し」の作業は二六日に持ち越されており、「八龍」に残り一台分「甲頭掛」に三台分が荷車で運ばれたが、余業はおろか本来の厩肥作りさえ後手に回っていたのである。(10)

この二六日の「自由日記」欄では「苗代の床面に水をはる。基肥をきばっていたので苗が伸びすぎている。丈夫な事は丈夫ではあるが、そろそろ螟虫がやって来出した。祖先伝来の農耕法をまもりつゞけて来た農民に新しき方向を見出す為にはそれ相当のぼうけんが必要である」と記され、苗代の水位について翌一九五三（同二八）年『日記』では「今年は床面の均整を旨としたので都合が良い様である。焼籾殻を床面にふるのと、床の中に塗るのとは、どちらが良いか。伝統としては床の中にふるのだが、自分としては床の上に降ることが良い様である。その為唯一人やる。水のかけひきにしても、理論的には昼、浅水として夜は深水としなければならないのを、昼は水をふかくして夜はおとしている。何故、そんなことしなければならないのかはわからないま、にやっている」（五月一七日）という記事がある。先述の「日本一」農家の創案したやり方には専門家が従来の科学的知見で説明できないものも多かったというが、この「ぼうけん」の語は体験的に習得した技能の枠を打破しようとする意志の顕れだろう。

ところで、六月二日には「硫安三〆五〇〇がきいたのか苗代の苗は黒々と大きくなっている。苗の大きいのはよいが螟虫がたかり易いのには困ったものである。三化性の螟卵二個、二化性は一本とった。これではいけないというのでさっそく午後DDT乳剤の消毒をする」とあって、戦前から使われていた硫安の多用と戦後の新しい農薬への取り組みの様相が分かる。このようなDDT、二、四-D、ホリドールといったいわゆる「新農薬」は、すでに一九五一（同二六）年『日記』に散布や講習会の記事があり、さきの「日本一」農家の最も早い採用例に劣らぬ先進性をみせている。[11]これは近隣の村で明治期から「ワシントンネーブル」が栽培され、村山氏の村でも一九三〇年前後（昭和初年）の経済恐慌で養蚕がふるわなくなったために桑畑を筑豊向けの夏蜜柑園に転換して成功をおさめ、早くから化学肥料や農薬が使われてきたという地域性を示すものだろう。

ただし、さきの「これも研究の為、のるかそるかやって見よう」「新しき方向を見出す為にはそれ相当のぼうけんが必要である」といった記事からは、新世代の単なる気負いや熱気だけではなく新農薬への不安も読み取ることができる。ここで農薬関係の記事を拾い出してみると、まず殺虫剤では本圃への田植えが済んで「三番田の草」にさしかかった七月一九日、日中の気温は連日二五度以上に達しているが、「どの田も螟虫の多いのには困る。皆が集まれば螟虫の事が必ず出る。新薬フォリドール[12]を使用しようかと、直木さん、邦彦さんははなしてある。新薬の使用に当ってはしん重を期さなければならないけれども、さりとて使用にさいしてはちゅうちょしてはならない」。また、翌年七月二五日の「小組合集会」で村山氏は各戸が注文していたホリドールを分配し「噴霧機使用方法について」説明しているが「ホリドール乳剤を使用するに当って、皆おそろしいらしい。あんたが一番にやらなければと、全自動〔噴霧器――引用者〕背負い、ふんむきをつかって使用する。八龍をやってしまうのに午前中を要する」という一幕もあった。村山家の散布には翌日と二八日の三日間で二五時間が費やされた。

『日記』（九月一日）に貼付されている「瓶（袋）の封を切る前に之れ丈は是が非でも読んで下さい」というホリドールの注意書きは四五字×五一行という長文であり[13]、「ホリドールは潜伏性慢性中毒を起すものであるから、長期取扱者は時々健康診断を受け、早期に予防的治療を行うようにする」。さらに医師に向けての「中毒のためアトロピン〔解毒剤〕に対する耐性が強くなっているから〔アトピロンは――引用者〕大量に用いても安心である」というくだりを読むと「あんたが一番に」と村山氏に視線が集まるのも人情だと思えてくる。これら殺虫剤に関しては、ほかに九月二二日に隣村の小学校「裁縫室」を借りた講習会でホリドール、DDT、BHC、EPNなどについて説明を受け「害虫に對する効果は証明されるが、人畜に對する害をいかほどなくするかが問題である」という「自由日記」欄での感想。また八月一一日の「公務」欄に小組合長として「昭和二十七年度稲病害虫緊急防除用農薬受領」で「BHC〔注文分――引用者〕受領四〇個」といった記事がある。このBHCは同様に螟虫やウンカの薬剤であり、八月二五日と翌一九五三（同二八）年八月二三日の二化螟虫最発生期に一回ずつ一〇時間と七時間で散布を終えている。両者は有機燐や有機塩素系の毒物だが、並行して近世以来の鯨油に代わる「豊年油」「農熟油」といった油剤も田に流されている。なお、「共済組合被害調査集会」（一〇月一一日）から帰宅して主な病虫害の現況を「調査票」に記入したようで、「自由日記」欄には三化螟虫が面積比で「池ノ下　四〇％」の被害。稲熱病が「長葉山　五〇％」、「九郎次谷　三〇％」、「山ノ口　二〇％」と転記されている。「池ノ下」は下手の湿潤な田で一帯には珍しく粘土質の「上々田」であり、稲熱病にやられた三ヶ所は自宅から水源の溜池にかけての最も上手の田である。

稲熱病については、同じ一一日の「自由日記」欄に「稲熱病の発生が甚だしいので消毒をやって下さる人が多い。それと加理の追肥に万全を期してある。加理が農協に不足しているので皆がうばいあいの現象を呈している。加理を使う様になったのは珍しい現象である」という記事が目につく。加理（塩化カリ肥料）の「うばいあい」は、八月二日の村の小組合長会をうけて五日に開いた小組合集会での説明に際し、稲熱病の防除薬として旧来のボルドー液に加えて新農薬である「水銀製剤」二種があげられたほかに、注意事項として「八月九日～八月廿九日間稲熱病発生田には必ず加理肥料反当一〆～一〆五〇〇匁を穂肥として追肥すること」（配布プリント）とあったためである。農法改良に伴う厩堆肥の増量に加え一九三〇年代（昭和期）に入ると硫安が本格的に普及し始めたが、稲体の窒素分の増加につれて発生するという稲熱（いもち）病などの病害虫対策は敗戦後も持ち越された。一層の多肥化がその後の「新農薬」や水銀製剤の普及を後押ししている状況が分かる。なお、旧来のボルドー液[14]は七月三〇日と八月四日に「主」が計九時間で済まされており、薬剤の世代交代も伺うことが出来る。

ふたたび肥料に戻ると六月二日の苗代「硫安三〆五〇〇」とは一反（一〇アール）当り三貫目半（約一三・二キログラム）施したという意で、「日記」に貼付されている肥料袋のラベルによると「保証成分」が二一・〇％のため、「アンモニヤ」（窒素）分は反当り約二・八キログラムの施肥となる。いっぽう、六月一一日の本圃むけの「稲基肥配合」では、硫安、過燐酸石灰、加理、菜種油粕、雑魚などの袋を納屋で開けて田圃一枚毎に最適比を混ぜ合わせる作業をおこなったが、「八龍」むけの配合肥料の窒素分は反当り九キログラム余に設定された。これは一九五五（昭和三〇）年の全国平均で約四・五キログラムの倍以上、一九六六（同四一）年度の約五・五キログラムさえ遥かに上回る水準で、「日本一」農家の一九四九～五八（同二四～三三）年度での平均値は約一四キログラムという濃厚施肥である（朝日新聞農業賞事務局一九七一　四一、一〇四）。「自由日記」欄に記された備忘のための一覧表では、その下に「今年は硫安（窒素肥料）を各水田について変えて見た」とあり、翌年には「従来は硫安と過石（過燐酸石灰）を主としていたがこれは硫酸根を持っているのでこれをすて、無酸根肥料、尿素、トーマス（石灰肥料）を使用することにする」（五月一八日）と大きく転換された。水田特有の硫化水素の発生に起因する根腐れや秋落ちの害については敗戦前から研究されていたようだが、氏の勉強ぶりと積極性が伺われる。[15]

この一一日には、いよいよ「田耕起」が始まった。犂耕による耕起にすべての田で延べ三六時間、そして犂で耕起した跡を「うねもどし」、土クレを砕いて均す作業に四二時間を費やした。また、最も上手の「長葉山」は常日頃の手入れがおろそかで草が生い茂っているため、一四日に夫婦と「男」一〇時間ずつで「くのぎり」（畦草の除草）に取り組んだ。この田に施される肥料は他の半分ほどであり、「切った草は田の中になげ入れる。とくべつに肥料はしないが相当の収量をあげる事の出来るのも青草のおかげである。溜池の栓尻でまむしが出たのでとらえる。早速皮をむいてくしにさす」とあるのが山あいの風景を想わせる。[16]この「田耕し」は一六日にすべて終わったが、今年の村山家は弟さん宅の普請もあって菜種や麦の脱穀が遅れ気味であり、これと並行した過密な日程の結果、すべて終わった一七日には「連日の働労でついに和子ねこむ」とある。奥さんは嫁いで四年目。女学校を出て村山氏と同じ小学校で教鞭を執る農業未経験者だった。

また一六日の「自由日記」欄に田植えの臨時雇人である「筑後さん」ほかの日当が書き抜いてある。「筑後さん」とは、本来は福岡県中部の筑後地方から北部の粕屋郡などへ田植え後の農閑を利用して短期の出稼ぎにくる女性たちである。年間契約の「雇人」と同じように郡全体で労働条件や賃金待遇が協定されており、この年は各食事付きで麦菜種の刈取、収納、脱穀が男三〇〇～三五〇円、女二八〇～三〇〇円。田植えが同じく三〇〇～三五〇円と二五〇～三〇〇円に決まっている。上米多比では四五人の「筑後さん」を予約したが、各戸の必要人数を聞いて回り先方に電報を打ち、田植え後には集金と送金をおこなうのも村山氏の役である。上米多比地区は水系の最上流として用水を最初に使う権利がある。(17) ただし、海岸から直線で七キロほどの短い水系であって、先述のように下流域の村のために田植えはなるべく早く済ませねばならない。そのことは、五月末から裏作の収穫と脱穀に追われるこの時期の農村と比べて一層過密な農事暦が課されることを意味していた。

一八日に薬院組の「区民会」が催された。水源である「山の神」池の「抜栓二〇日となる。筑後さんに電報をうつ。料金六〇円」と記され、休む間もなく「施肥」「畦ぬり」「荒代かき」で慌ただしくなる。寝込んでいた奥さんも一九日午前からの豪雨で「水とり」にかり出され、夫婦と「男」各一〇時間でバケツで汲み出すが、雨のお陰で四カ所の田に湛水された。屋敷と小川を挟んだ向い側の「山ノ口」は、一八九六（明治二九）年に畑から水田に切り替えた耕地でシンタ（新田）と呼ばれ、より下手のコタ（古田）より水利は後順だった。翌日、栓が抜かれるとシンタにも水が回り、(18)「臨時雇」を頼んで四人で一〇時間ずつ「荒代かき」「あぜぬり」などに追われた。予想外の豪雨で予定が繰り上がったために、ほかに村の小学校で教師をしている村山氏の「弟」と奥さんの実家から五時間ずつの応援を頼んで何とか苗代の「苗取り」にこぎつけた。「筑後さん」は植えるだけで「苗取り」は家の女たちの役目だったが、田植えが翌二一日に延期されたため「男」も三時間手伝っている。この日は「牛使役」が一五時間と記されており、「臨時雇」が牽いてきた牛が苗運びを五時間、村山家の牛も「主」とともに「荒代かき」に一〇時間使役された。この「臨時雇」は、弟宅の普請など日頃何くれとなく手伝ってくれる近所の青年で、ほかにも田植え最終日に「八龍」の苗代田に小学校の先生が生徒を引率して手伝いに来てくれるなど、公務に追われ消防団や村の農協青年部まで指導する村山氏には無形の返礼がたまにはあった。

二一日は薬院組に四五名の「筑後さん」が来援し田植えが始まった。「日よりがよいので田植えも面白い様にはかどる。筑後さん三名来らる」と記されており、村山家では六人に「筑後さん」三人と苗運びの「牛」も加わって、四日間にわたり延べ五一一時間で一町二反四畝（約一万二三〇〇平方メートル）の田を植えた。うち「八龍」分には最終日の二四日の苗代への植え込みも含めて九四・五時間が費やされている。ひとり一時間で二三・四平方メートルを植えた計算だが、とにかく「筑後さん」は植えるのが早いので家の者は苗運びや配り方に追われたという。なお、家事炊事や子守は平常どおり村山氏の母親がひとりで分担しているものの、耕地整理や交換分合の徹底が遅れ[19]小さな田が分散した上米多比では「筑後さん」たちに敬遠されがちなため、翌年の人手の確保のことも考えると田植の楽しみである昼食の献立は手を抜けなかった。[20]しかし「農事」の日記であるために年間とおして「母」の欄には「一〇（時間）」と記入されており、奥さんの家事・育児に至っては皆無である。家事労働の評価にあたっての「農家日記」の限界だろう。なお、米作りの年間の作業時間二〇三一時間のうち、「田植え」の五一一時間は二五・一％を占め、「稲刈り及び穂掛け」の二八・四％につぐ比率だった。

さて、「田植が終ると気がぬけるのか、だらしなくなる」という二五日の記事が大事を終えた農家の雰囲気を描き出している。それでも夫妻と「男」は一〇時間ずつ「畦豆（大豆）うえ」や弟さん宅の新築現場の「大工小屋くずし」に従事しており、農事以外の仕事も片づけねばならない。この家普請では八月一日に一家全員および左官職五人と近隣の手伝い一八人、そして親戚が四人の計三一人という態勢で「瓦ふき及壁ぬり」等を加勢した。いっぽう、翌日の二六日には「稲補植」など夫婦と「男」三人で一〇時間と記され、久しぶりに平常の就労状況に戻っているものの「田植が済めば公務が多くなって来る。明日はさなぶりに小組合長会、M君〔仮名――引用者〕の病気見舞にも行かなくてはなるまい。消防の経費の区への請求書も出さねばならない」とある。二八日にはこれをうけて夜九時から「小組合集会」がもたれ、村山氏がガリ版を切った「上上米多比小組合集会協議事項」のプリントが配られた。

プリントの内容は、稲の追肥用油粕と害虫駆除や除草、果樹園の病害虫防除、除草剤二、四-Dの効用、秋蔬菜種子即売実施日、二、四-D散布機と肥料の注文、菜種・麦の出荷と等級・相場や自家用の搾油・素麵加工依託、鶏のニューカッスル病予防注射、田植え雇用賃金などに関する伝達と諸注意である。また、村山氏は七月五日付けで旬刊の小組合誌も発行したが、これも内容を略記すると「筑後さん」反当り決定賃金額と集金の予告、北海道産「男爵」種芋の予約募集、組員全三八世帯毎の肥料・農薬等発注数量一覧表（確認用）、菜種・麦・苗代の総合品評会成績発表などだが、品評会では村の一五組合のうち総合一〇位と、相変わらず芳しくない成績である。

田植えから二週間ほど経った七月六日と七日の「田の草」[21]では、「弟」も頼んで各人一〇時間ずつ除草した。例年なら最高で二五度を超しているはずが、今年は雨模様のせいか両日とも二二度で楽である。それぞれ四カ所の田を廻り、「八龍」はいずれにも入れてあるためこの七日が「二番田の草」で、さらに反当り一〆（一貫目。約三・七五キログラム）の硫安が追肥された。一六日の「三番」では「稲の追肥　反当一〆位の予定でふっているがすぐ、二〆にもなる」と記され、一九日には「稲の追肥がおそくなっておるだろうが反当二〆位施す」と、日程の遅れを意識している。なお、翌年七月八日の「田の草取り」には「ぐるぐるまわしでおすと、早いものである。一日一人、六反はおせるとのことだ」と記され、以前のガンヅメ（蟹爪）[22]で田を這い回る苦労が想起されている。

この時期の除草は草がはびこる早さとの競争である。とりわけ水源に一番近い村山家のあたりは山の草木に取り囲まれ、先述の稲熱病の被害に加えて雑草との格闘が四番「田の草」が終わる二〇日まで繰り返された。なお、この全所要時間は六日の「一番」から二〇日の「四番」にかけて概ね三人ずつで計一四〇時間であり、「ぐるぐるまわし」を使った翌年は九六時間で済んでいる。雑草の条件の違いは不明なので比較はできないが、時間数では三分の二。少なくとも炎天に背中を焼かれながら泥田を這い回るのか、あるいは腰を伸ばして立っていられるかという違いは大きい。二、四-Dは、このような苦しさを軽減するものとして登場したのである。[23]七月一二日に「農協より素麵一一箱、二四-D用如露みのる式四個受領」、一七日に「二四-D追加分配」とあるのも、この薬の普及ぶりを示している。ただし、六月三〇日に「二四D注文」、七月二五日には普及員を招き「二四-Dに對してとやかく上米多比ではいわれているので今晩は結城利夫（指導員——引用者）さんに来て貰って、二四-Dに對する講習会をひらく」とあって、ホリドールと変わらない事情があることを物語っている。

二、四-Dの散布にかかる手間は七月二四日から二六日までの三日間、村山氏ひとりが二六時間でおえている。経費は、二八年『日記』では瓶一〇〇ccが一二〇円で大体一反分にあたるため、全部の田に散布して一四四〇円である。殺虫剤ではあるが先述のホリドールは、最も高価な乳剤の場合で「上米多比三〇〇ccの分配であるが貰ってよいのやら悪いのやら。消毒はしたいが何しろ一〇〇ccの八〇〇円とはちと高すぎる。田んぼに白穂がちらほら見え出した。も少し薬が安かったらなあ」（九月一一日）という記事がある。一〇〇〇倍の希釈液で反当り六斗が適正量とされるので、全部の田では一万七一三円もかかる。「昭和二七年分所得税確定申告書」では、「所得金」が必要経費を差し引いて一二万三五〇〇円と申告されており、価格的にも未だ実用品とはいえない。ただし、虫害による万単位の損益や「田の草」の苦労を考えると、一定の危険やコスト高を承知で「新農薬」を導入する方向が現実的なひとつの方法である点は薬院組の共通認識だったようである。

「今年は二四-Dを使用しているのでひえが多い。これをひくのにも一骨折。でも田の草をはうよりましだ」（八月六日）とあるが、一九五三（昭和二八）年『日記』に貼付された使用説明書でも稗には効かないので「ヒエぬきは特に念入りに行って下さい」と記されている。他の雑草にかわって稗がはびこっている様子がうかがわれ、八月二日から二五日にかけて「稗ひき」に計九〇時間が費やされている。ただし三回か四回の「田の草」を済ませると三～四週間経って二、四-Dを一回散布し、あとは稗を抜き取ればよいという薬剤除草法の考え方は、公務に追われ厩堆肥作りもままならぬ村山氏には、何よりも気持ちの上で楽だったという。

「土用の三拾数度の炎天下に田の草を取ってある。二-四Dという薬があるのに、……岩片博士が云ってあった農家経済に於ける黒字が出たとしてその黒字の出し方に問題があるのだと動いていなければ気のすまない、百姓の考え方を変えなければならない」（二八年七月二八日）。先述の「米作日本一」農家は、ホリドールや二、四-Dの積極採用で手間を省いて水の「かけひき」や堆肥づくりなど他の作業に振り向けたために、収量と労働生産性とを高水準で両立させていたが、村山氏の思考はこういう流れを踏まえたものだった。裏作や柑橘作にまで手を広げた忙しい薬院組で「動いていなければ気のすまない」云々の部分は、「泥田を這い回り疲労困憊していれば気のすむ精神主義は廃絶せねばならない」とまで言い換えられているのである。旧来の勤労観が「主義」という程の体系的な抽象性に支えられたものではなかった点で、氏の発想に技能主義から技術主義への転換の意志の萌芽を指摘することが出来るだろう。なお、「田植え」の例のように数字で示すと、米作り年間二〇三二時間のうち、「田の草」「稗ひき」には三九〇時間（一九・二％）、病害虫への薬剤散布に五六時間（二・七％）が費やされた。

さきの小組合集会での八月六日付のプリントに「稲熱病発生田には必ず加理肥料反当一〆～一〆五〇〇匁を穂肥として追肥すること」という注意事項があった。稲穂が育まれる時期に加理分が消耗される病害の予防策であり、この頃から収穫に直結した「追肥」が始まる。まず九日に籾殻や落ち葉などを蒸し焼きにした「焼肥」を反当り二〇〆、計二六時間で撒いたが「八龍」には六時間を費やしている。これについては「加理分が二・一六％であるから反当加理分、四一・六匁である。稲に加理分を施すことをす、めたので皆施したつた」（一〇日）と、在来農法として苗代にも使われてきた自製肥料が分析的に記されている。

また、一六日の「自由日記」欄には「水まわりの時、〔村山——引用者〕勇さんとしばらく話す。稲の下葉の枯れあがらない栽培。こんなつくりかたをしてみたいものである。毎年つくっている稲ではあるがなかなかそのこつがわからない」とある。村山勇氏は、先述のように一昨年度の「米作日本一」で二位を受賞し、敗戦前は菜種作で県外にまで名を馳せた人だった。村山氏は農家の長男ではあっても師範学校に進んで教鞭を執り、復員して三年余で父親を亡くしたために氏から教わるところが多かった。水のかけひきや施肥の勘所などの判断については体験の量が違い、先陣を切って模索を重ねる小組合長の村山氏にとって、周りで働く先輩たちの体験的な助言は有り難かったという。

さて、一四・一五の両日が「零」のいっぽうで、一三日には「妻」も一〇時間「炊事」の項に入れてあることは、少なくとも盆という催事が平常の勤倹生活から際だった消費の時であることを示す材料と読み取ることができる。一二日の「盆前であるので世の中が活気づいている。〔嫁いだ鷹野地区の——引用者〕妹宅にまきを牛車一台持って行ってやる」という記事も、盆の雰囲気をよく伝えている。また、結婚四年目の夫妻は一四日から奥さんの里にも出向いて氏も一泊したが、正月や大きな催事のおりも同じように挨拶まわりに出かける慣わしで、一帯ではこの風を「里あるき」という。この年、奥さんは身体の不調をおして無理を重ね、実家の方の病院で健康診断を受けて盆も過ぎた一九日までとどまった。この日の「自由日記」欄に「妻、里より帰る」とあり、村山氏は「この後健康に留意すべきである」と結んでいる。「里あるき」が農家の嫁の休養を兼ねていたことが分かる。

盆が過ぎて村山家の農事も平常に戻った二〇日は朝から大雨だった。二、四-Dの散布をおえて七月二八日に「にわか雨来る。待ちに待った雨。稲も、作物もみんな生きいきとしている」と記されて以来、炎天下に三週間もまとまった雨がなかった。「朝からの大雨　雨をあれほどまでにこいしたった農民には、喜びの色が見られる。水をまわり、山の神の溜池は栓がぬいてあったのでとめる。九郎次谷の水には困っていたがこれで水の心配も解消することが出来た」。「九郎次谷」の田は、溜池には近いものの用水の優先権は後順のシンタ（新田）であったほかに稲熱病の被害も大きかった。一九五一（昭和二六）年度の国の一般会計予算に対する農林関係一般予算は九・五％、一九五二（同二七）年度は同・一五・一％、一九五三（同二八）年度は一六・六％と膨張してゆき、一九五二年度には「食糧増産五ヵ年計画」のもとに「食糧増産対策費」が計上される。「日記」の時期は、このようにして生産基盤が整備され始めた頃の段階であって、上米多比地区も敗戦前と条件は変わっていない。

八月二一日から二三日にかけて左官職四名に薬院組から男手四〜六名と炊事手伝いの女手一名を頼んで弟さん宅の屋根葺きと壁塗りだった。計三〇八時間という大仕事だが、村山氏は初日の午前中から過労で三九度の熱を出し、九月三日に三時間だけ「牛の手綱ない」をやるまで「主」の作業欄は空白になっている。ただし、稲作関係の事項は先述の「消毒（稲）ＢＨＣ」、「ヒエ引き」、そして再び水不足のおりから「水まわり」が二回あるほか畑作も無く、牛に食ませる草切りを少しやるだけの農閑期である。一時は「熱高き爲終日うなされる」（二三日）という状態のあと二週間近くも床に伏せっていられたのはそのためだが、「日記」の筆跡も変わり果てていることから心身の疲労が看取される。

二九日、村山氏は床の中から「水がないのでＨさん〔仮名──引用者〕にたのみ」と、「九郎次谷」の用水を皆に配慮して貰うよう依頼している。そして九月一日には「秋立つ頃となる。〔中略──引用者〕水、水、水と水にあこがれていたのに、思わず夕方大雷雨が来る。これで又作物が生きあがりそうである」とあり、続いて同世代の小組合の役員連が百円宛包んで見舞いに訪れ語りあったこと、最後に「やはり友達はよいものである」と結ばれている。季節感と連帯感が記されているが、この日以降の「日記」は筆跡も文章も見違えるほどしっかりしたものに回復する。「床上げ」は九月三日で、氏は「夕方二週間ぶりで八龍まで田の稲を見に散歩に出る」と記している。

九月六日、早稲の穂が出た。「大根をまく」「病後の経過は非常によい様である」といった記述に続いて、「水稲農林三七号が出穂。今年は『九郎次谷』の田は相当の収穫がありそうである。昨年はうんかの為やられたが今年は現在まで順調であとに残された問題は颱風である。農業という仕事は天候まかせである」と記されている。雨天や農閑期には雇人の「男」が従事する契約になっていた「製縄」の項は、村山氏が毎日五時間前後従事するだけで「男」の項には八月三〇日から九月一一日にかけて時間数が記されていない。その後も夫妻や「母」も田や畦道の「草切り」

「茄子手入れ」のほかに、「蜜柑苗畑除草」と「葱うえ」「大根まき」などに一〇時間ずつの記入はあるものの、稲作関係の記事は先述の「稗ひき」だけである。この時期は稲穂が充実してゆくのを待つ「登熟期」であり、旧来の常識ではあいた手間を「葱」「大根」「白菜」など、冬野菜の「播種」「間引き」そして「施肥」、あるいは正月用の蜜柑や翌春の菜種の準備といった冬の農事に重点を移す時期だった。

二一日の小組合集会で、翌春の苗代田に播くレンゲの種子が分配された。例によって村山氏が注文を取り農協から「受領」してきたものであり、「結局三升はかりこんでしまった。集金では六〇三円の不足。金の集金には一苦労する」とある。レンゲ作は、周知のように近代農政の代表的な技術項目の一つとして作付けが奨励されてきたが、小組合長である村山氏は率先して最も多く注文したうえに計量の手元も甘くなったようである。二四日に播かれたが「紫雲英播きに八龍の田に入ってみる。道より見た所は非常によく出来ている様であるが、中に行ってみるとどうもさみしい。もっと肥料の合理的な使用法があるはずである。理論的にはよく出来るように計画はされているが、出来ばえは面白くない。これも経験の少い為であろう」と、施肥技術についての反省がある。

関連して、九月一一日には「田んぼに白穂がちらほら見え出した」という螟虫被害の記事があり、一〇月三日には「秋愈々深まる。朝夕の冷え込みも甚しい。〔中略――引用者〕池下の稲が白穂になっていると。肥料のききすぎによる稲熱病か螟虫の害であろう」と、最も遠い「池ノ下」の異変を人から報らされたくだりがある。「九郎次谷」の三〇%が稲熱病にみまわれたという「共済組合被害調査集会」（一〇月一一日）の記事については既に触れたが、盆あけの八月一六日、田の「水まわり」をした際に「稲の下葉の枯れあがらない栽培」について先輩の村山勇氏と立ち話をして約二カ月。その間、旧来のボルドー液散布と加理肥料の追肥という新しい手法が実行され、螟虫についても先述のとおり最先端の薬剤が投入されて穂の充実を待つばかりである。氏は「あとに残された問題は颱風である」と記している。

一〇月に入って二週間も雨が降らなかった。早生の農林三七号を植えた「九郎次谷」では「旱魃の為早くも熟しているので、刈り取って菜種の苗を移植することにする。〔中略――引用者〕今年は一時水不足はあったが、まあ順調に生育した。刈り取った稲の穂先は重い」（一三日）。この頃から稲刈りの作業が本格化する月末までの二週間ほどは、菜種苗の「間引き」「中耕除草」と「移植」、あるいは先述の冬野菜関係の作業が詰まっており、これをこなしておかねば稲刈り後の「小麦播種」「菜種定植」の日程に障りが出てくるので休みはない。また、同じ農林三七号を植えた家の前の「山ノ口」では「〔二一日に――引用者〕刈り上げているのでそのあとを鋤き起してピース蚕豆を植えたいと思って地ごしらえをする。早生は収量に於ては幾分劣ることもあるが、仕事の都合は非常によいようである」（二三日）と記され、「稲刈り」と「穂掛け」作業の最盛期を見通して労力の分散を企図していることが分かる。

稲刈りの時間比をあげると、「稲刈り穂掛け」に五七六時間（二八・四％）が費やされており、その後も一〇日間ほどは麦の「播種」や「菜種定植」に追われるために前後あわせて一カ月は休みなしの状態である。二八・四％という時間比は稲作で最多の項目だが、この時期は五月末から六月上旬にかけての麦・菜種の収穫期、そして六月下旬の田植えに次ぐ忙しさだった。稲刈りの最盛期は二六日から一一月四日にかけての一週間余で、関連の記事は「稲刈り始まる。人が刈れば遅れてなるものか、青いのもかまわず刈り倒している人もある。今年は早生から中生、晩生とうえていたので仕事も順調である」（二九日）という記述から、一一月四日の「ラヂオが夕方より雨との報で、今日はぜひ長葉山をかけてしまっておかなければ都合が悪いので朝四時半からおきてかける。Mさん〔仮名――引用者〕は三時から起きてかけている。Sさん（同）方とTさん（同）方も早かった」という記事で終わっている。両者とも、この時期の慌ただしさと天候まかせの特質をよく物語っているが、奥さんの具合が悪くなり実家に帰っているおりから、いつもの青年たちに加えて実家の両親が「手伝人」に駆けつけてくれた際の「困っていたので旱天に慈雨の喜びである」（三日）という表現が印象深い。また、一〇月一一日「共済組合被害調査集会」の晩に五〇％の被害と記された「長葉山の糯も草田当時の稲熱病の被害は大きなものであったが、これもよかった」と記されて、全般的な作柄の良さから達成感の溢れる記述で終始している。一〇月二〇日、村の一五の小組合長総出で実施された「稲立毛品評会」の実地調査でも、上米多比地区は第一位の出来だった。

村山氏の「米作り」では、面積一町二反四畝の稲作に二〇三二時間が投下され、玄米で六五俵一斗（三九一五キログラム）。反当り三一五・七キログラムが収穫された。[27] 平均反収が振るわなかったのは、稲熱病と水の不便に悩まされた「九郎次谷」が日当りが悪いうえにもともとは畑であったため、努力と隣人の好意も及ばず二四〇キログラム余りと全体の平均値を引き下げたのが大きい。一一月四日の「稲こぎ」の記事では、「弟も明日から学校。休み気持ちが悪いというので夜少しおそくまで稲をこいで甲頭掛の分二三〇把をこいでしまう。小さな籾箱一つある。約一三俵。これなら概ね、八俵出来の割合になりそうである」と記され、玄米で六〇キログラムの叺八袋。四八〇キログラムの反収が見込まれている。小学校に勤務する村山氏の弟が三一日からの「稲刈り休み」があける前の晩に、残りは「池ノ下」一カ所だけになった脱穀作業を一段落させようと、動力脱穀機を使って「主」「男」「臨時雇」「手伝人」（弟）の四人で四時間ずつ夜なべをした。この田は、扇状地の「八龍」より下手で泥質の湿地にさしかかる有利な耕地であり、水利と日照に恵まれればこの程度の反収は達成されたはずである。また、いわゆる労働生産性の数値だが、「日記」を集計すると反当り一六二時間が投下されたことになる。一九四八（昭和二三）年の全国平均は二二〇時間で一九六〇（同三五）年にかけて毎年四時間ずつ減少しているために（井上一九九三 三一一-三一三）、『日記』の一九五二（同二七）年当時の平均は二〇〇時間余と見積もられる。[28]

一〇月二五日、村山家の台所で「鶏四羽　豆腐一二丁　こんにゃく三〇醬油三升　酒二升　米一斗二升」が調理された。「婦人会も今日親睦をしてあるが、満作祝の当場をしたので母は行けなかった」とあって、農家という経営体には嫁と姑のいずれが欠けても地域社会の一員として不都合がおきたこととともに、半年間の工夫と奮闘ぶりが浮き彫りにされている。この年度の米作り関係の記事は一一月一二日の脱穀の記事で終わるが、村山氏は前々日から裸麦の播種を開始している。天候は「晴」で、温度も最高気温一一・五度まで下がった晩秋の夜、「人が思い出しても居ない頃にまいておこう」と記されている。

(2)　裏作と農繁期

現在、話者たちの苦労話の多くを占めるのは、近隣の古賀町や筵内地区（一八八九～一九三八、明治二二～昭和一三年まで席内村。ともに現・古賀市）の板場（イタバ）で油を絞ったという菜種作である。板場とは黒田藩の直営として櫨の実から生鑞を絞る施設だったが、一八九〇年代（明治後期）になると福岡県は全国一位の菜種の産地になり板場の様相も一変する。なかでも「粕屋菜種」は大阪市場にも聞こえた特産物で、その本場が上米多比地区を含む近隣二カ村の一帯だった。もともと粕屋郡は福岡・博多の城下町や商人町、筑豊の炭鉱地帯といった大消費地に恵まれており、一九一〇年代（大正期）になるとこの辺りは菜種のほかに柑橘類、海岸部では苺作りも盛んになる。このような素早い転換も特色であるが、前項でも触れたようにこれらの特産物で稼ぎ出した現金で「雇人」を契約して購入肥料で増産し、多様な作付け日程は農薬で手間を節約するという手法が換金作物の歴史をとおして培われていたと考えられる。

おもに水田の裏作で作られた菜種はカラシと呼ばれ、一八七八（明治一一）年に郡内に西洋種が導入されると在来種が駆逐されたという。この西洋種を「朝鮮カラシ」[29]、在来種を「和カラシ」と呼んでいるが「朝鮮カラシ」の導入以来、実も鞘も大柄になった。或いは六月初めの収穫時期になると、西日本各地から視察に来るバスが村の細い道を下手の「唐津街道」のほうから上ってきていたなどという追想を聞くことができる。「米作り日本一」を受賞した先述の村山勇氏は、もとはこの菜種作の名人で鳴らした人だが、同家のアルバムなどにも県知事ほか他地方からの視察団を迎えていた様子が写し留められている。村山氏の「自由日記」欄でも、ブリ棒（唐棹）で脱穀した菜種の殻を畑で燃す紅い火が農繁期の疲労感と相まって春の夕暮れ時の風物詩になっている情景が書き留められており、純然たる米どころではなかった粕屋郡の農家と切り離せない作物だった。

さて、『日記』によると「菜種刈り」のはじめは五月二六日に「熊本」の畑で始まり三一日と六月一日で終わっている。また、「からしもみ」（脱穀）は六日から麦刈りや脱穀などと並行しておこなわれ、同様に一三日の「熊本」と「長葉山」で終わっているが、間をおかず始まる「田起こし」から「田植え」にかけてのこの時期の忙しさについては前項で触れた。ここでは、全一〇カ所、面積で七・二反の菜種作のうち、自宅から最も遠くまた下手にある「熊本」と、すぐ川向かいにある「山ノ口」二カ所を中心に作業を追ってゆきたい。

「熊本」は一九〇六〜一九一〇（明治三九〜四三）年の耕地整理事業で新田が拓かれ、のちに特産の夏蜜柑に切り替えられた花崗岩質の小高い耕地である。面積は畑および柑橘園三反七九歩と山林四畝で、周りの水田より高く霜害を避けることができるために柑橘類に適している。当時は菜種も作られていたが、この年の菜種作では九月一六日に他の畑より一週間はやく早生の「農林一七号」を各々「主」「妻」「男」一〇時間で播いた。(30) 二七日がその「菜種間引」で、「厚く播いていたので間引くのに一苦労する」と夫妻や「男」で計一七時間かけている。その後は「菜種間引き」や水田の「稗ひき」、各所の畦道などの「草切り」で二〇日ほどが過ぎたが、一〇月に入っても村山氏は二泊三日で長崎〜雲仙温泉の「小組合長旅行」や村の小学校運動会での小組合長リレーの出場依頼や練習に五日ほど費やし、雇人の「男」も家で「製縄」作業で日を送るだけである。

一〇日になると「熊本」で「間引き及び中耕施肥」がおこなわれた。「中耕」とはもともと水田の除草を指す用語で、「施肥」については品目の記載がない。ただし上手の「九郎次谷」では二六日に硝酸アンモニア水溶液での「硝安かけ肥」の記事があって、生育期に必要な窒素分が補われていることが想像される。これは下旬にかけて各所で施されており、こうして育成された苗は月末から一一月初めの稲の収穫・収納作業が済んだ田から移植される。先述のように、一番早い「九郎次谷」では二三日、「熊本」は最後の一二月二一日で、[31]前日に「主」「男」「手伝人」（弟）と「牛」それぞれ五時間をかけて移植するための整地作業がおこなわれた。この一カ月間で、日中の最高気温は平均一四度から六度ほどまで下がっている。菜種苗の移植時期にかなりの幅が設定されていることは、これも同じ頃の稲刈りと麦まき作業の集中度を分散させるためである。

移植（「定植」）に先立つ菜種畑の整地は、まず「主」が犂で稲株を起こして土を反転させ、つぎに土塊（クレ）を「男」と「手伝人」が唐鍬（トウグワ）[32]でざっと砕いて「荒ごなし」をし、さらに馬鍬（マガ）を牽かせて細かくする作業であり、水田跡の水分を嫌う麦の場合は畝を高く盛らねばならなかった。翌日の「定植」には「主」と「男」で一〇時間ずつかけたが、この菜種「本圃」用の「基肥」は例によって小組合長の村山氏が裏作用として事前に薬院組各戸から注文を取って廻り、一〇日ほど経った二四日に自宅の納屋で硫安、過燐酸石灰、硫酸加理を反当り各三〆、三〆、一〆[33]の比率で唐鍬を使って「配合」したものである。

ところで、四〇〇メートルほど上手の「三十六」は日当りもよく、一カ月も早い一一月下旬に「定植」を済ませている。ここは先述の「八龍」の道を数一〇メートル下った向かいで、同様に水はけの良い耕地である。「定植」は一一月二三日と三〇日の二日で近所の青年の「手伝人」や村山氏の弟も交えて八〇時間で済んでおり、「菜種定植をしているが連日の晴天の為に土地が非常に乾燥している。活着が危ぶまれる」と記されている。気温一三度前後の日和が一〇日間ほど続いて紋白蝶の幼虫が孵化していた。「菜種苗が非常に虫にやられている」「虫がこんなに大きくなればＢＨＣ粉剤一％では効果が少い様である」（一二三日）とあって、翌春の開花期に孵化する害虫の産卵予防を兼ねた防除が配慮されている。苗の段階から防除の考えが徹底していたことは稲の場合と変わらず、続く「噴霧器でＤＤＴ乳剤二〇％をかけたいのだが噴霧器を二四-Ｄを使用しているのでその使用が危ぶまれついかけなかった」という記述からは、同時に二、四-Dという劇薬の難しさも伺われる。この薬剤の稲田の「稗ひき」のところであげた「使用説明書」には「二、四-Dを使用した器具や噴霧機は他の病虫害防除や種子消毒に使わないで下さい」と記されていたが、ふたつの記事は水田でも裏作の畑でも農作業の手間というものが農薬抜きには考えられない時代になりつつあったことを伺わせる。

一二月は、この「定植」と「施肥」（追肥）(34) のほか、中頃から正月向けの「蜜柑ちぎり」と「消毒」、あるいは収穫した蜜柑のために藁小屋を空けておく「貯蔵準備」が始まり、全部の蜜柑を収穫するのに計一二〇時間余りが費やされた。また、堆肥を麦に追肥したり土をふるいかけて根張りを促す「土入れ」なども記載されているが概ね余裕のある月で、季節柄「消防団」関係の集会や訓練が催されている。年の暮れの村山家では、このような「公務」で作業日程が他家よりも遅れていた。「三十六」ほか三カ所の「菜種中耕」には冬休み中の弟も出て三人で一〇時間ずつでようやく年内の作業を終えた。「大晦日、皆家の中の掃除をして新年を迎えるつもりか、田園に出ている人は少ない。戸毎に門松が飾られている」と記されている。

年が開けて一九五三（昭和二八）年の『日記』に菜種関係の記事は一層少なくなり、ようやく二月中旬に「追肥」の記事が見つかる。すなわち一四日と一六日に「硫安　反当五〆」を「山ノ口」ほか二カ所に六時間で「追肥」し、一七日が五時間かけて硫安、過燐酸石灰、硫酸加理を反当り各五〆、六〆、五〆ずつを二カ所の畑に施している。この二種の「追肥」の記事には「熊本」も含む残り五カ所の記載がなく、一七日の分は「基肥」に比べて加理分の比率を高くした選択的なものだった。このような村山氏なりの工夫は、同様に二九日の「ほうれん草まき」の「今まで母がほうれん草をまいて失敗ばかりしていた。それは基本的な理由を調べて見ると、土壌の酸性を考へなかった為である。今日は石灰を充分施してやる。あまり多くて薬害をおこすかも知れない」の記事でも伺われる。また、開花の始まった三月二三〜二五日の二度目の「追肥」では「反当二〆（アンモニヤ）」が先述の五ヶ所のうち二カ所に施され、さらに「畝かき」「畝よせ」に一八時間をかけて土を寄せている。夏作物の稲と違い、除草の手間については草丈が高くなって日も遮られ下草も生えにくくなっているために、これ以降は結実期を通して記載されていない。

三月と四月は里芋や蔬菜関係の記事が続き、五月はそれに加えて田植えがあるために月末まで菜種の分は見られない。刈り取りは五月二五日に「熊本」から始められ、その日は「主」「男」「女」五時間ずつで終って「主」「男」の二人で株を掘り起こし、二七日に「甘藷定植」がおこなわれた。苗床からの移植が遅れて苗が早く伸び過ぎたために段取りを繰り上げたものである。この分の菜種の脱穀収納作業は六月一日に「菜種くびり」（束ね）、一二日が「菜種もみ」（脱穀）で、雨をかぶって発芽した実もあって結局「一〇〇斤」（未調整で五斗）の収穫にとどまった。

この年度の菜種は合計で田に六反三畝、畑に九畝を六カ所に分散して作付けしたのが平均反収二七七斤と、村山氏にとっては不満足な結果に終わっている。「一二〇斤」を穫った二七年『日記』六月六日「自由日記」欄には「もっとあるつもりにしていたが、なさけないことだ　反当五〇〇斤[35]をあげる為には、もっともっと研究が必要である」。また翌七日にも「近頃の夕方の影を増すものには菜種殻焼きの美観[36]である。まっ赤にそめたその美しさ、詩人はその美を讃えるかも知れないが、篤農家的な頭で考えると、まったくおしいものである。これを肥料にすればもっとよい土地となろう[37]」とあり村山氏の意気込みを物語っている。

なお、この菜種は二八年七月一八日の記事では薬院組共同で組合の倉庫に「入庫」（出荷）し、現金[38]の一部を自家用の油と搾り粕（肥料用）で代替している。また、「自由日記」欄の「組合共同の入庫であるので最後に清次郎氏宅で親睦である。鶏飯と清酒二升[39]」という記述からは、世帯ごとの個別の作業事情が「組合」という集団保障体制と引き換えに個別性を失ってゆく様子を伺うことができるだろう。

最後になったが、二七年の『日記』に記録された各働き手の就労時間数[40]を積算すると、菜種や稲以外の全てをあわせて「熊本」には年間計四七三時間が投入されており、そのうち「主」の村山氏が三一・三％、翌年にかけて体調が悪かった「妻」が二六・三%、「雇人」が二一・三%、「臨時雇」が四・二%、「手伝人」（弟）が九・五%、「牛」が五・三%、「原動機」が一・一%という割合である。薬院組や家の中核であった村山氏は、一日一〇時間拘束という契約制の「雇人」とは比較にならないほどの忙しさであることが分かる。

村山家の耕地全体では総計五四六〇時間が投入され、菜種は九五三時間であったので平均一七・五%という値になる。「熊本」の作物毎の労力配分は、柑橘類が四七三時間中一五一時間で三一・九%、同様に櫨の実、牛蒡、大根、甘藷などが計二七・五%、稲が二三・七%、そして菜種が一六・九%であったので、ここの菜種作は平均的な手間だったといえよう。なお、作物ごとの金額の収支は拾い出される資料が断片的であり、「畑」といった包括的な計上がされていることも多いために、不明とせざるを得ない。

次の「山ノ口」は、自宅の足下を流れる小川の対岸で全一六カ所の耕地の内では一番広く、三反四畝二六歩と六畝一六歩の田畑が八枚に分かれていたことが聞き書きと地図で確認される。(41) 明治期に薬院組の水利の要である「山の神」の堤が増設されて水田になったシンタ（新田）であることは先述した。また、川沿いで洪水の際には必ず土砂流が突き抜けたというが、一九五三（昭和二八）年六月二六日は六二年ぶりの水害で土砂が堆積し、「筑後さん」を雇って二三日に終わった田植えが無駄になった。ただし自宅に最も近く手間のかけやすい場所であるために、作付けの品目は稲と柑橘類を主にして菜種と麦、甘藷、馬鈴薯、南瓜、玉葱そして茶など多様であり、柑橘類が多い「熊本」に劣らず上米多比の典型的な農事の有り様を伺うことが出来る。

まず、「熊本」の例のような数値を示すと以下のとおりである。年間の作業時間は一二一三時間で、稲が三七六時間で三五・七%、柑橘類が同様に二一・六%、菜種が一三%、麦が一一・五%、茶摘みや蔬菜、薪取り、「櫨の実ちぎり」等で五・四%。これ等合わせて「主」が二六一時間で二四・八%、同様に「妻」二〇・五%、「雇人」三五・九%、「臨時雇」五・七%、「手伝人」八・四%、「牛」二・三%、「原動機」二・四%で分担している。また、一九五一（昭和二六）年七月一二日の豪雨で小川が溢れ家の前の「三角田」という四畝ほどの水田が流出しており、田に入った小石を除いたり小橋を架け代えたり護岸にコンクリを打ったりで別に一六九時間を費やしている。この作業には時間数で五七・四％を「雇人」が受け持ち、「妻」も二七・八％を分担しているのに対して「主」村山氏はわずか一四・八％に過ぎず、負担が軽く或いは「かかり」の良い場所に「妻」と「雇人」とを任せる配慮がみえる。村山家の耕地全体を見渡しても、例えば最も遠い「熊本」では「雇人」が全時間の二三・三％に対して「山ノ口」は三五・九％という傾向は共通しているのである。

さて、以上の配分で菜種は一反を作付けし一九五三（昭和二八）年春に二四〇斤を収穫したが、日程は五月三〇日と六月二日の両日に「主」「男」「女」の計五時間ずつで刈り取り、一〇日に「手伝人（弟）」を加え二時間で「菜種もみ」をおこなっている。その作り始めの種まきは一九五二（同二七）年九月二三日に「主」と「妻」五時間ずつ、「男」一〇時間で牛蒡を収穫して「草切り」をおこない、翌二四日その跡に「農林三号及二一号」を「妻」「男」一〇時間ずつ、二五日には「男」一〇時間の計三〇時間で播いた。一〇月三日に「菜種間引き」をこの三人で七時間ずつ、一八日には「男」だけで五時間かけている。これを一二月八日に「主」が五時間かけて耕起整地した本圃に「男」一〇時間、「主」五時間。そして翌九日の「男」五時間という配分で「菜種定植」をおこなった。

「熊本」より土作りに念が入っていたためか、三〇日になってはじめて「菜種基肥施肥」として堆肥を施している。また、「中耕」は大晦日に自宅と「熊本」の間に点在する「八竜」「三十六」「池ノ下」「甲頭掛」四カ所でおこなったが、さすがに「田圃に出ている人は少ない。戸毎に門松が飾られている」という状況だった。さらに、翌一九五三（同二八）年一月三日には朝七時から仕事始めで「山ノ口」「熊本」「三十六」三カ所で「主」三時間、「女」五時間で同じく「菜種中耕」。「主」二時間で「熊本」の「菜種基肥」を施している。「田に出て働いているのはA子さん（雇人・仮名――引用者）と二人位である。中道（小川に沿った薬院組の道）を晴着で上下する人の数が多い」というなかでの作業であり、公務に追われ続けた村山氏の焦りが伺われる。

二年分の「日記」には、夫人を病にとられた農家の主人の焦燥や疲労が各所に散見されるが、一心不乱の精勤ぶりには打たれるものがある。一帯の農家は冬から春にかけても菜種の作業と平行して柑橘類、蔬菜、小麦裸麦、茶などの施肥、消毒、収穫。加えて田植の苗篭（なえかご）や犂耕の手綱や肘木（ひじき）等の拵えなどがあった(42)。聞き書きに訪れて「日記」の内容の確認をするなかで、「当時の農家には曜日の感覚はあまり無かった」と村山氏が追想するのも営農の多様性のためであり、さらに氏の場合は数日ずつ断続する暇な日には「公務」を消化せねばならなかった。

その日その日を追われる氏の「農事暦」のなかで、「熊本」同様に二月一六日には「主」一時間で「硫安追肥」を「反当五〆」施し(43)、五月三〇日と六月二日に「主」「男」「女」三人で計四時間ずつかけて「菜種刈り」にこぎつけた。刈り取った菜種は、藁で二五センチ程の束にして一週間から二〇日間位その場で乾燥させるものだが、五日は一昨年七月を上回る程の集中豪雨であり、薬院組では半鐘を鳴らして村山氏をはじめ消防団が非常呼集をかけ、翌六日には総出で小川の護岸を補強した。大雨は漸く九日にはあがり、同じ三人で田圃七カ所を廻って「菜種天地かえし」に三時間かけて乾燥を早めようとするものの、最高気温が先月下旬から二〇度を上回っていた当地では、「熊本」のように「久方ぶりの天気　菜種をひっくりかえしたが大部、芽が出ている」という不運だった。なお、七日は小雨になったので慰労を兼ねて「中年親睦」がおこなわれた。一三名の「中年」が民家を兼ねた農協の購買店に集まり「多数出席して愉快に飲みうたい踊る。午後一二時閉会」。小組合の長であり、消防の青年たちも指揮する村山氏の中堅ぶりが伺われる(44)。一〇日は仕上げの「菜種もみ」で、「手伝人」も加えた四人で二〜三時間かけた。この「菜種もみ」は「熊本」を残し翌日には全て完了し、反当り一三二斤から三五〇斤と一応の出来高だったものの村山氏の理想から遠かったことは前述した。

最後に麦作の手間であるが、二七年の冬に麦を播いたのは裸麦が「山ノ口」（時間数比で稲作が三五・七%、裏作が菜種と裸麦で二四・五%）と「長葉山」（一反九畝六歩。うち稲作四三・三%、裏作四二・一%）。小麦を播いたのが「九郎次谷」（一反五畝。うち稲作四三・七%、裏作五四・六%）と「八竜」（二反二畝二歩。うち稲作六四・三%、裏作三五・三%）、そして柑橘類と甘藷で八一・三%を占める「炭釜」（計一反一五歩）の計五カ所である。そのうち菜種作について説明した「山ノ口」では、一〇月二〇日から始まった「稲刈り」と「稲架け」を一一月三日に終えて一三日に「麦播き」（「九州裸一〇号」および同「三号」）を始めた。「麦播き」は刈った稲を三〜四週間架け干しで乾燥させ脱穀するまでの合間の仕事だったが、九カ所の田圃ではわずかにずれながら常に何処かで稲刈り―脱穀が進行しており、合間を縫っての作業である。

　播くためには、菜種の作付けと同様に「主」が「牛」を使役して犂で稲株を掘り起こし馬鍬（マガ）で入念な砕土のあと再び犂で畝立てをせねばならず、「山ノ口」ではこの「田犂」に八時間かけている。麦の畝は、上米多比の場合山つきで比較的耕土が深く、また生来水気を嫌う麦のために菜種の畝より二割ほど高く盛り上げるが、種を播く際の基肥に関連して石灰窒素一俵（六〆）、トーマス二俵（一六〆）、石灰（一〇〆）を播いて「田の草機械でまぜる、それに種をまく。その上に堆肥をまき、その上に硫安をまき土をかける」（二八年一一月一〇日「自由日記」。「香川一号」を播いた「三十六」）という記録が麦まきの手間を語っている。

　「基肥」としては、一一月一三日「九郎次谷」では「小麦下肥かけ」、一二月二五日に「堆肥施肥」（追肥）と記されており、菜種同様に基肥の主体は窒素分であった。施肥作業では、このように堆肥を二五日か三〇日に施すが、「山ノ口」では三〇日に「主」「男」「手伝人」および「牛」（荷役）で計六時間かけて「裸麦基肥施肥」。また翌一九五三（昭和二八）年二月二日にも「主」が三時間「麦下肥施肥」をおこなっている。毎年この時期は、茎が徒長しないよう二月早々の「施肥」（追肥）の時に土をかぶせていることが『二七年日記』二月二日の「麦土入れ」「麦追肥」

という記録から分かる。全般に、この「土入れ」は三回ほどおこなわれたようである。年が明けてからの追肥は、この他二月一六日に「硫安追肥　反当五〆」を「主」二時間、二七日「九州裸三号」の畑に「主」五時間で「麦灰施肥」で加里分を補い、三月一〇日になって「主」と「女」五時間ずつで「裸麦土入れ」を済ませている。その後六月三日の刈り取りまで三カ月近く麦作の手間は記されていない。ただし追肥回数が三回というのは、統計的には当時の九州管内の平均よりは多く、手間と肥料代を多めに投入して高収益をあげるこの地域の特質の一端が伺われるのかも知れない。

「麦こぎも、からしかたずけもすんだ。つかれた時の夕はんのまえの卵ざけ一ぱいのうまさ　ほんとにおいしい」(六月一三日)。「裸麦刈り」では、三日に「主」「男」「女」「手伝い人」合計一六時間を要し、この間一一日の「裸麦収納」(計五時間)までの頃が、菜種の収穫も重なって農繁期の山場の一つだった。

五月末の「菜種刈り」から、六月末の「田植え」が終わるまでの一カ月間は年間で最も忙しい時期である。四反余りの田畑に一二二三時間が投入された昭和二七年の「山ノ口」で月別の時間配分を多い月から並べてみると、六月が二七二時間で年間の二二・三%。つぎに馬鈴薯の除草や柑橘類の施肥と消毒に追われる五月が一二・四%、そして「稲刈り」から「裸麦播種」と続く一一月が一一・七%。三番目は増水で流入した小石を取り除いた三月が一〇%等である。六月は年間の労働時間の五分の一が集中しているわけで、単純に普段の二倍以上の働きと考えることが出来る。また六月の作物毎の時間数が各々の年間合計に占める割合を算出すると稲作が一七三・一時間(含、「畦豆植え」四時間)で四六%、同様に菜種が一九・七%、麦が一〇・七%という比率である。このうち稲作のなかで「田植え」だけでも七八時間、年間の稲作(三七六時間)の二〇・七%を占めるのであり、繁忙の加速度とでもいうものが時間数の上から分かる。また、体験者には自明のことだが、春の農繁期は裏作の収穫と表作の開始時期が一カ月の間に重なっていることに起因するということが数字の上でも確認される。なお、六月一日の「麦の統制は昭和一六年より始められて今日撤廃される」という、時代を感じさせる記事を付け加えておく。

注

(1) 第四章第二節でも注記したが、中規模農家は農学や農政の分野では「中農」とも呼ばれ、一町五反~二町歩の自小作農を指していた。ただし、柳田國男が『中農養成策』で「少なくも二町歩以上の田畑を持たしめたし」(柳田一九〇四五五五)と望んだ「中農」は文字どおり養成目標であって、実態は一町歩未満が農村の中核だったこともすでに説明した。柳田が掲げた「目標」は、奇しくも敗戦後の「農業基本法」(一九六一、昭和三六年)でも追求されたが、村山家ほどの営農規模は裏作のほかに柑橘作等で構成される多様な業態の点からも合理的だったと考えられる。

(2) 自宅から耕地までの道のり。用水の便を「水がかり」ともいう。**図5-1**で示した村山家の耕地と山林の呼称は、上手から山ノ神、長葉山、昆沙門谷、九郎次谷、山ノ口、首ノ塚、水呑谷、先城倉、八龍、三十六、池ノ下、甲頭掛、宮廻、熊本、妙見、荒平の一六カ所であり、植林と里芋、柑橘類が勝った山ノ神、毘沙門谷、首ノ塚、水谷谷、先城倉、妙見、荒平などでは菜種は作られなかった。この一六の耕地山林が、先述のY字型の小川の両方の水系、上米多比地区の約一・二キロ圏内に点在していた。毎日の作業には荷車かリアカーが不可欠だったが、数年後の耕耘機による動力牽引の導入で段取りや効率が一変することとなる。村山氏ご夫妻によると、こういう条件では一カ所の耕地の農作業での移動、運搬の時間数が二割を占めることも多かったという。

(3) 供出への圧力にこたえるために、自家用の米は米穀店から購入した思い出が多くの農家で聞かれる。また、戦中の人手不足のために条件の良い田畑を小作に出したので、農地解放以後は手元に残った悪条件の田畑で飯米(自家用米)に困ったという話もよく聞かれる。なお、一九四九(昭和二四)年四月の段階ではこの圧力に耐えきれず耕作放棄農家が二万四七三五戸も出ている(朝日新聞農業賞事務局一九七一 七)。

(4) 「主要耕作物種子法」による指定で、翌一九五三(昭和二八)年度の「指定種子生産圃場指定書」(九月二〇日付)では、八月二五日に農林一八号の種子を一反五畝分申請して一反分を指定されているが、実際は申請ではなく当局の依頼を受けてのものだったという。

(5) この製縄作業は、薬院組では敗戦四~五年目から雨天時の「雇人」の屋内作業のために始まった。「雇人」の居る農家では柳川まで出かけて動力製縄機を買ってきたという。二百ボルト線を契約し、昇圧トランスも据えつけてモーターを回したが、一九五七~五八(昭和三二~三三)年頃から耕耘機の普及が本格化すると「雇人」が不要となり、刈った稲藁をその場で自動裁断するようにもなって藁縄自体の需要も減ったこともあり製縄業はなくなった。

(6) 敗戦前も富民協会や地方新聞社などによる多収獲共進会があったが、判定結果には不正確や不明朗の噂が絶えなかった。また、単位作業時間当りの収穫(労働生産性)の改善の必要性も指摘されていたなかで、単純に反当り収穫を審査することへの疑問の声がすでにあったという。このような批判に対して、朝日新聞社では審査の公正正確を期すため農林省の後援と研究者の助言を仰ぎ、全国で三千数百名もの技術関係者を動員した挙国的な体勢を作り上げた。また、農家自身による作業記録が応募の要件となり、作業記録の必要性が認識されたことは画期的だった。「昭和二七年度農林省予算事項別明細書」によると、この事業は「国家的事業の域に達しており」という認識によって同省も共催者に加わり補助金がついている。一九五〇年代後半(三〇年代中頃)から米の過剰生産が恒常化すると、技術部門を独立させて労働生産性の評価にも比重をおくようになった。

(7) コシヒカリは、農林一号と二二号を交配したもので、一号の稲熱病への弱さが改善されていない点では「失敗作」という見方もある。のちに農林百号という栄えある「称号」を与えられたのは、熟した穂や玄米の色の良さがひとつの理由で、それは「熟色鮮麗」などと表記されたという。技術改良の最前線でも「現場」である限り感覚性が捨象されない点では技能的であることを物語るエピソードである。この品種に関しては、ほかに山本一九八六、酒井一九九七などもあるが、後者は綿密な取材によって品種としての成立経過を明らかにしている。

(8) 全国の総収量は昭和三〇年に一二〇〇万トンを突破し、三〇年代半ば以降は米の過剰生産が問題になり始め、三五年にはこの表彰事業も「米作」の看板を降ろして「農業日本一事業」と改称せざるを得なかった(朝日新聞農業賞事務局一九七一 一一)。

(9) 一九四八(昭和二三)年の「農業改良助長法」によって設置された制度。農地解放によって創生された自作農を中心に、敗戦後の農村では研究意欲が目覚ましく、一九五〇(同二五)年からの「緑の自転車」で親しまれた普及員の実演用に「実績展示圃場」を提供する農家も多かった。同様に生活改良普及員もよく定着した制度で、一九五六(同三一)

年以降は「農業改良バイク」「生活改良スクーター」が導入されたのもOB、OGたちの思い出である。当時の生活改善は、まずは竈（かまど）の改良であったという。なお、「展示圃場」は公立の試験場での研究を実地に移すための実用化試験に比重を移していったともいわれる。

(10) ヒエなどの雑草は初期防除が重要であり、除草剤の散布が遅れると後の除草作業（中耕除草）が倍増する。また、当時はこの作業による泥の撹拌が稲に対する窒素分の供給につながるといわれていたために一定回数は必須だった。このような点でも村山氏には焦りがあったという。

(11) 螟虫対策としては、DDT乳剤のほかにBHCや水銀製剤のウスプルン、セレサンによる種籾の消毒もおこなわれた。在来の病害防除・消毒剤としてはボルドー液が一九一〇年頃（明治四〇年代）に試用され、唯一の薬剤として永年使われてきた。なお、DDT乳剤は苗代そのものの消毒にも使われている。硫安については、村山氏自身は窒素分を急激に増加させる硫安の害について気づいており、一九五一～五三（昭和二六～二八年）にかけて苗代、本圃ともに基肥の硫安を減らし続けていたという。とくに一九五三（同二八）年度の苗代では硫安を四分の一まで減らしている。敗戦後の米作りは元肥から追肥重視へと転換されていったが、氏のこのような認識は当時としては最先端のものといえる。なお、コシヒカリの別の欠陥は窒素分の過多によって倒伏しやすい点で、「硫安の多用」の時代が到来すると一種の警告作用としてむしろ評価されたこともさきに述べた。

(12) ホリドールは、軍事用の毒ガス研究分野の副産物パラチオンの商品名。高い薬効から早くも一九五一（昭和二六）年にはDDT、BHCと代替され始めたようだが、この記事のように当初から危険性が認識されており、一九五三（同二八）年以降はより低毒性の薬剤が知られるようになったという。これは一九六九（同四四）年で生産が停止されている。

(13) 農業に限らず、現場では専門的な内容を四〇〇字詰原稿用紙に六枚近い字数の文書で解説し周知徹底を期すことは無理だろう。

(14) 一八九七（明治三〇）年に茨城県牛久村のぶどう園で使われたのを皮切りに、一九八〇年頃（昭和五〇年代中頃）まで果樹の病害防除に使われた（是永、柳瀬一九九七　一九一－一九二）。

(15) この数値は、本書での数値から事前にすき込まれた厩堆肥や藁の成分換算比（平均六割見当）を差し引いたものである。『日記』では厩堆肥や藁の重量は荷車で運んだ回数のみが記されている。

(16) 一九五三（昭和二八）年『日記』の一二月一三日に「Mさん〔仮名――引用者〕が鹿を一頭捕らえる」とある。猟で追われて里に降りてきたものと噂された。
(17) 村山氏自身の踏査によると、米多比地区を流れる川には古賀市で海に注ぐまでに三六の取水堰があった。うち二四が旧米多比村に設けられていたのは、山あいの緩傾斜地であることと扇状地の砂礫層という地質的な理由によるという。
(18) 栓の番人を「水ひき」と呼び、中高年で比較的暇な人があてられた。当時は水底に縦に栓がさしてあるタテセン（縦栓）で、抜き差しするには突き立ててある栓まで泳がねばならず、高齢者には無理な役だったという。
(19) 村山家の田は九カ所で平均一反四畝。一九五三（昭和二八）年の全国値は約六カ所で各一反四畝であり（島本一九九五　二〇一-二〇二）、マチ数（枚数）は多いが面積は平均的である。ただし旧・米多比村の耕地整理は一九一一（明治四四）年に六町四反分施されただけであり、多数のマチが階段状に連なる「棚マチ」の悪条件は余分な労力を要した。
(20) 七月四日の「自由日記」欄に、「筑後さん」のまとめ役とムラ独自の賃金協定をした記事がある。この年は四一〇円へと四〇円値上げされており、田植えを早く済まさねばならない上米多比の事情から郡の協定に上乗せしていたことが分かる。
(21) 除草作業を一般に中耕というのは、前述のように泥の撹拌によって養分を活性化させる目的があると信じられていたためである。硫安が十分施肥されなかった時代には、一回当り一〇キログラム以上の施肥と同じ効果があるなどといわれたというが、一九五〇年代後半（昭和三〇年代）からそれが否定され若年層の流出もあって除草剤の散布作業に代替されてゆく（波多野一九九三　三三）。
(22) 通常「雁爪」と書くが、地元で「がん」の音は蟹の意であって「蟹爪」のほうが語感をよく伝える。
(23) 二、四-Dを使わない時期の比較では、所要時間で二倍の開きがあった。ただし「ぐるぐるまわし」は腰痛や炎天下に稲草の中で泥水をかき回す辛さを軽減したのだが、腕力と背筋力を必要とした点で機械力の導入とは事情が少し異なる（片岡一九九三　一九四）。国内に二、四-Dが紹介されたのは一九四七（昭和二二）年である。当初は薬害への警戒から使用が禁止されたが、一九五〇（同二五）年には日産化学と石原産業とによって「二、四-D普及会」が結成された。さらに官民協同体勢のもとで研究普及が推進され、一九五一（同二六）年には全図の水稲田の八%で使用されている（井上一九九五　二二三）。

(24) 九州大学教授。農業経営論。『日記』の文面や博士の著作などから推して、講演会では反当り収量に代表される土地生産性に対して、就労人員や時間数が規定する労働生産性の経営上の重要性を強調したものと思われる。当時の氏は隣村青柳村での農業経営の調査分析（『有畜経営論』一九五一、昭和二六年）で知られており、犂の解析と改良に携わって同じ年に「畜力用農機具」を著した農業機械学科の森周六教授とならび農家の間では有名な研究者だった。

(25) 一〇時間当り収量は、全国平均で一九五一（昭和二六）年が一七・八キログラム、一九六〇（同三五）年二六・一キログラム、一九六八（同四三）年三七・五キログラム（島本一九九五　一〇四）。一九五〇〜五四（同二五〜二九）年の五年間平均で一八キログラムである（倉本一九九五　二七〇）。一九五二（同二七）年の村山家では、一九・五時間と、平均を若干上回っていたようである。

(26) 白葉枯病も戦後の施肥量の増加に併って急増した（大畑一九九三　二一六）。また、葉色のさえないときに追肥の代わりに中耕する手法もあったが、その作業量と追肥の肥料代を比べての判断には、知識よりも経験がものをいったという。

(27) 水田の裏作としての畑に対し、水稲を作らない本来の畑を素畑（すばたけ）と呼んだ。これが「畠」と「畑」に対応していることはいうまでもない。

(28) ただし、当時の時間数の減少は耕耘機と除草剤の二、四-Dによるものであって、一九五二（同二七）年当時は耕耘機が導入されず作業性も良くはなかった村山家の立地からして、やはり約二割もの少なさは除草剤だけの手柄ではない。また、時間数については、正規の農業統計での「労働生産性」の算出にあたって、おのおの数千時間に及ぶ年間の作業を、調査員が時計を片手に一軒ごとに住み込みで計測したその平均値という訳でもないだろう。『日記』の数値も統計値も現場実態の参考資料である。

(29) 朝鮮の菜種は、わが国では一八七七（明治一〇）年前後に試作されているが、「朝鮮カラシ」に関しては朝鮮からではなく一九六九（同二）年に讃岐国高松の在から競犂会の草分けである粕屋郡多々良村の藤野小四郎の手にもたらされたとも（『糟屋郡是』一九〇八、明治四一年）、一八八〇年代後半（明治一〇年代末）に粕屋郡に導入されたともいわれ（『糟屋郡志』一九二四、大正一三年）、あるいは近隣の戸原村の長五郎が一八七八（同一一）年に県庁経由で勧農局から取り寄せた西洋種という盛永俊太郎の説（井上一九五四　二一二）もある。なお、一八九二（同二五）年の西洋種の作付け面積は全国で一七万町歩を超えており、盛永説のようにこれが「朝鮮カラシ」と呼ばれた可能性も大きい。在来の「和辛子」が早生であったのに対して朝鮮カラシは晩生で、刈り取りが田植えの時期に重なる農繁期は一層忙しくなったという。炭坑や都市部への人口流出が始まった時代でもあり、この品種の普及につれて藤野が他村に先駆けて犂耕法の競技会を始め、粕屋郡が近代的な菜種作と犂耕法の先進地になる契機が創られたともいえるだろう。朝鮮カラシは丈が人の背ほどもあって、太い根本から盛んに分結したという。少ない本数の苗をごく大柄に仕立てる作り方のせいでもあったが、この手法は村山氏の頼りにした村山勇氏が中生朝鮮を改良して「粕屋朝鮮」という種をつくり、併せて苗床で管理した苗を反当り千本だけ移植する仮植育苗法の登場に依るところが大きい。これは、一九三〇年代以降（昭和期）には村山式増収栽培法と呼ばれて各地に普及した。敗戦後、村山氏の代には小柄の「農林系」の苗を密植する作り方に変わったことについて、『日記』では前者を「人見せの農業」、後者を「儲かる農業」と評している。

(30) 九月一三日付の「農事小組合集会協議事項」のガリ版刷では「二、菜種々子注文　価格一升一二〇円　品種農林三号農林一七号　農林二一号」とある。

(31) このときの規格は不明だが、『二八年日記』一一月二八日の「菜種品種比較試験田の定植」の項では、五尺畝幅で株間一尺二寸、反当り三六〇〇本としている。県の試験委託に応えたもので、品種は農林三、一四、一五、一七号。九州二〇、二四、三七号。そして「ミチノクナタネ」の八種だった。

(32) 柄の先に木片（風呂）を取付け、これに刃先をはめ込んだいわゆる「風呂鍬」。一般に九州の風呂鍬は関東地方のそれに比べて柄が短く寝ており、耕起作業は腰を屈める重労働だった。砂質壌土で比較的軽い土の粕屋郡と、熊本県北部の鹿本郡の台地上のような火山灰系のマツチ（真土）地帯でもこの形態はほぼ同様であり、鍬の重量の違いによって土質の軽重に適応させていることを実感する。いっぽう、クレ（土塊）は一九一〇年代前半（大正初）に曲面への犂が普及して耕起反転の際の粉砕性が向上したが、それでもマガによる砕土は不可欠の作業だった。一九三〇年頃（昭和初期）に二台のマガを畝溝の形に合わせてV字型に連結した「飛行機マガ」が長末吉等によって製造され往復の回数が半減した。

(33) 〆：シメ＝一貫。約三・七五キロ。肥料の包装はカマスから紙袋に変わる時期であり目方は一袋が一〇貫だった。『日記』で「俵」と記されていることもあるのは、敗戦前の石灰が俵装であったことの名残と思われる。なお、戦前はいずれの肥料も八貫目の三〇キロ単位であったという話も聞く。また、当時夫人は二五歳であり、この袋を「女でも担げる目方だった」と追想する。配合は、肥料袋の口の縫い目を「ざっ」と引き抜いて割合に応じて山に盛り上げる。これを、砂とセメント等を混ぜる要領で唐鍬ですくい上げながら混合する。

(34) 追肥には厩肥を施すことも多い。菜種作は地力を消耗するので麦作同様に多量の窒素肥料が必要だった。牛馬耕の副産物である厩肥は恰好の窒素分であり、「基肥」の場合は硫安を混ぜて強化することも多かったという。

(35) 「反当五〇〇斤」とは「名人」の出来高が喧伝された末の目標値だったという。むしろ氏は『日記』の各所でこのような（外来者に）「見せる」農業を批判し、農薬二、四-DやBHCで省力化を図って余剰労力を他へ向ける「儲かる」農業を模索する。

(36) ナガラ焼キといった。五月末から「裸麦刈り」も始まっており、田植えを控えたこの二週間ほどは疲労の極だった。心身の疲れを癒してくれるナガラ焼キの思い出はこの地方の中高齢者共通のものである。

(37) 県の試験場OBに聞くと、やはり一カ所に集めて堆肥にすることを指導していたが、この時期の忙しさから現場では到底不可能なことは分かっていたという。

(38) ちなみに一九五二（昭和二七）年二月一二日の所得税申告に向けて村山氏がまとめた表では、前年一九五一（同二六）年度は一〇〇斤を五三二〇円で「入庫」し、反当りでは二三〇斤で収入が八一四二円とある。作付面積合計は三反六畝で、この年度は麦づくり主体の年だった。

(39) カシワをつぶして「カシワメシを炊く」ことが一番のご馳走だった。清酒はこの時期になってようやく戦前の消費に復している。一月一一日の消防団の新旧役員慰労会では「どぶ酒は飲めない清酒を持って来いとか、村長は何をしている。早く酒を買って来いとどなる」威勢だった。なお、この「どぶ酒」の密造は当時は日常的であり、抜き打ち捜査の厳しさの一方で、摘発された他村者同士が警察の待合室で情報交換する様子は、さながら「密造の講習会」だったという。

(40) 作物ごとの収穫・脱穀調整までの時間集計ではなく、『二七年日記』の元旦から大晦日の数字の耕地ごとの集計である。よって前年から繰越した作物の就労時間数は、作付け面積が変更された可能性もあるため不正確ではあるが、他の作物や各耕地間での配分比の目安にはなる。また、この時間数は一時間単位で「日記」に書き留められた数字であり、る。月同士の比較の材料としては、村山氏に限らず多くの話者の話を総合して意外に正確な値や比率を示しているようである。

厳密な実測値ではないために年間の積算では無視できない誤差に達すると思われる。ただし他の耕地や作物、あるいは

(41) このうち田一反五畝の一枚だけが一五〇メートルほど上手にある。川に隣接した耕地だけに一九五一(昭和二六)年度の大水でかなりの小石が流入し、今年度はその除去作業にかなりの手間をかけている。

(42) 犂耕の手綱、肘木、鞍などは農家が暇をみて拵えていた。すでに聞き書きの範囲外だが、一八九〇年頃(明治中期)までは犂本体の木部も自分で探し出して近隣の大工や長末吉のような半農の出職に持ち込むものだった。競犂会やモッタテ(抱持立犂)の改良の話を聞いた隣家の村山貞夫氏の青年時代も、木材としては失格の根出がりの材がむしろ好適なので誰の山から切り出してきても咎められなかったという。

(43) 三月五日の頁に購入肥料の「生産業者保証票」三枚が貼付してある、各々「福岡県八幡市三菱化成工業」の硫安一〇貫、「下関市彦島日東硫曹株式会社」の過燐酸石灰三七・五キロ=(一〇貫)、福岡市西堅粕で製造された「五・七%なたね油かす粉末」七貫匁の包装である。また、追肥は三月末が多いが、実施しない畑もある。

第六章　結　論

本書で解明されたことは以下のとおりである。

まず、犂耕技術の確立過程については西洋の学術や特許制度が移入され、犂耕作用の法則への客観的理解が伸展するにつれて、伝統的な犂耕技能についても技術としての説明可能性が確保されたことが明らかになった。いっぽう、普及過程については東日本でも九州北部という犂耕地帯の地域的伝統の個人的・体験的修得に過大の期待がかけられていったこと。さらに、競犂会制度や馬耕教師個々人の例で提示した普及という教育・学習行為は、いわば「封建的な徒弟式訓練」（武谷一九四六　一三八）によって達成されたことも確認された。換言すると、操作技能の技術的解明と普遍化、すなわち「ことば」をとおした説明可能性の確保は普及の現場では達成されなかったということである。

ところで、青壮年の男性を中心に技能の担い手が私塾や競犂会制度で形成され、公認された彼らに指導料や講師料のような金銭収入の途が拓かれたことは、当時の人々に私的体験の領域にとどまっていた農作業という伝統技能を、意識的に学び教える近代的実践として再認識させる端緒となった。この再認識過程は、公的な指針としての犂耕技術の改良普及に対して、人々が伝統的・技能的側面から参加し、それにつれて外部の社会や国家との関係性も変質し、彼ら自身がそのことに覚醒するような社会的変化でもあった。

技術の確立と普及の過程を担い手の側から考察・記述することは、以上のような意味において狭義の農業技術史研究の枠を超え、農村青年の近代的再編成や国民統合の問題にまで視野を広げる契機を内包している。第五章で示した農村青年の自己形成過程や後継者の育成過程は、国民統合の過程と言い換えることもできるだろう。

この過程の解明にあたって注目した農事小組合は、改良技術の普及にとどまらず産品の集荷と肥料や生活用品の購入等をとおして個別農家の農事を規定していた。とくにこの小組合を現場の実行単位とする連続共進会制度は、経営の改善とあわせて主体的な営農の動機を与えることを目指すものであって、前述の国民形成や統合の過程を語る典型例であることも明らかにした。

いっぽう、敗戦後に記された『農家日記』には、そのような精神史を背景に効率的な小農経営を追求してきた小組合活動が、当時も片鱗をとどめていた実態が記されていた。小組合活動と営農実態をこの「日記」から復原する作業をとおして、近代日本の改良・普及政策が数十年を経て結局どのような担い手（後継者）を形成したのかが解明された。浮き彫りにされた担い手像は、政策や技術の受け身で技能的な受容体として勤倹生活を保守するだけでなく、外在的な政策や技術との関係性のなかでみずから国家や社会を理解し、農村青年としての自己を形成する経営主体であった。

参考文献

【第二章】

［第一節］

相川春喜 一九三五 『技術論』三笠書房
　　　　 一九四二 『技術論入門』三笠書房
飯沼二郎・堀尾尚 一九七六 『農具』法政大学出版局
鋳方貞亮 一九六五 『農具の歴史』至文堂
稲垣乙丙 一九一一 『農芸物理　農具学』博文館
井上晴丸 一九五三 「農業における近代の黎明とその展開（上）」（農業発達史調査会編『日本農業発達史』一、中央公論社）
河野通明 一九九四 『日本農耕具史の基礎的研究』和泉書院
五味仙衛武 一九七三 『農業経営発展の理論』養賢堂
坂井純 一九九〇 「歩行用トラクタ犂耕の原理と和犂の設計理論」（『農業機械学会九州支部誌』三九）
清水浩 一九五三 「牛馬耕の普及と耕耘技術の発達」（農業発達史調査会編『日本農業発達史』一、中央公論社）
新村出 一九七六 『広辞苑』第二版補訂版（編・岩波書店）
　　　 一九九八 『広辞苑』第五版（編・岩波書店）
須永重光 一九七七 『日本農業技術論』御茶の水書房
武谷三男 一九四六 「技術論——迫害と戦いし知識人に捧ぐ——」（『新生』二月号、『武谷三男著作

集』一、一九六八年）
一九六三　「科学・技術および人間」（『人間の科学』七月創刊号、『武谷三男著作集』四、一九六九年）
中村静治　一九七五　『技術論論争史』上、青木書店
一九七七　『技術論入門』有斐閣
新関三郎　一九七五　「役畜の装具」（一）（『農業』一〇八一／一〇八八）
農商務省米穀局　一九三六　『地方産米に関する調査』
波多野忠雄　一九九三　「生産力の発展と地域分化」（『昭和農業技術発達史』二）
兵庫県農業試験場　一九五六　「重粘土地帯の深耕技術に関する研究」（農林省農業改良局研究部『昭和二九年度　農機具及び畜力利用試験研究績』）
広部達三　一九一三　『広部　農具論　耕墾器編』成美堂出版
藤井信　一九四一　「明治前期稲作技術の展開過程」（『農業と経済』八-一二）
古島敏雄　一九四七、一九四九　『日本農業技術史』（上）、（下）（『古島敏雄著作集』六、一九七五年）
一九五六　『日本農業史』岩波書店
水本忠武　一九七七　「近代農業史と農法論」（『農業経済研究』四八-四）
森周六　一九三七　『犂と犂耕法』日本評論社
柳原敬作　一八八四　「馬耕の利益」（『大日本農会報告』三四、大日本農会）

【第三章】

［第一節］

飯沼二郎　一九八五　『農業革命の研究』農文協
石井泰吉　一九五四　「船津伝次平の事蹟」（農業発達史調査会編『日本農業発達史』第四巻、中央公論社）

伊藤角一・越知綱義 一九三四 『農哲林遠里翁を憶ふ』 篤農協会
江上利雄 一九五四 「林遠里と勧農社」(農業発達史調査会編『日本農業発達史』第二巻、中央公論社)
大田遼一郎 一九五三 「明治前・中期福岡県農業史」(農業発達史調査会編『日本農業発達史』第一巻、中央公論社)
岸田邦義 一九五四 『松山原造翁評伝』 新農林社
熊本日々新聞社 一九七八 『ジェーンズ 熊本回想』 熊本日々新聞社
須々田黎吉 一九八三 「解題」(須々田、堀尾校注『明治農書全集』第一巻、農文協)
一九七五 「実学的農学者横井時敬の前半生をめぐる人々」(『農村研究』四〇、東京農大)
大日本農会 一九一四 『大日本農会報』三一二号
竹村篤 一九九六 「八面六臂の男」(金沢夏樹他編『稲のことは稲にきけ――近代農学の始祖 横井時敬――』家の光協会)
内務省 一八七八 『勧農局第三回年報 自明治十年七月至同十一年六月』
西日本文化協会 一九九二 『福岡県史 近代史料編(林遠里、勧農社)』福岡県
西村卓 一九八八 「勧農社第三農場の運営――明治二十七年十月『毎月日記簿』の紹介――」(『経済学論叢』四〇-一、同志社大学経済学部)
一九九七 『「老農時代」の技術と思想』 ミネルヴァ書房
農商務省 一八八八 『農務顚末』(復刻、全六巻、農林省、一九五二~一九五七)
農文協 一九七六 『明治大正農政経済名著集』第一七巻、農文協
農林省農務局 一九三九 『明治前期勧農事蹟輯録』上・下巻
三好信浩 一九七二 『日本農業教育史の研究――日本農業の近代化と教育――』風間書房
一九三七 『犂と犂耕法』 日本評論社
森周六 一九四八 『畜力用農機具』 産業図書株式会社

柳田國男　一九〇四　「中農養成策」（『中央農事報』四六～四九号、ちくま文庫『柳田國男全集』二九、筑摩書房、一九九一）
［第二節］
青森県　一八九一　『青森県農事調査』青森県
江上利雄　一九五四　『簡易暗渠排水技術の確立』（農業発達史調査会編『日本農業発達史』第四巻、中央公論社）
角川日本地名大辞典編纂委員会　一九八七　『角川日本地名大辞典』四三、角川書店
九州日々新聞　一八八九　明治二二年一月二三日付、九州日々新聞社
熊本女子大学歴史研究部編　一九五六　「深川手永手鑑」（『肥後藩の農村構造』、熊本女子大学歴史研究部）
清水浩　一九五四　「農機具発達の一段階」（農業発達史調査会編『日本農業発達史』第四巻、中央公論社）
末次勲　一九五五　「レンゲ栽培史」（農業発達史調査会編『日本農業発達史』第七巻、中央公論社）
杉本正雄　一九五四　「麦作の慣行とその推移」（農業発達史調査会編『日本農業発達史』第三巻、中央公論社）
須々田黎吉　一九八五　「冨田甚平による近代的排水事業の確立過程（一）」（『農村研究』五〇、東京農大）
大日本農会　一八八二　『大日本農会報告』八、大日本農会
　　　　　　一八八四　『大日本農会報告』三四、大日本農会
　　　　　　一八九三　『大日本農会報告』一四四、大日本農会
圭室諦成　一九五九　『校訂　肥後国郡誌抄（明治八年調）』、熊本女子大学歴史研究部
段上達雄　一九八五　「大分の犂の諸相」（『大分県立宇佐風土記の丘歴史民俗資料館研究紀要』二）
長尾介一郎　一八八二　「津軽地方ニ牛馬耕ナシトノ説ヲ弁ズ」（『大日本農会報告』八、大日本農会）
西日本文化協会　一九八七　「馬耕関係資料」（『福岡県史』近代資料編　福岡農法、福岡県）

農商務省農務局　一八八一（一九五三）「明治十四年農談会日誌」（農業発達史調査会編『日本農業発達史』第一巻、中央公論社）
一九〇四（一九五四）「石灰ニ関スル縣令」（農業発達史調査会編『日本農業発達史』第四巻、中央公論社）
花岡興輝　一九六〇「窮乏した中富手永を救った新野尾清左衛門・伊平父子（一）、（二）」（『石人』一-六、七、熊本史談会）
久武哲也　一九七四「近世肥後藩の村落構造とその展開過程――玉名郡中富手永を中心に――」（『史林』五七-二、藤野保編『九州と都市・農村』国書刊行会、一九八四）
一九九三「近世後期における排水・乾田化と馬耕の導入――九州・菊池川中流域を事例として――」（佐々木高明編『農耕技術と文化』集英社）
本田彰男　一九七〇『肥後藩農業水利史――肥後藩農業水利施設の歴史的研究――』熊本県土地改良事業団体連合会
前田信孝　一九七九「幕末期肥後藩の農民階層構造」（『熊本史学』五二）
武藤軍一郎　一九七八「菊鹿平野における農法の展開過程」（農業経営構造研究会編『農業経営の歴史的課題』農文協）
柳原敬作　一八八四「馬耕の利益」（『大日本農会報告』三四、大日本農会）
山鹿市役所　一九七六『広報　やまが』六三、山鹿市役所
山田龍雄　一九七一「佐賀米と肥後米」（『日本産業史体系』九州地方編）
渡辺一徳・田村実　一九八一「阿蘇外輪西麓の段丘堆積物について」（『熊本大学教育学部紀要自然科学』三〇）
渡辺宗尚　一九五八（一九七七）「八代干拓水田における商業的農業の展開構造」（全国土地改良事業団体二十周年記念誌編集委員会編『土地改良百年史』）

【第四章】
［第一節］
岩本由輝　一九八五　『山形県の百年』山川出版社
大場正己　一九八五　『本間家の俵田渡口米制の実証分析——地代形態の推転——』御茶の水書房
粕屋郡役所　一九二四　『粕屋郡志』
香月節子　一九八五　「犂耕をひろめた人々——馬耕教師群像——」（『あるくみるきく』二二〇、近畿日本ツーリスト）
鎌形勲　一九七五　「わが国の主要犂に関する調査　磯野犂（一）」（『農業』一〇七八、大日本農会）
神屋貞吉　一九八七　「青銅鋳物鉄鋳物及び礒野式深耕犂　動力農具」（西日本文化協会編『福岡県史（近代資料編福岡農法）』福岡県）
岸田義邦　一九五四　『松山原造翁評伝』新農林社
北見順蔵・石井治作　一九五一　『佐渡牛馬耕発達史』金澤村農協
小山孫二郎　一九五四　「明治における地主の農事改良運動」（農業発達史調査会編『日本農業発達史』第五巻、中央公論社）
鹿野正直　一九七三　『大正デモクラシーの底流』日本放送出版協会。
清水浩　一九五三　「牛馬耕の普及と耕耘技術の発達」（農業発達史調査会編『日本農業発達史』第一巻、中央公論社）
　一九五四　「農機具発達の一段階」（農業発達史調査会編『日本農業発達史』第四巻、中央公論社）
　一九七五　「和犂の形成過程と役割（四）」（『農業』一〇八三、大日本農会）
須々田黎吉　一九五七　「明治農法の形成過程——山形県庄内地方の稲作改良——」（農法研究会編『農法展開の論理』御茶の水書房）
　一九七〇a　「明治農法形成における農学者と老農の交流（一）」（『農村研究』三一、東京農

大）
大日本農会　一九七〇b「萬船居士遺稿「大野の農業（乾田の起源）」（『農村研究』三一、東京農大）
一九七五「実学的農学者横井時敬の前半生をめぐる人々」（『農村研究』四〇、東京農大）
一八八六a「競犂会要録」（『大日本農会報』五六）
一八八六b「競犂会規則」「競犂会審査概則」（『大日本農会報』五五）
田上龍雄　一九八六『わが泥んこ人生』東洋社
中里亜夫　一九九〇「明治・大正期における朝鮮牛輸入（移入）・取引の展開」（『歴史地理学紀要』三二、歴史地理学会）
平山和彦　一九八八『合本　青年集団史研究序説』新泉社
森周六　一九三七『犂と犂耕法』日本評論社
一九四八『農機具の発達』平凡社
山鹿市史編纂室　一九八五『山鹿市史』
若林高久　一八八四「競耕会」（『大日本農会報』三八）
E・H・キンモンス　一九九五『立身出世の社会史』（広田照幸他訳）玉川大学出版部
M・フェスカ　一八八八「農業改良按」（農林省農務局一九三九『明治前期勧農事蹟輯録』下巻）
［第二節］
石田雄　一九五四『明治政治思想史研究』未来社
茨城県農会　一九三六『茨城県農会報』八月号
江上利雄　一九五四「簡易暗渠排水技術の確立」（農業発達史調査会編『日本農業発達史』第四巻、中央公論社）
大蔵永常　一八二二「農具便利論　上、中、下」（『日本農書全集』第一五巻、農文協、一九七八）
小川誠　一九五三「耕地面積の増大と耕地整理事業の胎動」（農業発達史調査会編『日本農業発達史』第一巻、中央公論社）

小倉倉一　一九五三　『近代日本農政の指導者たち』農林統計協会
一九五四　「明治前期農政の動向と農会の成立」（農業発達史調査会編『日本農業発達史』第三巻、中央公論社）
鹿児島県　一九〇二　『報効農事小組合概況』
一九〇九　『鹿児島県々治概要』第三編
一九四三　『鹿児島懸史』第四巻
鹿野政直　一九六八　『資本主義形成期の秩序意識』筑摩書房
桑原正信　一九五四　『京都府農会の成立』（農業発達史調査会編『日本農業発達史』第三巻、中央公論社）
佐々木豊　一九七〇　「村是調査の構造と論理」（『農村研究』三一、東京農大）
一九七一　「村是調査の論理構造」（『農村研究』三二、東京農大）
一九七八ａ　「町村是県是の社会過程」（『農村研究』四六、東京農大）
一九七八ｂ　「大正・昭和期の町村是運動」（『農村研究』四七、東京農大）
一九八〇　「町村是調査の様式と基準」（『農村研究』五〇、東京農大）
産業組合中央会　一九四一　『優良農事実行組合に関する調査』産業組合中央会
島本富夫　一九九五　「戦後改革と生産力増強基盤の形成」（昭和農業技術発達史編纂委員会編『昭和農業技術発達史』第一巻、農文協）
鈴木裕二　一九八八　「前田正名の殖産興業思想」（『日本近代化の思想と展開』逆井孝仁教授還暦記念会編、文献出版）
須々田黎吉　一九八五ａ　「冨田甚平による近代的排水事業の確立過程（一）」（『農村研究』五〇、東京農大）
一九八五ｂ　「冨田式暗渠排水法」注記（須々田・堀尾校注『明治農書全集』第一一巻、農文協）

全国農協中央会編　一九五七『部落小組合等に関する調査』
祖田修　一九八〇『地方産業の思想と運動——前田正名を中心として——』ミネルヴァ書房
竹中久二雄　一九七八「農家小組合の組織と機能——農政浸透機構の一側面——」(『農業経済研究』四九-四)
棚橋初太郎　一九五五『農家小組合の研究』産業図書
帝国農会　一九四一『農家小組合ニ関スル調査』
　　　　　一九四三『農家小組合ニ関スル調査』
徳永律　一九八七『堀内に残る古い記録集』私家版
冨田甚平　一八八八「湿気抜方法書」(『熊本県勧業協会雑誌』二二)
　　　　　一九〇六(一九八五)「冨田式暗渠排水法」(須々田・堀尾校注『明治農書全集』第一一巻、農文協)
西村栄十郎　一九一一『全国農事会史』全国農事会
農林省農務局　一九三〇『農家小組合ニ関スル調査』
　　　　　　　一九三三『農家小組合ニ関スル調査』
　　　　　　　一九三六『農家小組合ニ関スル調査』
　　　　　　　一九三九『明治前期勧農事蹟輯録』下巻
野本京子　一九八六「戦前期農民教育の潮流と農業政策——国民高等学校運動と「農民道場」——」(『史艸』二七)
日置郡役所　一九一三『鹿児島懸日置郡誌』
東市来町　一九五九『東市来町行政沿革史』第三巻
久武哲也　一九九三「近世後期における排水・乾田化と馬耕の導入」(佐々木高明編『農耕の技術と文明』集英社)
平山和彦　一九八八『合本　青年集団史研究』新泉社

福岡県生葉竹野郡　一八九四　『福岡県生葉竹野郡是』
前田正名　一八八五（一九七六）　『興業意見・所見他』（『明治大正経済名著集』第一巻、一九七六、農文協）
松本友記　一九七二　「農業指南録」（『日本談義』二六六、日本談義社）
水本忠武　一九七〇　「勧農事蹟」（『日本談義』二三三、日本談義社）
南和郎　一九七五　「『中農層』の形成と『部落的』土地改良」（『村落研報告』四、村落農業研究会）
宮地正人　一九八八　『御座候――手紙に見る日露戦争の頃の世相』私家版
柳田國男　一九七三　『日露戦後政治史の研究』東京大学出版会
　一九〇二　「最新産業組合通解」（『柳田國男全集　三〇』ちくま文庫、一九九一）
　一九〇九　「農業経済と村是」（『時代ト農政』所収、『柳田國男全集　二九』ちくま文庫、一九九一）
山田龍雄　一九六八　『熊本県たばこ史』熊本県たばこ史編さん委員会
我妻東策　一九三八a　「農家小組合の概念とその発生期の形態（一）」（『産業組合』三九〇、産業組合中央会）
　一九三八b　「農家小組合の概念とその発生期の形態（完）」（『産業組合』三九一、産業組合中央会）
E・H・キンモンス　一九九五　『立身出世の社会史――サムライからサラリーマンまで――』玉川大学出版部

【第五章】
［第一節］

梅原又次　一九六一　『賃金・雇用・農業』大明堂
大門正克　一九九四　『近代日本と農民社会――農民世界の変容と国家――』日本経済評論社
小倉倉一　一九五五　「第一次世界大戦以降の農業経済及び農会」（農業発達史調査会編『日本農業発

達史』第七巻、中央公論社）
折目六右衛門　一九二四　『成功せる農村振興策』財政経済学会
　一九二九　『農事小組合活動の実際』龍吟社
鹿児島県　一九四三　『鹿児島懸史』鹿児島県
糟屋郡　一九二四　『糟屋郡志』糟屋郡役所
竹中久二雄　一九七八　「農家小組合の組織と機能――農政浸透機構の一側面――」（『農業経済研究』四九-四）
棚橋初太郎　一九五五　『農家小組合の研究』産業図書
綱澤満昭　一九七四　「加藤完治の農業教育思想」（綱澤『農本主義と天皇制』イザラ書房）
暉峻衆三　一九七〇　『日本農業問題の展開』東京大学出版会
農林省　一九五四　『福岡県の農業』農林省農業総合研究所九州支所
　一九六六　『福岡県農事調査』復刻、農林省農業総合研究所九州支所
農林省農務局　一九三〇　『農家小組合ニ関スル調査』
野村みつる　一九九六　「生活改善と民俗の変貌」（『現代民俗学入門』吉川弘文館）
宗像市　一九九四　『宗像　むらの記録』宗像市史民俗資料集第二巻、宗像市史編集委員会
八木宏典　一九九五　「生産力の発展と中農標準化」（昭和農業技術発達史編纂委員会編『昭和農業技術発達史』第一巻、農文協）
柳田國男　一九〇九　「農業経済と村是」（『時代ト農政』所収ちくま文庫『柳田國男全集　二九』筑摩書房、一九九一）
渡辺信一　一九三八　『日本農村人口論』南郊社
［第二節］
朝日新聞農業賞事務局編　一九七一　『米作日本一二〇年史』朝日新聞社
井上喬二郎　一九九三　「日本型農業機械化の光と影」（農林水産技術会議事務局編『昭和農業技術発達

井上国雄　一九五四「畑作物の衰退と興隆」（農業発達史調査会編『日本農業発達史』第三巻、中央公論社）
　　　　　一九五五「畑作における商業的農業の展開」（農業発達史調査会編『日本農業発達史』第七巻、中央公論社）
井上駿　一九九五「GHQと戦後研究体制」（昭和農業技術発達史編纂委員会編『昭和農業技術発達史』第一巻、農文協）
大畑貫一　一九九三「一変した病害防除」（昭和農業技術発通史編纂委員会編『昭和農業技術発通史』第二巻、農文協）
糟屋郡　一九〇八『糟屋郡是』糟屋郡役所
　　　　一九二四『糟屋郡志』糟屋郡役所
片岡孝義　一九七三「除草剤利用以前の除草方法の進歩」（昭和農業技術発達史編纂委員会編『昭和農業技術発達史』第二巻、農文協）
倉本器征　一九九五「土地利用型農業と機械化技術の形成」（昭和農業技術発達史編纂委員会編『昭和農業技術発達史』第一巻、農文協）
粉河宏　一九九〇『コシヒカリを創った男』新潮社
是永龍二・柳瀬春夫　一九九七「果樹病害虫防除の変遷」（昭和農業技術発達史編纂委員会編『昭和農業技術発達史』第五巻、農文協）
酒井義昭　一九七七『コシヒカリ物語』中央公論
産業組合史編纂会編　一九六五『産業組合発達史』第三巻
島本富夫　一九九五「戦後改革と生産力増強基盤の形成」（昭和農業技術発達史編纂委員会編『昭和農業技術発達史』第一巻、農文協）
波多野忠雄　一九九三「自作農基盤の増収技術の展開」（昭和農業技術発達史編纂委員会編『昭和農業

技術発達史』第二巻、農文協）
福岡県　一九四三　「筑前国続風土記」（福岡県『福岡県史資料続』第四輯　地誌編所収）
柳田國男　一九〇四　「中農養成策」（ちくま文庫『柳田國男全集　二九』筑摩書房、一九九一年所収）
山本文一郎　一九八六　『こめの履歴書』家の光協会

あとがき

農業技術の普及は、新技術の担い手が現場で形成されることを意味する。本書は、技術の普及にともなう担い手の形成過程とその特質を、近現代の社会事象も視野に入れながら解明する農業後継者育成論であり、近代化の流れに通底する「農業政策の精神史」を記述する試みだった。ここで、本書を終えるにあたって私がそのような構想にたどりつき、資料や調査地も選定するに至った経緯や必然性について述べておきたい。

私は、一九八〇年代の終わりから九〇年代初めにかけて東京都区部の北部地域を中心に民俗学の生業研究の観点から聞き書きをおこなっていた。たまたま調査地に「四季農耕図絵馬」（板橋区若木稲荷神社蔵）があり、関連分野である農業史研究の資料として埼玉県南部の農耕図絵馬数点と併せて検討する過程で、在来農具を描き込んだ絵馬のほかに明治後期の改良農器具による近代農法の導入を記念した奉納絵馬のあることにも関心が向いた。こうして山形県庄内地方や新潟県佐渡島と、その技術的な原郷である福岡県粕屋郡など県北地域等の資料収集にも手を広げ、犂という耕耘器具を中心とする農業技術の改良史・普及政策史研究に着手したのが最初の契機である。

その後、福岡市東部（旧・粕屋郡）に転居して地元での聞き書き調査を始めたものの、すでに明治期の改良の実態を体験した話者は皆無であって、代わりに彼らが最も活躍した大正末期～昭和期の改良農器具や農作業の話が集まるようになった。その話者のなかで、旧・小野村大字米多比（古賀市米多比）の村山武氏（一九二一年生）から農器具や農作業だけでなく農村生活に関する実にさまざまの話を伺ううちに、氏の『農家日記』（一九五二～五三年）を熟読する機会に恵まれたのが二番目の契機となった。これは氏が復員後、米多比地区四つの農事小組合のうち「薬院組」の小組合長をつとめた頃の奮闘記であって、農事小組合という産業組合・農政の末端的制度が、敗戦後の食料増産圧力に対していかに有効だったかが克明に記されていたのである。

私は、この『日記』の読解と書き手本人からの聞き書きをとおして、鹿児島県で産声を上げ全国の個別農家の農事と経営を規定するようになった農事小組合制度にも目を向け、改良技術の担い手＝後継者の育成という観点から普及論を模索し始めた。収集する資料も熊本県北部地方の多肥料技術としての犂耕や乾田化技術の鹿児島県への普及を示すもののほかに、小組合制度を結実させた明治中期以降の町村是運動や末期の地方改良運動に関連したものにまで広がった。本書はその研究成果を初めて示したものだが、過去の関連論文は以下のとおりである。

一九九〇年三月　：「絵馬にみる技術と歴史――「四季農耕図絵馬」をめぐって――」（『板橋区立郷土資料館紀要八』板橋区教育委員会）
一九九〇年一一月：『絵馬と農具にみる近代』（編著、板橋区郷土資料館展示図録、板橋区教育委員会）
一九九一年三月　：「青年と学問――近代農政における農業教育の芸能的流通――」（『共同生活と人間形成　三・四』和敬塾教育文化研究所）
一九九一年五月　：「民俗と「近代」――絵馬と農業技術の近代化をめぐって――」（『民俗　一三九』相模民俗学会）
一九九一年九月　：「農耕図絵馬の視線――農具・農法・近代をめぐって――」（『民具マンスリー　二四‐六』神奈川大学常民文化研究所）
一九九一年一一月：『農業の誕生・民俗の発見』（編著、板橋区立郷土資料館展示図録、板橋区教育委員会）

一九九二年三月：「比較文化という課題——徳丸地区で使われた近代改良短床犂をめぐって——」（『板橋区立郷土資料館紀要　九』板橋区教育委員会）

一九九二年六月：「犂（からすき）の比較文化学——九州北部地方および東アジア地域の犂にことよせて——」（『比較民俗学　六』筑波大学比較民俗研究会）

一九九二年八月：「大都市近郊農村の農機具売買——埼玉県南部地域と板橋区内の場合——」（『多摩のあゆみ　六八』たましん地域文化財団）

一九九二年九月：「博物館と民俗学」（対談）（『列島の文化史　八』日本エディタースクール出版部）

一九九三年四月：「展示されない文化財——出開帳の霊宝をめぐって——」（『民具マンスリー　二六-三』神奈川大学日本常民文化研究所）

一九九六年一月：「機械技術：文化人類学的視点」（『日本機械学会誌　一九九六-一』日本機械学会）

一九九八年一一月：「知と野良仕事——ことばの獲得——」（『現代民俗学の視点　第二巻』朝倉書店）

一九九九年五月：「モノの近代——民具研究の現代性——」（『日本民俗学　二一六：創立五〇周年記念号』日本民俗学会）

二〇〇〇年八月：「農村文化論と柳田民俗学——ことばの主体的獲得と実践——」（『日本民俗学　二二三』日本民俗学会）

二〇〇一年一二月：「『循環』する家族」（『都市科学　五〇』福岡都市科学研究所）

本書は、九州大学大学院農学研究院に提出（二〇〇二年一月）した学位請求論文を加筆・訂正したものである。提出に到るまで、上記の関連論文を執筆する以前から多くの話者の方々と先学の導きを受けてきた。ただし、技術の改良普及と青年層の近代的再編成に関する歴史事象・社会事象を、普及論や農業後継者育成論としてまとめる構想が体裁なりとも一篇を成しているのは、ひとえに論文主査の辻雅男教授、副査の横川洋教授と堀田和彦助教授のご指導の賜である。その刊行に際しては、日本経済評論社の栗原哲也社長と編集担当の谷口京延氏をはじめとする同社の方々にご尽力を賜わったことも併せて銘記せねばならない。総体的・個別的に弱点が散見されるのは、導いて下さった多くの方々と調査資料に対して、これからの私が負うべき責任だと考える。

最後に、刊行を待たず物故された話者の方々や先学、そして両親と家族に感謝の意を表したい。

二〇〇二年九月　秋分の日

牛島　史彦

附記：本書のための調査研究に際して、一九九五〜九六（平成七〜八）年度文部省科学研究費補助金（一般研究C）の交付を受けた。記して深謝する次第である。

〈担い手と経営・制度〉

索　引

〈人名〉

〈技術と普及・制度〉

〈犂と犂耕法〉

【著者略歴】

牛島　史彦（うしじま・ふみひこ）

1955年　熊本県に生まれる
1978年　同志社大学文学部卒業
1983年　筑波大学大学院修士課程地域研究科修了，国際学修士
現　在　九州女子大学文学部助教授，博士（農学）
主　著　『日本農業全集　第3集　第61巻』（共著）農文協，1993年
『現代民俗学の視点　第2巻』（共著）朝倉書店，1998年
『講座日本の民俗学　第2巻』（共著）雄山閣，1998年
『心意と信仰の民俗』（共著）吉川弘文館，2001年

農業後継者の近代的育成——技術普及と農村青年の編成——

2003年9月18日　第1刷発行　定価（本体4,800円＋税）

著者　牛島史彦
発行者　栗原哲也

発行所　株式会社　日本経済評論社

〒101-0051　東京都千代田区神田神保町3-2
電話 03-3230-1661　FAX 03-3265-2993
E-mail : nikkeihy@js7. so-net. ne. jp
URL : http://www. nikkeihyo. co. jp/
中央印刷・山本製本所
装幀＊渡辺美知子

落丁乱丁はお取替えいたします。　Printed in Japan

ISBN4-8188-1541-1

大門正克著
近代日本と農村社会
――農民世界の変容と国家――

A5判　五六〇〇円

大正デモクラシーから戦後ファシズム体制への変化、及び明治社会から現代社会への移行の契機が現われた時期の農村社会と国家の相互関連を山梨県落合村を事例として検討する。

平賀明彦著
戦前日本農業政策史の研究

A5判　五三〇〇円

戦後日本の資本主義化が、地主制を基盤とする農業政策にどのような影響を与えたのか。また、動揺する農村に政府はいかなる政策的対応で臨んだのか。その経過を詳細に分析する。

林　宥一著
近代日本農民運動史論

A5判　五二〇〇円

社会の底辺におかれた小作農民の運動を一貫して追究し、農民運動が不可避的に生存権要求へと結びつくことを描いた画期的労作。

南　相虎著
昭和戦前期の国家と農村

A5判　五〇〇〇円

世界大恐慌以降の農村経済更生運動・戦時農村統制の推進力として期待された名望家や農民の動向と、官僚がめざした国家像・社会像を、韓国人研究者が実証的に論じる。

源川真希著
近現代日本の地域政治構造
――大正デモクラシーの崩壊と普選体制の確立――

A5判　四五〇〇円

日露戦後から男子普通選挙を経て第二次世界大戦直後にいたるまでの地域政治構造を、政党政治と地域、社会運動と政治、都市と政治、一九四〇年代の政治と社会などの視点から分析。

（価格は税抜）